收入分配与大气污染防治的相互影响机理及应对策略研究

刘 辛 著

科学出版社

北 京

内 容 简 介

本书从多个维度入手，运用定性和定量的研究方法，探讨中国的收入差距问题。在对中国的区域收入差距问题、收入流动性问题、城乡收入差距问题等进行深入讨论的基础上，把不同收入群体的利益诉求和冲突放在博弈的框架下，分析各类群体对既定环境污染治理措施的不同态度及策略。同时，通过大量的经验证据，论证收入差距将会使空气污染进一步恶化这一事实。此外，本书还拓展性地探索与空气污染密切相关的一些能源经济、环境规制、企业经济问题，一并纳入主要内容。基于此，本书站在不同地区、不同收入水平群体的角度，研究兼顾各方利益的防霾治霾最优政策路径，从而提出一系列针对缩小收入差距，弥合区域、城乡不均衡的政策建议。

本书适合环境科学与工程及相关领域研究人员、本科生和研究生、政府决策人员阅读参考。

图书在版编目(CIP)数据

收入分配与大气污染防治的相互影响机理及应对策略研究 / 刘辛著.
北京：科学出版社，2024. 6. -- ISBN 978-7-03-078731-6

Ⅰ. F124.7; X51

中国国家版本馆 CIP 数据核字第 2024D43F71 号

责任编辑：刘　琳 / 责任校对：彭　映
责任印制：罗　科 / 封面设计：墨创文化

科 学 出 版 社 出版

北京东黄城根北街16号
邮政编码：100717
http://www.sciencep.com

成都锦瑞印刷有限责任公司 印刷
科学出版社发行　各地新华书店经销

*

2024 年 6 月第 一 版　　开本：787×1092 1/16
2024 年 6 月第一次印刷　　印张：12 1/4
字数：290 000

定价：118.00 元
(如有印装质量问题，我社负责调换)

前　言

作为一名生长在"雾都"重庆的七零后，我从小习惯较低能见度的低矮天空，有着淡淡硫化物味道的空气，以及每天都需要擦拭的皮鞋。我的青年时代的较长一段时间在北京度过。20 世纪 90 年代中后期，北京春季流行沙尘暴，我切身体会过黄色的沙尘从蒙古高原呼啸而来，空气中弥漫着沙尘和气溶胶的呛鼻味道。

所以，每当我在学习古诗文的时候，总是神往于那些美好的田园诗般的生活。"窗含西岭千秋雪，门泊东吴万里船"，"姑苏城外寒山寺，夜半钟声到客船"。如今，无论是大气污染、地表径流污染，还是光污染、噪声污染，都让我们那田园诗歌中的美好家乡变了样。

今天我们面临的污染，是在人类追求美好生活的过程中伴生的。它们是现代化、工业化的副产品，在经济史的宏大叙事中，它们是不可避免的客观产物。在中华民族的朴素道德观念中，经世济民、富裕大同的追求是贯穿在文明发展史中的。因此，田园风光往往伴随着安居乐业。《桃花源记》对世外桃源美丽风光的描写，也伴随着丰衣足食、分配合理的经济假设。

研究绿水青山和共同富裕的关系是我撰写本书的初衷。我试图在本书中展现一个观察环境治理和经济协调发展的崭新视角，也试图说明一个朴素且直观的观点：共同富裕而不是两极分化更能促进环境保护和治理；环境保护和发展能够进一步促进经济高质量发展和人民生活水平提高。

人民群众对美好生活的追求是中华文明得以延续至今并将再创辉煌的必要条件。"看得见山，望得见水，留得住乡愁"，是中华民族对于自己美好生活的环境需求。在走向共同富裕的道路上，我们希望能留给子孙后代一个绿水青山的美丽中国。

近年来，我国经济高速发展带来的环境问题已成为关系人民群众生命健康和国家经济发展的重要问题。其中，雾霾正是最典型的空气污染之一。中国共产党十八届五中全会公报提出，"加大环境治理力度，以提高环境质量为核心，实行最严格的环境保护制度，深入实施大气、水、土壤污染防治行动计划"。2013 年，环境保护部发布了《环境空气质量评价技术规范（试行）》（HJ 663—2013）；国务院分别于 2013 年和 2018 年发布了《大气污染防治行动计划》和《打赢蓝天保卫战三年行动计划》；2018 年生态环境部发布了《环境空气质量标准》（GB 3095—2012）修改单；2018 年 10 月全国人大常委会修订了《中华人民共和国大气污染防治法》。据生态环境部通报，2018 年 262 个重点城市 $PM_{2.5}$ 平均浓度超标，一年中空气质量超标天数占比超过 20%。治理雾霾既牵涉经济建设，也牵涉人民群众的福祉，还牵涉不同利益群体的博弈争端与社会和谐。在我国进入工业化、城市化高速发展的背景下，经济运行也存在结构失衡，地区间、城乡间、城乡内部收入差距扩大的问题。环境治理具有公共品属性，而"收入"与"环境"对不同收入群体的边际效用存在差异，因此会导致在防治雾霾这一公共品的提供上存在行为、政策选择上的差异甚至冲突。当污染成为比较严重的问题时，传统分析中仅考虑消费效用函数就不再合适，此时污染存量应当被引入效用函数。随着城市居民收入的提高，高收入群体收入增加带来的边际效用递减，环境污染带来的边际负效用递增，使不同收入群体对环境污染存在不同效用函数。

本书旨在通过分析雾霾影响下不同收入群体博弈行为，结合我国经济社会发展的实际情况，厘清不同收入群体在考虑雾霾情况下的利益诉求、均衡状态和最优策略。同时，基于博弈分析和实证研究，探讨现阶段我国不同地区兼顾各方利益的防霾治霾的最优政策路径，从而为我国的环境治理工作提供更稳健的理论支撑和经验证据。

我们尝试把不同收入群体对雾霾防治工作的效用评估作为研究内容之一，在研究中直接提出具有应用价值的政策建议。本书研究的重点在于不同收入群体应对雾霾采取的差异化行动策略和博弈过程，对于不同收入群体，尤其是低收入群体在环保治理中的成本与收益的分析，为环境保护工作、区域协调发展工作等提供了丰富的决策支持。本书总体理论框架对我国环境保护战略和政策的丰富和优化，具有显著的应用价值。

依照研究计划，我们就中国地区间、城乡间、城乡内部的收入差距问题进行了深入的调研和数据收集，走访了一批地区重点排放企业和环保、能源领域的重要企业，还对重庆市生态环境局等市级环境监管部门进行访问调研，掌握了大量翔实的第一手资料。基于以不同收入水平划分的群体的利益诉求差异，建立博弈理论分析框架。就不同层面的收入差距问题与我国的空气污染之间的关系进行了深入的理论研究和实证研究。同时，对研究开展过程中衍生的一些与空气污染密切相关的能源经济、环境规制、企业经济问题，也进行了拓展性的研究。

令人欣慰的是，经过十数年努力，中国的雾霾治理取得了良好成效。在我们的系列研究开始之际，中国正处在治霾的攻坚阶段。彼时，在环境经济学领域，许多科研工作者致力于寻找通过经济手段为"蓝天保卫战"贡献力量的路径。这一时期经济学领域形成了较多关于环境规制、大气污染治理的优秀研究成果。而在本书成稿之时我们欣喜地发现，蓝天白云开始越来越常见。2021 年全国设有空气质量监测网点的 339 个地级及以上城市中，218 个城市环境空气质量达标，占总数超过 60%[①]。到 2023 年末，全国 339 个地级及以上城市平均空气质量优良天数比例达到 85.5%[②]。为巩固我国稳中向好的生态环境发展趋势，大量新的研究正在如火如荼地进行。在环境经济学领域，既有对空气污染与治理的进一步研究，也有更多学者近年来将目光投向了绿色经济和低碳经济，以服务中国为实现双碳目标而采取的积极行动。我们的研究还在继续，唯一不变的是，环境经济学研究必然来源和服务于全体社会对更加优美宜人生态环境的美好向往。本书呈现了环境经济学视角下对人们的生产消费等经济行为的分析和研究成果，其应用并不局限于大气污染治理，而是适用于许多综合环境与经济因素的复杂问题。

本书分为四个部分，共九章。第一部分为现状及文献综述，主要内容是空气污染和收入分配现状的翔实调研结果和本书的广泛文献资料基础。第二部分为收入分配与空气污染问题的定量测度与机理分析，其中的重点内容是基于不同收入群体在收入增长和环境保护利益诉求存在异质性的背景下，运用混合策略博弈模型和完全信息静态博弈模型的收入分配与环境污染的相互影响机理研究，通过精确刻画不同收入群体的环境需求及诉求，厘清不同群体间博弈对政府行为的影响机理，从而分析得到收入差距与环境污染的理论联系。

① 来源：光明网.https://m.gmw.cn/2022-09/27/content_1303156426.htm?source=sohu
② 来源：生态环境部.https://www.mee.gov.cn/ywdt/xwfb/202401/t20240125_1064784.shtml

第三部分为收入分配与空气污染相互关系的实证研究，从不同维度的收入差距出发，利用计量经济学工具，用稳健的结果论证收入差距与环境污染之间的客观联系，并对实证结果进行深入的解读。第四部分为政策建议，根据理论研究和实证研究获得的结果，基于我国现有政策环境的客观情况，结合对政府环境管理部门的实地走访调研，提出兼顾社会不同收入群体，有利于低收入群体增收和收入差距缩小的雾霾防治政策措施。

本书可作为相关专业本科生和研究生的教学和参考用书。我在写作的时候尝试增加这本书的可读性，使它也可以作为能源和环境经济学爱好者的科普读物。

在写作过程中，我的学生杨健、许慧、吴德旺、傅昊雯、冉小轶、李芸轩等做了很多整理工作。我希望他们未来能够在经济分配和环境治理领域继续深造。

目　录

第一部分　现状及文献综述

第二部分　收入分配与空气污染问题的定量测度与机理分析

第三部分 收入分配与空气污染相互关系的实证研究

第四部分 政策建议

第一部分
现状及文献综述

第一章 现实背景下的中国收入与环境问题

本章是现实背景下的中国收入与环境问题，是对当前我国收入与环境问题现状的总结，以及研究过程中项目团队通过大量查阅资料和实地调研对我国的收入分配及环境污染问题形成的认知。其中，第一节是我国环境问题的现状总结；第二节是我国收入分配现状的总述；第三节是对近年来我国关于环境、收入分配两大主题的相关政策、会议精神以及重要行动的总结和梳理。发展中国家如何在经济发展过程中保护好生态环境一直是环境经济学和发展经济学研究的一个重要课题。改革开放四十余年，经济体制改革和对外开放极大地释放了中国的生产潜力，促进了经济持续快速增长。然而中国的经济增长并不平衡，一线城市的经济发展水平已经接近发达国家水平，但仍然存在一些经济欠发达地区和低收入群体，中国的整体城市化水平和城市化质量滞后于工业化发展水平。如何在中国经济高质量发展阶段实现经济均衡发展、收入分配合理和生态环境优良是理论研究及政策实践都特别关注的重大现实问题和研究热点。国内外围绕经济发展与收入差距、经济发展与环境污染、收入分配差距与经济发展不平衡、中国城市的雾霾污染问题等领域开展了深入的学术研究。本书在后文中会以文献数据收集和实地调研为基础，呈现多项理论和实证研究，并最终以政策研究形成破解大气污染难题的政策建议。

第一节 我国环境问题现状

改革开放四十余年，伴随着中国经济的高速增长，生态环境恶化已经成为中国经济可持续发展亟待解决的重大挑战。大气污染问题随之产生并日益严重，近年来已成为影响人民群众生活和国家经济发展的重要问题。中国共产党十八届五中全会公报提出，"加大环境治理力度，以提高环境质量为核心，实行最严格的环境保护制度，深入实施大气、水、土壤污染防治行动计划。"[①]习近平总书记在党的十九大报告中指出："我国经济已由高速增长阶段转向高质量发展阶段"，"建设生态文明是中华民族永续发展的千年大计"[②]。针对大气污染治理，习近平总书记明确指出："要加大大气污染治理力度，应对雾霾污染、改善空气质量的首要任务是控制 $PM_{2.5}$"，"要坚持标本兼治和专项治理并重、常态治理和应急减排协调、本地治污和区域协调相互促进，多策并举，多地联动，全社会共同行动"[③]。治理雾霾既牵涉到经济建设，也牵涉到人民群众的福祉，还牵涉到不同利益群体的博弈争端与社会和谐。

在过去的十年里，作为城市化和工业化的必然负面产物，雾霾污染一直是我国最受关

---

① 来源：央广网。http://china.cnr.cn/NewsFeeds/20151029/t20151029_520328110.shtml。
② 来源：中国政府网。https://www.gov.cn/zhuanti/2017-10/27/content_5234876.htm。
③ 来源：人民网。http://politics.people.com.cn/n1/2015/1224/c1001-27973347.html。

注的城市环境问题。雾霾是空气中的二氧化硫、氮氧化物和可吸入颗粒物等污染物组成的气溶胶系统，使大气浑浊、能见度降低，是人类活动与特定气候条件相互作用的结果。空气中的细小颗粒物进入人体会增加罹患心血管疾病、呼吸系统疾病以及癌症的风险，据统计，大气中的颗粒物污染导致 1997 年中国 GDP 损失高达 640 亿美元，占当年全国 GDP 的 6.7%。2011 年北京雾霾污染的信息开始在网络社交媒体上大量传播，引发了中国城市居民对空气污染的广泛焦虑，成为全社会最为关注的公共话题之一。2021 年，全国 339 个地级及以上城市中，218 个城市环境空气质量达标，占比 64.3%，比 2020 年上升 3.5 个百分点；121 个城市环境空气质量超标，占比 35.7%，比 2020 年下降 3.5 个百分点[①]，大气环境治理初见成效。

人类活动是雾霾污染产生的主要原因渐渐达成了学术共识，越来越多的经济学研究者加入了对雾霾污染形成根源的讨论，为从经济制度和环保政策层面开展雾霾治理研究奠定了基础。污染治理投资、财政分权、外商直接投资、贸易开放、影子经济、公众诉求、城市化水平、城市交通、能源消费、污染空间溢出等因素均被纳入了中国雾霾污染经济原因的研究范畴。

雾霾污染最直接的后果是其对公共健康的负面影响。现有的大量研究已证实空气污染会直接提高心血管疾病、呼吸系统疾病，甚至癌症的发病率。随着中国空气污染和公共健康统计数据的日益丰富，近年来出现了一系列针对中国空气污染对公共健康影响的定量实证研究。陈硕和陈婷(2014)检验了火电厂二氧化硫排放对公共健康的影响，发现随着二氧化硫排放量的增加，每万人中死于呼吸系统疾病及肺癌的人数将显著增加。以中国政府划分的以秦岭-淮河为界的南北方冬季取暖分界线作为自然实验背景，Chen 等(2013)和 Ebenstein 等(2017)使用断点回归设计识别了中国北方由于燃煤取暖带来的空气污染，以及居民由燃煤空气污染引发的心肺呼吸系统死亡率增加和预期寿命缩短。Barwick 等(2018)基于 2013~2015 年中国信用卡和借记卡交易数据，分析了雾霾污染对短期和中期医疗保健支出的影响，测算结果表明将空气污染物浓度降低到世界卫生组织的推荐标准，中国每年将节约 420 亿美元的医疗支出。

空气污染对经济产出和生产效率的影响属于引起广泛关注的环境经济学研究领域。Zivin 和 Neidell(2012)最早将空气污染与农业劳动生产效率联系起来，指出环境保护可以通过提高劳动生产率来促进人力资本积累和经济增长。由于空气污染会引起能见度下降和交通运输效率降低，李超和李涵(2017)发现空气污染会造成中国制造业企业的库存水平上升。魏下海等(2017)使用中国足球联赛的球员比赛数据，实证检验了雾霾会对人们生理健康和反应能力等方面产生不利影响，从而导致个体生产率降低的理论假设。Zhang 等(2018)使用中国家庭追踪调查(China family panel studies，CFPS)获取的中国 2 万个受访者的标准化字词和数学测试成绩的实证研究发现，长期空气污染暴露会明显降低居民的认知能力。陈诗一和陈登科(2018)考察了中国 286 个地级及以上城市 $PM_{2.5}$ 浓度与劳动生产率之间的关系，发现雾霾污染显著降低了中国经济发展质量和劳动生产率。

进一步研究发现，社会经济地位不同的人，规避环境污染的能力不同。空气污染对不

---

① 来源：光明网. https://m.gmw.cn/2022-05/26/content_1302966231.htm。

同群体存在差异化的暴露水平和健康效应，污染的"亲贫性"特征将带来环境恶化，影响居民健康和劳动力供给，进而对经济增长产生负面影响的"环境—健康—贫困"陷阱。环境投入收益在部门和地区间的分配也存在差异，环境收益在政府、企业、居民之间分配的不公平，使部分群体更多地承担了环境污染的负面影响。Sun 等(2017)发现中国城市居民由于收入差距，在面临雾霾污染时所进行的自我防护投资存在明显差异，他们利用网购数据研究发现，当空气污染水平超过警戒值时，富裕家庭在面罩和空气过滤器上有更多的健康投资。

考虑到不同社会经济地位个体效用和偏好的异质性，将博弈论方法引入雾霾治理手段的研究，有助于厘清不同经济主体各自的利益诉求。初钊鹏等(2017)认为当前京津冀地区在雾霾问题上面临环境外部性困扰和集体行动困境的根源在于地方政府作为雾霾合作治理集体成员的收益不对称，他们借助演化经济学的研究认为京津冀三地政府在雾霾合作治理执行过程中的动态演化很大程度上取决于本地区在区域整体中的环境偏好系数和"搭便车"收益与集体行动收益的比值。孟庆国等(2017)分析了不同主体对雾霾治理的诉求差异，从政府环境治理的行为逻辑出发，研究发现政府的行为决策是多方参与者基于自身价值判断和利益诉求的博弈结果，并提出基于合作博弈的有效治理路径。

解决空气污染问题需要有效合理的政策支持，而对城市空气质量影响因素的研究是制定有效环境治理政策的前提。因此，从地理、气候、生态环境等自然因素角度对中国城市雾霾污染影响因素展开的研究对从环保技术层面上制订雾霾治理方案具有重要价值。

近年来，雾霾治理政策的效果评估同样是环境经济学研究的一大热点。测算环境质量的经济价值和居民对清洁空气的支付意愿的相关研究构建了定量研究雾霾治理政策的实证基础，并推动了对雾霾治理政策效果的定量评估。席鹏辉和梁若冰(2015)根据国家环保模范城市考核设计了模糊断点回归，以住房销售面积作为人口代理变量，证明中国政府的环保模范城市考核会带来环境质量改善，进而出现环境移民迁入现象。姜春海等(2017)利用可计算一般均衡模型模拟了不同禁煤力度对各地治霾减排的效果及经济社会影响，认为禁煤力度越大，各地治霾减排效果越好，但同时面临的经济社会压力也越大。石敏俊等(2017)在环境承载力分析的基础上定量评估了京津冀雾霾治理的政策效果，认为2013年9月颁布的《大气污染防治行动计划》提出的一揽子方案难以达成设定的 $PM_{2.5}$ 治理目标，特别是天津和河北应深化减排力度。

全社会对中国城市雾霾污染问题的高度关注激发了学术界围绕中国的真实数据对雾霾污染成因、后果和治理的系列理论研究，这也是本书评估现行雾霾治理政策的社会福利影响，以及财政、税收等治霾收入再分配调节措施的政策效果的重要出发点。

第二节　我国收入分配现状

收入分配差距由按劳分配、按要素分配的初次分配和政府税收、财政转移支付等再分配政策措施共同决定。城乡和区域发展不均是我国当前客观存在的现实问题，劳动、资本、土地等要素回报初次分配带来的收入分配差距与地区间和城乡间经济发展不平衡密切相关。

中国的区域差距并非近几十年才出现的问题，在改革开放以前，东部沿海省份的经济发展和人民收入水平就显著高于我国的中西部省份。在计划经济时代，中央政府主要通过财政转移支付来平衡区域收入差距。而像"三线建设"这类特殊历史背景下的工业建设运动也在主观上带有一些缩小区域间差距的目的，然而，客观来看，仅就平衡区域发展水平这一目标上，这些措施的效果并没有达到预期。而在最近的几十年里，我国各地充分享受到了改革开放带来的政策红利和发展机遇，经济高速发展，但从整体上来看，东部沿海省份经济增速显著高于中西部的内陆省份，致使区域间经济发展差距和居民收入差距进一步扩大。改革开放以来，我国经济发展的区域特征所呈现的阶段性和区域性日趋显著。

城乡差距是我国居民收入差距中最重要的组成部分之一。改革开放以来，城市的快速发展和城镇化的进程加重了城乡收入的差距，再加上户籍制度和一些就业政策的城乡差别进一步限制了劳动人口的流动和迁徙，使中国的城乡不均衡情况愈发严重。陆铭和陈钊（2004）发现，在1987～2001年的15年间，城市化显著降低了统计意义上的城乡差距，但地区间人口户籍转换、经济开放、就业的所有制结构调整、政府对经济活动的参与以及财政支出结构的调整等却加大了城乡收入差距。万广华（2013）探讨了城镇化与收入差距之间的倒U形关系，认为城镇化在初期导致整体收入差加大，但后期会带来收入分配的改善，1995年以后城镇化缩小了城乡差距，使中国整体收入差距有所下降。

收入分配研究领域针对中国现实问题的已有研究较为充分地讨论了中国收入分配差距的特征，将地区差距和城乡差距视为中国收入分配差距的主要组成部分，这也为研究中国城市雾霾污染的收入分配原因和分配差距提供了核心变量和数据来源。

一、砥砺四十年，中国经济的高速发展

自1978年改革开放以来，我国经历了一段相当长时间的高速发展时期，经济建设取得了卓越的成就，截至2018年，中国经济总量以年均9%以上的增速从世界经济体量第十位上升至第二位[①]，而根据世界银行的数据，如果按购买力平价计算，中国已经成为世界第一大经济体[②]。在这个过程中，中国有超过7亿人摆脱贫困，是世界减贫事业的最重要组成部分。中国是世界上最大的贸易国，在国际贸易中发挥着重要作用。如今，中国与东盟、澳大利亚、新西兰、巴基斯坦、韩国和瑞士等多个经济体签署了自由贸易协定。同时，中国还在逆全球化浪潮中坚持改革开放。2013年，中国国家主席习近平在对印度尼西亚和哈萨克斯坦进行正式访问时首次提出了共建"一带一路"倡议。"一带一路"倡议涉及包括欧洲、亚洲、中东、拉丁美洲及非洲沿线的多个国家和国际组织在内的发展、投资和基础设施建设项目，该倡议旨在加强地区互联互通、促进合作伙伴经济合作，并共创美好未来。无论是筹建亚洲基础设施投资银行还是推进"一带一路"倡议，中国在推动全球化、促进贸易投资的便利化等方面都发挥了积极重要的作用。

---

① 来源：中国国家统计局. http://www.stats.gov.cn/zt_18555/ztfx/ggkf40n/202302/t20230209_1902581.html。
② 来源：世界银行. https://openknowledge.worldbank.org/bitstream/handle/10986/33623/9781464815300.pdf。

二、中国的区域收入差距问题

我们欣喜于我国经济快速发展的同时，也注意到我国区域间的经济发展差距在不断扩大。2018 年，北京、上海、深圳、广州等多个东部沿海城市人均生产总值已超过 2 万美元大关，达到初等发达国家水平，但在当时，中国的西部和中部省份，一些地区仍然面临着一定程度的贫困问题。

在区域协调发展战略和区域重大战略实施作用下，我国地区收入差距随地区发展差距缩小而缩小。2011～2020 年，收入最高省份与最低省份间居民人均可支配收入相对差距逐年下降，收入比由 2011 年的 4.62（上海与西藏居民收入之比）降低到 2020 年的 3.55（上海与甘肃居民收入之比），是进入 21 世纪以来的最低水平。2020 年，东部与西部、中部与西部、东北与西部地区的收入之比分别为 1.62、1.07、1.11，分别比 2013 年下降 0.08、0.03 和 0.18。

习近平总书记在党的十九大报告中指出："我国社会主要矛盾已经转化为人民日益增长的美好生活需要和不平衡不充分的发展之间的矛盾"[①]。这种不平衡不充分的发展一直广泛地存在于环境治理、经济转型和区域发展等各个方面，对社会经济有着深远的影响。针对发展不均衡的研究将有助于更好地实现人民对美好生活的需要，切实解决不平衡不充分的发展所带来的问题。

中国幅员辽阔，各地区不尽相同的地区政府政策、宏观经济因素、地区资源禀赋、要素流动性等造成了巨大的区域发展不均衡问题。一方面，中国的区域差异体现在东、中西部差异：由于改革开放等政策红利的刺激，中国东部沿海区域更早地进入工业化、城镇化，在经济结构、人均收入、社会保障等方面都领先于中西部地区；另一方面，中国的区域差异还体现在城乡间的差异上：在中国特色的城乡二元结构下，城镇居民与农村居民在就业机会、收入、社会福利等方面也存在着差距。区域发展不均衡是中国现阶段不平衡不充分的发展现状的集中体现之一，值得全社会关注与重视。如何综合协调区域发展是未来中国国民经济实现健康、可持续发展的重要议题。

三、环境与收入分配问题的联系

伴随我国经济进入工业化、城市化高速发展的阶段，雾霾现象频繁出现在我国广大城市及其周边地区，被认为是中国社会经济可持续发展面临的重大现实问题之一。同时，中国经济的快速增长也面临着结构失衡以及地区间、城乡间、城乡内部收入差距扩大的隐忧。雾霾防治牵涉到公共品的提供，它的治理存在理论和实践上的难点。"收入"与"环境"对不同收入群体的边际效用存在差异，因此会导致在防治雾霾的公共品提供上存在行为、政策选择上的差异甚至冲突。当污染成为比较严重的问题时，传统分析中仅考虑消费效用函数将不再合适，此时污染存量应被引入效用函数。随着城市居民收入的提高，高收入群体收入增加带来的边际效用递减，环境污染带来的边际负效用递增，因而不同收入群体对

---

① 来源：人民网. http://opinion.people.com.cn/n1/2017/1116/c1003-29648734.html.

环境污染存在不同效用函数。雾霾天气现象是典型的经济发展过程中的环境污染问题，由特定的生产性活动和消费行为产生，会在地区间相互影响并且转移，并且无论是否参与与形成雾霾有关的生产和消费活动，全体居民都会受到雾霾影响。

考虑到中国存在地区间、城乡间、城乡内部多维度的收入差距问题，本书从三个维度定义不同收入群体：①同一地区的不同收入群体；②同一地区内不同行业群体；③相邻发达与欠发达地区的居民。因此，博弈可以产生于同一地区的生产型企业工人与金融从业者之间，或者发达地区与欠发达地区的居民之间，或者发达地区中心城市的高收入群体与该地区中低收入群体之间。在经济发展过程中，低收入群体的收入增加带来的边际效用高于高收入群体，但清洁的生活环境带给低收入群体的边际效用相对较低，而高收入群体的环境边际成本更高。客观存在的收入差距，带来了应对雾霾的显著利益冲突，进而产生博弈策略选择问题。这一博弈已经在我国形成了更广泛的具有充分矛盾冲突的问题，如部分地区对于新建工业产能的反对声音，城市集中供暖市民与农村居民使用生物能源取暖的矛盾，发达都市对欠发达重化工业地区生产活动的限产诉求。2016 年以来，北京市与河北省之间就产生了针对各自经济活动和雾霾诉求的矛盾与争论。北京和河北毗邻两地人均收入差距较大(2016 年北京人均可支配收入为 5.2 万元，而河北城镇居民人均可支配收入为 2.8 万元，农村居民为 1.2 万元)[1]。面对同样的雾霾情况，北京居民和河北居民治理雾霾的意愿强度显著不同。在供暖季雾霾高发期，如果不限制重工业生产，则河北的重工业生产会加重北京雾霾天气污染；如果治理北京雾霾出手过重，则会导致河北省发展受影响。这一矛盾甚至在一段时间内引起了从媒体到两会会场的广泛讨论。不同收入群体在各自目标函数驱动下采取各自的最优策略，优化各自的效用函数，通过舆论对政府进行反馈或问责，对雾霾防治工作提出不同意见。在博弈影响下，雾霾防治结果又反过来影响不同收入群体的效用与获得感。

环境污染、经济发展不平衡和收入差距等是中国经济高质量发展阶段面临的多重挑战。低收入群体不仅在收入分配中处于弱势地位，在面对环境污染时也面临更高的暴露水平和更大的健康风险。欠发达地区和低收入群体无法负担高昂的环保成本是中国难以全面采用清洁生产技术和清洁能源，无法全面采取更为严格的环保政策的主要经济原因。

在雾霾治理研究中已有文献讨论各级政府、工业企业与社会公众之间的博弈机制，并注意到空气污染对不同群体存在差异化的暴露水平和健康效应，但很少有研究深入探讨不同收入群体的环境效用异质性和差异化的利益诉求，将雾霾污染的成因与收入分配差距相联系，也未见有学者提出通过调节收入分配来破解雾霾污染难题，从而促进经济可持续发展的研究思路。

在已有的大量研究中，经典的库兹涅茨曲线(Kuznets curve)假说和环境库兹涅茨曲线假说已经成为讨论经济发展与收入差距、经济发展与环境污染关系的标准分析框架，但其理论基础仍有待进一步深入。库兹涅茨曲线刻画了经济增长与收入分配的关系，库兹涅茨首次论述了如下观点，即经济的发展对社会体系和经济结构造成的影响也会传导至收入分

---

[1] 来源：中国统计年鉴. http://www.stats.gov.cn/sj/ndsj/。

配领域。其基于各国数据资料的比较研究发现：在经济发展相对较低水平的阶段，收入差距将随经济增长而扩大，但收入差距的扩大随发展水平上升会逐渐趋缓直至扭转，在经济充分发展到一定水平，收入分配水平将处于较平等的水平。若用横轴衡量经济发展水平，用纵轴表示收入不均的程度，则库兹涅茨曲线假说所表述的关系将呈倒 U 形，故这一学说也被称为库兹涅茨倒 U 形假说，又称库兹涅茨曲线假说。经济学家很早就开始关注收入差距与经济发展之间的关系，早期的理论和实证研究使用跨国横截面数据来验证库兹涅茨曲线假说，认为在经济发展初期收入不平等程度增加不可避免。

由库兹涅茨曲线假说引申而来的环境库兹涅茨曲线假说则认为，随着一个经济体工业化进程的推进，在初级阶段，人均 GDP 的增加将伴随环境污染的恶化，但随着经济的进一步发展和人均水平的进一步提高，环境污染的恶化趋势会逐渐扭转并得到改善。这一理论由 Panayotou(1993)及 Grossman 和 Krueger(1991，1995)等文献陆续提出。

进一步探讨其理论基础，可以发现经济发展、收入差距和环境污染三个宏观变量之间的逻辑联系尚缺少从收入差距到环境污染的影响机制这一关键环节。本书将库兹涅茨曲线假说和环境库兹涅茨曲线假说统一在"经济发展-收入差距-环境污染"系统分析框架中，不仅对探究中国城市雾霾污染的收入分配原因、制订通过调节收入分配来破解雾霾污染难题的政策方案具有现实意义，也对库兹涅茨曲线假说和环境库兹涅茨曲线假说进行拓展，从而为发展经济学和环境经济学理论研究做出新的贡献。

"污染防治"是党的十九大报告指出的要坚决打好的三大攻坚战之一，党中央、国务院以及各级党政机关都非常关注环境污染治理问题。本书不是就雾霾的某项单一成因提供对应的直接解决方案，而是以中国经济高质量发展阶段国民经济和社会发展中迫切需要解决的问题为需求牵引，充分考虑当前中国初次分配过程中按劳分配和按要素分配并存的现实情况，在地区差距、城乡差距和行业差距仍然较大的现实背景下，讨论环境政策与收入分配制度的兼容性，将以雾霾治理为代表的环境保护措施纳入中国经济社会综合治理的整体战略中。

第三节　环境与收入分配的相关政策、会议精神和重要行动

随着国民环保意识逐步增强、国家对环境保护重视程度的不断提高，国家制定和修订了一系列环境保护法律法规、政策和规范性文件，对环境质量的提升起到了重要的积极作用。对于中国经济的快速增长所引致的结构失衡以及地区收入不均现象，国家相关部门出台了一些完善收入分配、促进共同富裕的制度与政策。本书对与两类主题相关的政策、会议精神、重要行动进行了细致梳理(表 1-1、表 1-2)。

一、环境治理的相关政策

表 1-1 我国环境治理相关政策梳理

时间	出台部门	文件名称	相关内容
2021.02	国务院办公厅	《国务院关于加快建立健全绿色低碳循环发展经济体系的指导意见》	到 2025 年，产业结构、能源结构、运输结构明显优化，绿色产业比重显著提升，基础设施绿色化水平不断提高，清洁生产水平持续提高，生产生活方式绿色转型成效显著，能源资源配置更加合理、利用效率大幅提高，主要污染物排放总量持续减少，碳排放强度明显降低，生态环境持续改善，市场导向的绿色技术创新体系更加完善，法律法规政策体系更加有效，绿色低碳循环发展的生产体系、流通体系、消费体系初步形成。到 2035 年，绿色发展内生动力显著增强，绿色产业规模迈上新台阶，重点行业、重点产品能源资源利用效率达到国际先进水平，广泛形成绿色生产生活方式，碳排放达峰后稳中有降，生态环境根本好转，美丽中国建设目标基本实现
2021.09	中共中央办公厅、国务院办公厅	《中共中央 国务院关于完整准确全面贯彻新发展理念做好碳达峰碳中和工作的意见》	到 2025 年，绿色低碳循环发展的经济体系初步形成，重点行业能源利用效率大幅提升。单位国内生产总值能耗比2020 年下降 13.5%；单位国内生产总值二氧化碳排放比 2020 年下降 18%；非化石能源消费比重达到 20%左右；森林覆盖率达到 24.1%，森林蓄积量达到 180 亿立方米，为实现碳达峰、碳中和奠定坚实基础
2021.10	发改委等五部门	《关于严格能效约束推动重点领域节能降碳的若干意见》	科学处理发展和减排、整体和局部、短期和中长期的关系，突出标准引领作用，深挖节能降碳技术改造潜力，强化系统观念，推进综合施策，严格监督管理，加快重点领域节能降碳步伐，带动全行业绿色低碳转型，确保如期实现碳达峰目标
2021.11	中共中央办公厅、国务院办公厅	《中共中央 国务院关于深入打好污染防治攻坚战的意见》	以实现减污降碳协同增效为总抓手，以改善生态环境质量为核心，以精准治污、科学治污、依法治污为工作方针，统筹污染治理、生态保护、应对气候变化，保持力度、延伸深度、拓宽广度，以更高标准打好蓝天、碧水、净土保卫战，以高水平保护推动高质量发展、创造高品质生活，努力建设人与自然和谐共生的美丽中国
2018.06	中共中央办公厅、国务院办公厅	《中共中央 国务院关于全面加强生态环境保护 坚决打好污染防治攻坚战的意见》	到 2020 年，全国细颗粒物（$PM_{2.5}$）未达标地级及以上城市浓度比 2015 年下降 18%以上，地级及以上城市空气质量优良天数比率达到 80%以上；全国地表水Ⅰ～Ⅲ类水体比例达到 70%以上，劣Ⅴ类水体比例控制在 5%以内；近岸海域水质优良（一、二类）比例达到 70%左右；二氧化硫、氮氧化物排放量比 2015 年减少 15%以上，化学需氧量、氨氮排放量减少 10%以上；受污染耕地安全利用率达到 90%左右，污染地块安全利用率达到 90%以上；生态保护红线面积占比达到 25%左右；森林覆盖率达到 23.04%以上
2020.05	中共中央办公厅、国务院办公厅	《中共中央 国务院关于新时代推进西部大开发形成新格局的指导意见》	大力发展循环经济，推进资源循环利用基地建设和园区循环化改造，鼓励探索低碳转型路径。全面推进河长制、湖长制，推进绿色小水电改造。加快西南地区城镇污水管网建设和改造，加强入河排污口管理，强化西北地区城中村、老旧城区和城乡结合部污水截流、收集、纳管工作。加强跨境生态环境保护合作

二、环境治理的重要会议精神

表 1-2　近年关于环境治理的重要会议精神梳理

时间	重大会议	相关内容
2017	中国共产党第十九次全国代表大会	建设生态文明是中华民族永续发展的千年大计。必须树立和践行绿水青山就是金山银山的理念，坚持节约资源和保护环境的基本国策，像对待生命一样对待生态环境，统筹山水林田湖草系统治理，实行最严格的生态环境保护制度，形成绿色发展方式和生活方式，坚定走生产发展、生活富裕、生态良好的文明发展道路，建设美丽中国，为人民创造良好生产生活环境，为全球生态安全作出贡献
	中央经济工作会议	打好污染防治攻坚战，要使主要污染物排放总量大幅减少，生态环境质量总体改善，重点是打赢蓝天保卫战，调整产业结构，淘汰落后产能，调整能源结构，加大节能力度和考核，调整运输结构
2018	第十三届全国人民代表大会第一次会议	坚持人与自然和谐发展，着力治理环境污染，生态文明建设取得明显成效……重拳整治大气污染，重点地区细颗粒物(PM2.5)平均浓度下降30%以上。加强散煤治理，推进重点行业节能减排，71%的煤电机组实现超低排放。优化能源结构，煤炭消费比重下降8.1个百分点，清洁能源消费比重提高6.3个百分点。提高燃油品质，淘汰黄标车和老旧车2000多万辆。积极推动《巴黎协定》签署生效，我国在应对全球气候变化中发挥了重要作用
	全国生态环境保护大会	要推动绿色发展，从源头上防治环境污染。深入推进供给侧结构性改革，实施创新驱动发展战略，培育壮大新产业、新业态、新模式等发展新动能。运用互联网、大数据、人工智能等新技术，促进传统产业智能化、清洁化改造。加快发展节能环保产业，提高能源清洁化利用水平，发展清洁能源。倡导简约适度、绿色低碳生活方式，推动形成内需扩大和生态环境改善的良性循环
2019	第十三届全国人民代表大会第二次会议	持续推进污染防治。巩固扩大蓝天保卫战成果，今年(2019年)二氧化硫、氮氧化物排放量要下降3%，重点地区细颗粒物(PM2.5)浓度继续下降。持续开展京津冀及周边、长三角、汾渭平原大气污染治理攻坚，加强工业、燃煤、机动车三大污染源治理。做好北方地区清洁取暖工作，确保群众温暖过冬
2021	第十三届全国人民代表大会第四次会议	加强污染防治和生态建设，持续改善环境质量。深入实施可持续发展战略，巩固蓝天、碧水、净土保卫战成果，促进生产生活方式绿色转型
2022	第十三届全国人民代表大会第五次会议	推动能源革命，确保能源供应，立足资源禀赋，坚持先立后破、通盘谋划，推进能源低碳转型

三、环境治理的重要行动

1. 中央生态环境保护督察

2015 年 7 月起，《环境保护督察方案(试行)》《中央生态环境保护督察工作规定》《中央生态环境保护督察整改工作办法》先后印发出台，使得督察制度建设不断深化，为督察工作深入发展奠定了坚实的法治基础。

从 2015 年底中央生态环保督察开始试点，到 2018 年完成第一轮督察，并对 20 个省 (区)开展"回头看"；从 2019 年启动第二轮督察，目前已分六批完成了对全国 31 个省 (区、市)和新疆生产建设兵团、2 个国务院部门和 6 家中央企业的督察。作为生态环境领域的重要制度创新，中央生态环境保护督察制度为环境保护法的贯彻落实以及打好污染治攻坚战保驾护航，为推动环境治理体系改革赋能增效。

2. 打赢蓝天保卫战三年行动

2018 年 6 月 27 日，国务院发布《打赢蓝天保卫战三年行动计划》。打赢蓝天保卫战，紧紧扭住"四个重点"，即重点防控污染因子是 $PM_{2.5}$，重点区域是京津冀及周边、长三角和汾渭平原，重点时段是秋冬季和初春，重点行业和领域是钢铁、火电、建材等行业以及"散乱污"企业、散煤、柴油货车、扬尘治理等领域。2021 年 2 月 25 日，生态环境部举行例行新闻发布，宣布《打赢蓝天保卫战三年行动计划》圆满收官。2020 年，全国空气质量总体改善，全国地级及以上城市优良天数比率为 87%，$PM_{2.5}$ 未达标城市平均浓度比 2015 年下降 28.8%。

3. 建设全国碳排放权交易市场

全国碳排放权交易市场是利用市场机制控制和减少温室气体排放、推动绿色低碳发展的重大制度创新。2017 年底，中国启动碳排放权交易。2021 年 7 月 16 日，全国碳市场上线交易正式启动。纳入发电行业重点排放单位 2162 家，覆盖约 45 亿吨二氧化碳排放量，是全球规模最大的碳市场。启动一年来，市场运行总体平稳，截至 2022 年 7 月 15 日，碳排放配额累计成交量 1.94 亿吨，累计成交额 84.92 亿元。

4. 调整产业结构

持续化解过剩产能。2016 年以来，中国持续严格控制高耗能产业扩张，依法依规淘汰落后产能，加快化解过剩产能，到 2018 年底化解钢铁过剩产能 1.5 亿吨以上，提前两年超额完成"十三五"目标。

加快产业绿色低碳转型。2020 年，国家发展改革委等有关部门印发《关于营造更好发展环境 支持民营节能环保企业健康发展的实施意见》，将政策和有限的资金引导到对推动绿色发展最关键的产业上，促进节能环保产业发展，支持符合条件的绿色产业企业通过发行绿色债券进行融资。

5. 绿色出行行动

支持新能源公交车推广应用。根据《财政部 国家税务总局关于城市公交企业购置公共汽电车辆免征车辆购置税的通知》（财税〔2016〕84 号）第一条的规定，自 2016 年 1 月 1 日起至 2020 年 12 月 31 日止，对城市公交企业购置的公共汽电车辆免征车辆购置税。

全面推广车辆安装使用电子不停车收费系统(electronic toll collection，ETC)不停车快捷通行高速公路。2019 年，累计节约车辆燃油约 18.22 万吨，减少氮氧化物排放约 433.05 吨，碳氢化合物排放约 1443.49 吨，一氧化碳排放约 5.42 万吨。

6. 大规模国土绿化行动

党的十八大以来，我国深入推进大规模国土绿化行动，累计完成造林 9.6 亿亩(1 亩 ≈ 666.67m^2)。全国森林覆盖率提高 2.68 个百分点，达 23.04%；森林蓄积量净增 38.39 亿立方米，达 175.6 亿立方米；森林植被总碳储量净增 13.75 亿吨，达 92 亿吨。我国森林资源总体呈现数量持续增加、质量稳步提高、功能不断增强的发展态势，为维护生态安全、改善民生福祉、促进绿色发展奠定了日益坚实的基础。

四、缩小收入差距，实现共同富裕的相关政策

表 1-3　近年关于缩小收入差距，实现共同富裕的相关政策

时间	文件名称	相关内容
2018.02	《中共中央 国务院关于实施乡村振兴战略的意见》	健全覆盖城乡的公共就业服务体系，大规模开展职业技能培训，促进农民工多渠道转移就业，提高就业质量
2018.06	《中共中央 国务院关于打赢脱贫攻坚战三年行动的指导意见》	坚持精准扶贫精准脱贫基本方略，坚持中央统筹、省负总责、市县抓落实的工作机制，坚持大扶贫工作格局，坚持脱贫攻坚目标和现行扶贫标准，聚焦深度贫困地区和特殊贫困群体，突出问题导向，优化政策供给，下足绣花功夫，着力激发贫困人口内生动力，着力夯实贫困人口稳定脱贫基础，着力加强扶贫领域作风建设，切实提高贫困人口获得感，确保到 2020 年贫困地区和贫困群众同全国一道进入全面小康社会，为实施乡村振兴战略打好基础
2019.10	《中共中央关于坚持和完善中国特色社会主义制度、推进国家治理体系和治理能力现代化若干重大问题的决定》	健全以税收、社会保障、转移支付等为主要手段的再分配调节机制，强化税收调节，完善直接税制度并逐步提高其比重。完善相关制度和政策，合理调节城乡、区域、不同群体间分配关系。重视发挥第三次分配作用，发展慈善等社会公益事业。鼓励勤劳致富，保护合法收入，增加低收入者收入，扩大中等收入群体，调节过高收入，清理规范隐性收入，取缔非法收入
2020.10	《关于制定国民经济和社会发展第十四个五年规划和二〇三五年远景目标的建议》	推进京津冀协同发展、长江经济带发展、粤港澳大湾区建设、长三角一体化发展，打造创新平台和新增长极。推动黄河流域生态保护和高质量发展。高标准、高质量建设雄安新区。坚持陆海统筹，发展海洋经济，建设海洋强国。健全区域战略统筹、市场一体化发展、区域合作互助、区际利益补偿等机制，更好促进发达地区和欠发达地区、东中西部和东北地区共同发展。完善转移支付制度，加大对欠发达地区财力支持，逐步实现基本公共服务均等化
2021.03	2021 年政府工作报告	较大幅度增加财政扶贫资金投入。对工作难度大的贫困县和贫困村挂牌督战，精准落实各项帮扶措施。优先支持贫困劳动力稳岗就业，帮助返乡困难劳动力再就业，努力稳住务工收入。加大产业扶贫力度，深入开展消费扶贫

五、收入差距和共同富裕相关的重要会议精神

表 1-4　近年关于缩小收入差距，实现共同富裕的重要会议精神

时间	会议	相关内容
2017	第十二届全国人民代表大会第五次会议	贫困地区和贫困人口是全面建成小康社会最大的短板。要深入实施精准扶贫精准脱贫……中央财政专项扶贫资金增长 30% 以上。加强集中连片特困地区、革命老区、边疆和民族地区开发，改善基础设施和公共服务，推动特色产业发展、劳务输出、教育和健康扶贫，实施贫困村整体提升工程，增强贫困地区和贫困群众自我发展能力。推进贫困县涉农资金整合，强化资金和项目监管
2017	中国共产党第十九次全国代表大会	坚持按劳分配原则，完善按要素分配的体制机制，促进收入分配更合理、更有序。鼓励勤劳守法致富，扩大中等收入群体，增加低收入者收入，调节过高收入，取缔非法收入

时间	会议	相关内容
2017	中央经济工作会议	打好精准脱贫攻坚战,要保证现行标准下的脱贫质量,既不降低标准,也不吊高胃口,瞄准特定贫困群众精准帮扶,向深度贫困地区聚焦发力,激发贫困人口内生动力,加强考核监督。打好污染防治攻坚战,要使主要污染物排放总量大幅减少,生态环境质量总体改善,重点是打赢蓝天保卫战,调整产业结构,淘汰落后产能,调整能源结构,加大节能力度和考核,调整运输结构
2018	第十三届全国人民代表大会第一次会议	加大精准脱贫力度……深入推进产业、教育、健康、生态和文化等扶贫,补齐基础设施和公共服务短板,加强东西部扶贫协作和对口支援,注重扶贫同扶志、扶智相结合,激发脱贫内生动力。强化对深度贫困地区支持,中央财政新增扶贫投入及有关转移支付向深度贫困地区倾斜。对老年人、残疾人、重病患者等特定贫困人口,因户因人落实保障措施。攻坚期内脱贫不脱政策,新产生的贫困人口和返贫人口要及时纳入帮扶。加强扶贫资金整合和绩效管理
	中央经济工作会议	打好脱贫攻坚战,要一鼓作气,重点解决好实现"两不愁三保障"面临的突出问题,加大"三区三州"等深度贫困地区和特殊贫困群体脱贫攻坚力度,减少和防止贫困人口返贫,研究解决那些收入水平略高于建档立卡贫困户的群体缺乏政策支持等新问题。打好污染防治攻坚战,要坚守阵地、巩固成果,聚焦做好打赢蓝天保卫战等工作
2019	第十三届全国人民代表大会第二次会议	精准脱贫要坚持现行标准,聚焦深度贫困地区和特殊贫困群体,加大攻坚力度,提高脱贫质量 脱贫致富离不开产业支撑,要大力扶持贫困地区发展特色优势产业
	中央经济工作会议	要确保脱贫攻坚任务如期全面完成,集中兵力打好深度贫困歼灭战……严把贫困人口退出关,巩固脱贫成果
2020	第十三届全国人民代表大会第三次会议	开展消费扶贫行动,支持扶贫产业恢复发展。加强易地扶贫搬迁后续扶持。深化东西部扶贫协作和中央单位定点扶贫。强化对特殊贫困人口兜底保障。搞好脱贫攻坚普查。继续执行对摘帽县的主要扶持政策。接续推进脱贫与乡村振兴有效衔接,全力让脱贫群众迈向富裕
2021	中央经济工作会议	要发挥分配的功能和作用,坚持按劳分配为主体,完善按要素分配政策,加大税收、社保、转移支付等的调节力度。支持有意愿有能力的企业和社会群体积极参与公益慈善事业。

六、缩小收入差距,实现共同富裕的重要行动

1. 脱贫攻坚

2013 年,党中央提出精准扶贫理念,创新扶贫工作机制。

2015 年,党中央召开扶贫开发工作会议,提出实现脱贫攻坚目标的总体要求,实行扶持对象、项目安排、资金使用、措施到户、因村派人、脱贫成效"六个精准",实行发展生产脱贫、易地搬迁脱贫、生态补偿脱贫、发展教育脱贫、社会保障兜底"五个一批",发出打赢脱贫攻坚战的总攻令。

2017 年,党的十九大把精准脱贫作为三大攻坚战之一进行全面部署,锚定全面建成小康社会目标,聚力攻克深度贫困堡垒,决战决胜脱贫攻坚。

2020 年,为有力应对新冠疫情和特大洪涝灾情带来的影响,党中央要求全党全国以

更大的决心、更强的力度，做好"加试题"、打好收官战，信心百倍向着脱贫攻坚的最后胜利进军。最终，脱贫攻坚取得了重大历史性成就，完成了消除绝对贫困的艰巨任务。

2. 健全财税制度

《中华人民共和国个人所得税法》于 2018 年修正。我国个人所得税的税前费用扣除模式是"基本减除费用+专项扣除+专项附加扣除"三项结合。基本减除费用的提高以及专项附加扣除制度的实施，使我国个人所得税税前费用扣除制度得到了优化和丰富，提高"起征点"，有利于缩小居民收入差距，促进税收公平的实现。

3. 促进第三次分配发展

第三次分配是对初次分配和再分配的有益补充，有利于缩小社会差距，实现更合理的收入分配。公益慈善是第三次分配的重要组成部分。《中华人民共和国慈善法》自 2016 年 9 月 1 日起施行，民政部及相关部委出台了一系列公益慈善领域的政策文件，促进相关事业的规范化和可持续发展。随后出台的《中华人民共和国民法典》，又进一步对公益慈善活动进行了细致、明确的指导和规定，被认为将公益慈善发展带进了全新时代。

第二章 理论研究概述

本章是本书关注的主要问题的研究概述,包括八个重点问题的过往文献综述。学术界对环境问题与收入问题的研究开始于对完成后工业化进程的西方国家与前工业化、工业化发展中国家的环境差异的观察。现有文献对这一问题的研究集中在经济发展上,指出了经济发展初期的积累需要耗费大量自然资源,释放生产废物并积累污染物,由此带来的环境破坏降低了社会福利。部分文献从理论和实证研究入手,加深了社会对经济发展与环境保护的矛盾的认识,但也有学者认为,过于严格的环保措施,降低了收入水平,影响了经济发展,最终会导致环境进一步恶化。

第一章提到,利用库兹涅茨曲线假说,Grossman 和 Krueger(1991,1995)提出了环境库兹涅茨曲线假说,得到广泛的认可,环境破坏在前工业化经济体呈现随经济发展的正相关关系,而在进入后工业化经济后,环境破坏随经济发展而下降。之后的学者进一步通过不同的逻辑方法证明了这一观点。但也有部分学者认为环境与经济发展的关系只有在合理的环保规制下才能体现出库兹涅茨曲线假说的理想状态。其中 Arrow 等(1995)指出,如果在部分发展阶段过度强调环保治理,将导致经济发展停滞,甚至不能达成环境改善,对后续的研究影响巨大。部分研究文献对收入进行分解,综合考察其对环境的影响。近年来,学术界也使用经济实验等新的方法重复验证了库兹涅茨曲线假说的科学性。

综上所述,以上研究主要是针对同一群体在不同经济发展阶段上的不同应对策略。这一部分文献的样本主要来自后工业化国家,各国经济发展差距不大,收入差距的情况与我国有较大区别。

本书的微观理论基础以中国经济发展不平衡和收入差距为研究背景,基于"收入"与"环境"对不同收入群体的效用异质性,按收入水平差异区分不同的博弈参与方,构建混合策略博弈模型分析收入分配差距对雾霾污染影响的微观机制。

处于不同收入群体的人面临的环境污染负效用不同,对环保政策、减排技术选择和环保投资的策略选择存在明显差别。低收入群体迫于生计更偏好短期收入增加,对暴露在雾霾污染中带来的中长期健康风险,以及自身生产生活过程中产生的污染物排放和环境负外部性不够敏感。中高收入群体在获取雾霾污染危害的信息上具有优势,对环境污染带来的负效用感受比较明显,因而也对环境保护有更高的要求。例如,在河北省重污染钢铁企业就业的工人与北京市金融行业就业的白领对于"收入"和"环境"存在差异明显的效用水平。正是由于不同收入群体面临的环境污染负效用和收入增长正效用存在异质性,在相同的雾霾污染影响下,不同收入群体存在效用差别,进而形成差异化的利益诉求,造成了不同收入群体之间在防霾治霾政策上的利益冲突和博弈策略选择差异。

第一节　"经济发展-收入差距-环境污染"框架建立

库兹涅茨曲线假说、环境库兹涅茨曲线假说是发展经济学和环境经济学中的经典假说，分别讨论了收入差距随经济发展而变化的倒 U 形曲线关系和环境污染随经济发展而变化的倒 U 形曲线关系，也是本书构建"经济发展-收入差距-环境污染"系统分析框架，将中国城市雾霾污染的收入分配原因作为研究选题的逻辑起点。

使用跨国横截面数据对库兹涅茨曲线假说进行的研究隐含假设了所有国家都有相同的"经济发展-收入差距"关系，使其实证结果存在争议。库兹涅茨曲线假说中经济发展与收入差距这两个变量之间关系的系数估计可能存在内生性问题带来的偏误，需要通过估计联立方程模型来研究收入差距与经济发展之间的相互关系。Barro（2000）运用联立方程模型处理了经济发展、投资和收入差距三个变量之间的内生性问题，发现收入差距与经济增长率和投资率没有统计意义上的联系。Acemoglu 和 Robinson（2002）从政治经济学的角度对库兹涅茨曲线假说进行了理论解读，认为除了经济因素之外，政治制度变迁也是造成难以在实证数据中直接观测到库兹涅茨曲线的重要原因。

改革开放使中国成功地获得了持续稳定的经济增长，但与此同时出现了全范围、多层次的收入分配差距扩大态势。杨俊等（2005）使用 1995 年和 1998 年亚洲开发银行及国家统计局 20 个省份家庭调查数据计算衡量收入差距的基尼系数，发现中国 20 世纪 90 年代中后期的居民收入分配差距与经济增长之间存在负相关关系，人力资本积累具有缩减收入分配差距的作用。陆铭等（2005）考察了收入差距与投资、教育和经济增长之间的相互影响，发现无论是在短期还是在长期，中国的收入差距对于经济增长的影响都为负，而经济增长有利于降低收入差距。

中国经济发展与环境污染之间关系的研究同样主要集中在实证研究领域。林伯强和蒋竺均（2009）指出在讨论中国的二氧化碳排放时，直接使用环境库兹涅茨曲线假说模拟的理论曲线无法正确预测未来的二氧化碳排放量和排放拐点，需要充分考虑产业结构和能源结构的变迁。刘华军和裴延峰（2017）以我国 160 个地级及以上城市作为研究样本对雾霾污染的环境库兹涅茨曲线假说进行实证检验，发现雾霾污染与经济发展之间不支持倒 U 形的环境库兹涅茨曲线假说，而是呈现线性递减关系。

库兹涅茨曲线假说和环境库兹涅茨曲线假说是学术界讨论经济发展与收入差距、经济发展与环境污染之间关系最重要的理论假设，国内外围绕其理论背景和实证检验的大量研究为本书基于经济发展、收入差距和环境污染三个变量之间的相互影响关系，研究收入分配差距对城市雾霾污染的影响机制提供了重要的理论背景和实证基础。

第二节　劳动收入与环境规制的研究现状

改革开放以来，我国社会经济高速发展，取得了显著的成就，目前国内生产总值高居世界第二，其中 2013～2021 年，我国对世界经济增长的平均贡献率达 38.6%[①]。通过多年的不懈努力，我国于 2021 年正式庄严宣告脱贫攻坚战取得了全面胜利，消除了绝对贫困，成为世界经济的稳定器，为全世界的和平发展、兴旺昌盛做出了卓越贡献。然而，我国在高速发展的同时，也滋生出了一系列社会问题：由于我国能源结构属于高碳类型，且发展模式属于以邻为壑的区域发展，从而造成了我国收入分配差距和以雾霾为首的突出的环境污染问题。而我国现正处于经济增长方式转型升级的关键时期，经济增长与生态环境之间的矛盾日益突出，亟待缓和，粗放型的经济发展需要相关的经济规制政策来对环境加以保护。但环境规制除了对生态效益产生正向影响外，可能还会对经济增长和民众的就业产生不确定的影响。另一方面，不同收入群体对环境的不同诉求使得环境治理存在一定难度。

对于环境规制的定义，目前尚没有统一的、权威的界定。随着市场机制在环境保护中作用的强化，环境规制的工具变得多样化，其概念也随之变化。环境规制最开始仅指的是国家出于环保目的，对个人和组织提出的命令控制性环境约束。但在此之后出现的补贴、环境税等手段，通过将对环境的破坏、污染等社会成本内化到生产价格或市场成本中去，降低或提高市场成本，改变环境资源的分配，从而起到环境规制的作用，但实际上其并不符合环境规制的定义。因此，人们之后对此定义进行了修正，将"以市场为激励性"这一部分加入到定义中。但 20 世纪 90 年代的环境资源协议等的实施又不再符合新的环境规制的定义，因此在之前环境规制的定义中又增加了"自愿性环境规制"这一条。赵玉民等（2009）结合前人学者的研究以及本部分的研究对象，将环境规制定义为：在全社会制定或形成的，一切有利于预防和控制环境污染的规则的总和，包括正式制度，如政府职能部门制定的法律法规、政策、措施和标准条例等，也包括各种非正式制度，如环境污染及治理信息披露制度、公众自愿参与机制等。其目的在于通过约束或干预市场经济主体及活动，将环境污染的负外部性内部化，激励企业加大技术创新投入，提高技术创新水平，以实现降低污染、减少排放、构建可持续发展路径。

根据基于政府环境规制政策工具和方法手段的不同，可以将环境规制分为以下三类：命令控制型、市场激励型和自愿型环境规制。命令控制型环境规制主要是由政府职能部门主导，通过法律法规规定企业必须遵守的排污标准和技术等，如我国早在 1974 年试行的《工业"三废"排放试行标准》就属于命令控制型环境规制，具有强制性和权威性的特点。市场激励型环境规制主要指政府利用市场机制进行制度设计，借以引导企业合理排污、减少排污。它将污染外部成本内部化，从成本收益角度引导企业在经济利益、环保责任二者间进行理性选择，激发企业技术创新从而减少环境治理成本，缓解环境规制的压力，如前文中提到的环境税就是市场激励型环境规制的一种。自愿型环境规制属于非正式规制，是指由环保相关行业协会或组织提出、企业和公众可自愿选择参与的一系列环保计划或承诺等。目前，我国环境规制以命令控制型和市场激励型为主，而自愿型环境规制发展较为缓慢。

[①] 来源：光明网. https://m.gmw.cn/2022-10/02/content_1303161472.htm。

第三节　收入分配与大气治理的研究现状

收入分配对环境污染的影响作为一项重要议题，国外已经有很多学者进行了相关研究。例如，Boyce（1994）是第一个研究收入差距对环境污染的学者。他认为，收入差距会加剧环境污染，主要包括两方面的原因。一是收入差距的扩大会同时减少低收入群体和高收入群体对于良好环境的现实偏好：对于低收入群体而言，收入差距扩大使他们倾向于过度开发与消耗自然资源来保障他们基本生存生活条件的收入；而对于高收入群体而言，Boyce 认为收入差距经常会增加政治不稳定性和社会动乱的风险。二是在一个收入差距程度较高的社会中，高收入群体可能拥有很多政治权力，从而可以对有关环境项目的决策产生重大影响。在 Boyce 看来，在影响生态的投资行为中，高收入群体通常是赢家，低收入群体往往是输家。而经济不平等有利于实施对环境有害的项目和投资，强化高收入群体的权利，将环境成本强加于低收入群体。由此看来，收入差距对环境质量的影响程度还在一定程度上受到社会民主程度的控制，即社会的民主决策体系越完善，民主程度越高，则这一影响会相应地越小。

对于 Boyce（1994）的观点，Scruggs（1998）提出了异议。他认为存在两个基础假设错误，有证据表明，比起低收入群体，高收入群体更容易受到环境问题的影响，因为相对的富有引发的社会责任感使得他们更加关注自然环境的质量，而且高收入也决定了他们有更多的机会享受良好环境带来的益处，从而存在更强的保护环境的倾向；另一方面，社会的民主程度对环境质量的影响缺乏足够的证据支持。

除 Scruggs（1998）之外，还有很多学者的研究也都认为收入差距的扩大对环境污染可能具有抑制作用，这种抑制作用主要包括三个角度。

第一个角度涉及 Coburn（2000）的新物质主义假说，即收入差距对于环境质量的作用方向很大程度上取决于人们对于环境质量的需求收入弹性：环境需求与收入的函数关系是线性的，不改变平均收入，单纯使用转移支付的手段改变社会的收入差距不会对环境的质量产生任何影响；如果对应的函数关系是凹（凸）函数，那么采取类似的操作，扩大收入差距，将收入从低收入群体转移到高收入群体手中，会增大（减少）社会整体对于环境质量的需求，进而推动环境的改善（恶化）。

第二个角度是有关环境库兹涅茨曲线的推论。环境库兹涅茨曲线认为，在收入增加的过程中，环境质量的变化呈现出先逐渐恶化，然后慢慢改善的趋势，二者整体上呈现出一个 U 形曲线。在此基础上，Baumol 和 Oates（1988）认为，对于较高收入的群体而言，环境需求的增长速度高于收入的增长速度，因此呈现出奢侈品的特征。故高收入群体比低收入群体更偏好较高的环境质量，同时也更有能力进行改善环境的一些活动或者购买环境友好型商品。

第三个角度涉及不同收入的群体对于环境友好型产品的消费意向与能力的差距。所有商品生产与流通都伴随着一定程度的碳排放，但不同额度的碳排放对应的商品价格是不同的，如为了减少碳排放选择购买新能源汽车而非传统化石能源汽车会造成较高的一次性消费。而低收入群体对于环境友好型产品的消费意愿一般要低于高收入群体。Ravallion 等 (2000)认为，每个人对于碳排放都有一个隐含的需求函数。推广到碳排放与收入的函数关系，则这一函数关系往往为凹函数，因为低收入群体对于低排放型商品的消费能力不足。这也就意味着如果不对相关产品进行补贴，而采取措施减少收入差距，全社会对于这类产品的消费会减少，从而增加碳排放，加剧环境的恶化。

目前国内也有很多文献对这一领域的问题进行了类似的研究。例如，占华(2018)提出了收入的差距影响环境治理的宏微观路径，从宏观与微观两个角度研究收入差距对于环境质量的作用机制。从微观层面上来看，过大的收入差距会导致高收入群体能够对相关政策的制定产生更大的影响，从而通过环境政策这一路径影响环境质量。而在宏观层面的影响机制则主要在于环境保护意识、重度污染企业的转移以及环境技术的发展等方面。具体来说，过大的收入差距会使得低收入地区对于经济发展的诉求高于改善环境，从而使得环境保护意识降低，不利于环境友好型技术的传播与普及，更会导致重度污染企业向这些地区转移而非取缔，在这些因素的共同作用下，环境污染将进一步加剧。

王凯风和吴超林(2018)在衡量环境污染的指标这一方面提供了更多的借鉴意义，选取了环境全要素生产率的累计增长率与传统全要素生产率的差值作为中国在发展中付出的环境与资源代价的依据。在收入差距方面，鉴于当前我国的收入差距主要表现为城乡居民的收入差距，选择了城市居民人均可支配收入与农村居民人均纯收入的比值来衡量收入差距。

部分文献从全世界的角度对这一命题进行了研究，如祁毓和卢洪友(2013)通过对 132 个国家 30 年的面板数据进行研究，结果显示，从全世界范围来看，收入差距的加剧虽会导致更为严重的环境污染，但其影响程度与国家发展水平密不可分，国家越不发达，这一影响程度越大，对于发达国家甚至具有相反的影响。

在以上文献中，一个被人们普遍接受的影响路径是，虽然高收入产生的高消费会导致碳排放的增加与大气污染的加剧，但高收入群体对于环保清洁产品的接受度会显著高于低收入群体，因此低收入群体的增加会妨碍清洁产品的生产与推广，进而导致大气污染。针对收入差距不均对居民贫困的影响，刘一伟和汪润泉(2017)等通过构建计量模型验证了：不论是在社区还是个体层面上，收入差距的扩大都会引致居民贫困问题的高发。在此基础上可以推导得出一个新的收入差距对大气污染的传导路径，即收入不平等导致人均 GDP 的减少，人均 GDP 作为一个中介变量进而影响大气污染程度。

综合来看，学术界对于收入差距的增大是否会导致环境污染的加剧尚未达成共识，其中最大的争议点在于两个部分：一是受益于收入差距的增大而获得更大的财富与影响力的高收入群体是否拥有足够的社会责任感，是否对于未来的环境足够关注，致力于推行环境保护政策的制定与实施，而非试图利用权力损害环境，再将成本转嫁给低收入群体；二是收入差距的扩大是否会相应增大社会整体对环境友好型产品的消费，在收入差距扩大的情况下，低收入群体对清洁品的消费减少和高收入群体的消费增加抵消后的净效应是问题的关键。具体来说，如果群体对于碳排放的隐含的需求函数是一个凹函数，那么净效应为正；如果收入差距的扩大会增加贫困群体，进而使得社会上收入的中位数偏低，那么净效益则为负。

除此之外，当前学术界对于相关问题的讨论都是基于环境污染的大方面进行的，尚无专门针对大气污染这一相对细分的范围进行的研究。针对此问题，本节拟引入一个简单的博弈模型，从一个较新的角度探究收入差距对大气污染的作用机制以及预测结果，并结合全国 30 个省级行政单位的面板数据进行实证分析，进而得出结论。

第四节　教育水平与环境污染的研究现状

学术界对教育问题的关注起源较早，且进行了深入研究。众多学者研究表明，教育可以极大地促进个人利益，并对社会产生积极的外部影响。而另一方面，在教育公平性问题上，许多研究广泛地集中对世界范围内，尤其是对发展中国家和地区的教育不平等程度进行有效测度。Breen 等（2010）对七个欧洲国家进行了研究，发现在 20 世纪，受教育程度不平等的阶级和性别差异显著下降；Agrawal（2014）则研究了印度教育水平差距的另一个方面，认为农村地区的程度仍然远远高于城市；Lei 和 Shen（2015）发现在过去的几十年中，教育水平差距现象在教育水平和期望方面都在恶化；Shukla 和 Misghra（2019）验证了印度的教育库兹涅茨曲线，发现平均受教育年限约为 7 年，平均受教育程度与离散程度之间呈倒 U 形关系。

虽然教育水平差距问题在世界范围内有所缓解，但就不同研究对象又有各自的特征，作为一个普遍存在的民生问题，教育水平差距可能会严重影响各经济社会活动，危害社会正常运行秩序。Munir 和 Kanwal（2020）以南亚六个国家为样本证实了教育水平差距对收入差距等具有正向影响，并研究了不同教育阶段的异质性。然而不同学者研究结论并不一致，Yang 等（2011）研究发现减轻教育水平差距并没有改善中国的收入差距，而收入差距则可能加剧教育不平等。在他们后来的研究中，还探讨了教育与收入差距之间的机制，发现有必要将教育水平差距降低到足以减少收入不平等的程度。

在环境问题方面，现有研究多聚焦于分析影响环境质量的因素。除了以著名的库茨涅茨曲线为基础，分析经济发展与环境污染之间的相互联系与影响之外，还有很多研究分别从产业集聚、产业结构、工业集聚与市场化、环境政策与规制治理、财政收支及结构、财政与收入分权、城镇化、技术进步、人口规模与城市化、外商投资等方面入手，分析影响环境质量的因素。可以发现现有研究少有从以居民等微观个体为主体，并考虑其生活方式、环境行为等角度分析影响环境质量的因素，仅有少量学者从人力资本、公众诉求等方面分析其对环境质量的影响。然而宏观经济运行框架中，除了政府和企业两大主体之外，居民也是参与经济社会运行的主体，其意识习惯与行为方式将通过个人环境活动和工作中产生的环境行为对环境质量产生潜在的重大影响。有学者从居民方面研究过教育水平和互联网发展对城市绿色发展效率的影响，也有学者分析过教育公平对省域经济增长的影响，但迄今为止未有学者在教育公平与环境质量、绿色发展等方面给予关注。

第五节　环境规制对异质性行业就业规模影响的研究现状

一、环境规制与就业效应相关研究

20 世纪 70 年代以来，随着工业化进程的加快，环境污染问题成为制约全人类社会可持续发展的重大问题，而环境规制作为环境污染治理的有效手段受到了人们极大的关注。对于环境规制与就业的关系起源于西方学者 Pearce(1991)提出的"双重红利"假说。这一假说认为环境税的征收不仅能够有效抑制环境污染，改善环境质量，而且可以通过税收机制的作用降低现行的劳动力扭曲，从而实现就业增长。截至目前，环境规制与就业效应相关研究主要可分为两类：第一类研究环境规制强度与就业规模间的函数关系；第二类研究环境规制对就业影响的传导机制。

1. 环境规制强度与就业规模间的函数关系研究

对于环境规制与就业规模二者之间的关系，国内外学者现有研究主要有以下四种观点：环境规制显著促进就业增长，环境规制显著抑制就业增长，环境规制对就业增长无显著作用以及环境规制与就业呈 U 形关系。

在促进就业方面，Golombek 和 Ranknerud(1997)从行业层面研究环境绩效标准政策对于就业效应的影响，发现环境规制对化学行业的就业无显著影响，但在钢铁和造纸行业中，环境规制强度的加大会使得这两个行业就业规模增加。陈媛媛(2011)将环境污染作为生产要素，环境规制强度反映该要素的价格，利用我国工业行业 2001~2007 年的面板数据研究了环境规制的交叉价格弹性，发现加强环境规制会增加行业就业规模，并且在重污染行业，环境规制带来的就业规模更大。邵帅和杨振兵(2017)基于工业行业面板数据，运用广义矩估计方法，实证检验了环境规制的"双重红利"假说，研究发现环境规制的确能够减少环境污染并促进劳动力需求水平的扩增，增加就业容量。

在抑制就业增长方面，Dissou 和 Sun(2013)采用可计算的一般均衡模型评估碳减排政策的就业效应，发现减少碳排放会使得国内就业人数减少，即环境规制与就业水平间出现显著负相关关系。国内相关研究中，张先锋等(2015)利用 2001~2011 年中国省级面板数据分析了环境规制对产业升级效应与产业转移效应度就业结构和就业规模的机理，最终发现环境规制政策的实施会降低地区就业规模。与其观点一致，甘伟鑫和杨柳(2015)运用工具变量法对我国 2004~2012 年省级面板数据进行分析，指出环境规制会抑制就业的增加。孙文远和杨琴(2017)使用双重差分法估计了"两控区"政策对就业的影响效应，同样发现环境规制不利于就业水平的提高。以上研究均从实证层面验证了环境规制对就业增长的抑制作用。

在环境规制对就业增长无显著作用的相关研究中，Morgenstern 等(2002)从工业层面出发，利用美国造纸业、塑料制造业、石油炼制业和钢铁行业四个重污染行业的数据研究环境规制对就业的影响。研究发现，每一百万美元的额外环境治理支出将净增加 1.5 个工作岗位，但这个影响程度在经济意义和统计意义上都微不足道。同样地，Matthew 和

Elliott(2007)通过英国27个行业5年的面板数据实证检验出了环境规制与就业水平之间存在内生性问题,最后得出结论:在英国,环境规制对就业水平并无显著的影响。而在国内有关研究中,陆旸(2011)基于向量自回归(vector autoregression,VAR)模型,模拟了中国就业双重红利问题,最终发现征收碳税对就业影响并不显著,中国难以在短期内获得就业与减排的双重红利。通过以上研究可以看出,环境规制可能对就业规模并无影响。

与以上观点不同的是,闫文娟等(2012)首先发现环境规制与就业间存在非线性关系。她采用面板门限模型发现我国要实现环境与就业的双重红利,重点是提高第三产业占比。进一步地,王勇等(2013)利用工业行业面板数据研究发现环境规制与工业行业就业之间存在 U 形关系,即随着环境规制强度的增大,工业行业就业规模先下降再上升。李梦洁和杜威剑(2014)从"双重红利"假说出发,分析了环境规制对就业影响的规模效应和替代效应的大小,并通过省级面板数据的实证分析发现环境规制与就业规模呈 U 形关系,而我国现阶段正处于 U 形曲线拐点的左侧。刘和旺等(2017)借鉴 Morgenstern 等(2002)的理论框架分析方法,采用省级层面的规制数据和中国制造业企业的合并数据,结合动态面板数据模型方法,从供需角度研究了环境规制对企业就业的影响及其机制。研究发现,环境规制强度与企业就业水平或就业增长率之间呈现出 U 形关系,且进一步研究发现环境规制对就业的影响会随着污染密集程度和劳动力成本份额的提高而降低。

2. 环境规制对就业影响的传导机制研究

关于环境规制对于就业影响的传导机制,学者们的研究结果一致性较高,认为环境规制可以直接和间接地作用于就业水平。闫文娟和郭树龙(2016)利用中介效应模型研究了环境规制对就业影响的传导机制,发现环境规制可以反作用于产业结构转型,从而增加就业规模,但也可能通过促进技术进步和抑制外国直接投资(foreign direct investment,FDI)间接造成就业损失。赵君(2018)从直接影响和间接影响的角度出发,一方面认为环境规制可以直接通过控制企业的进入退出而直接作用于就业规模,另一方面从"遵循成本假说"、"波特假说"、"污染天堂假说"和"环境竞次假说"出发,将产业结构升级、技术创新和外商直接投资作为中介变量,实证考察分析了环境规制对就业结构的影响。

二、基于异质性视角研究综述

国内学者主要基于地区异质性、行业异质性视角分析了环境规制对就业的影响。

在地区异质性方面,李梦洁和杜威剑(2014)分东、中、西部地区分别考察了环境规制对就业的影响效应,发现二者间呈 U 形关系,而东部地区已经跨越了 U 形曲线的拐点,实现了环境规制的双重红利,而中西部地区还位于拐点左侧。李珊珊(2015)基于劳动力收入、受教育程度视角将地区分别划分为高、中、低收入地区和高、中、低教育程度地区,考察了不同经济发展程度和教育程度的地区环境规制对就业影响的差异性,发现在人均收入水平低和教育程度低的地区环境规制对就业水平都会产生显著的正向影响。张娟和惠宁(2016)则将资源型城市作为研究对象,以工业利润和产业结构作为门限变量,实证考察环境规制与资源型城市就业规模间的门限特征关系。

在行业异质性方面，李梦洁(2016)立足局部均衡模型分析环境规制对就业的影响机制，并用实证研究证明了二者间的 U 形关系。同时根据行业污染程度和技术水平的不同对我国工业行业进行划分，发现行业的异质性导致 U 形曲线的形态及位置存在显著差异。施美程和王勇(2016)基于我国分省份行业的工业数据，根据环境污染程度和行业资本劳动比将行业划分为高资本高污染、高资本低污染、低资本高污染、低资本低污染四类，并运用倍差非线性计量模型考察了环境规制强度的省际差异及行业异质性差异。李珊珊(2016)利用科技活动从业人员占比构建了就业技能结构指标，研究了环境规制分别对高、中、低污染行业就业技能结构的影响。研究结果表明，只有在高污染行业中，环境规制对就业技能结构优化才有显著的先促进后抑制的作用。秦楠等(2018)依据环境污染程度将工业行业划分为重污染、中污染及低污染行业，发现环境规制的就业效应存在显著行业异质性。

综合以上文献，环境规制对于就业规模的影响具有不确定性，且在不同的行业划分中其影响关系也存在差异，下文将通过理论模型进一步对二者关系进行推导。

第六节 能源使用与空气污染的研究现状

随着中国的工业化和城市化程度不断提升，雾霾引起的空气污染问题日益严重，对居民的身心健康和日常生活造成了很大的负面影响，成为中国最受社会关注的公共话题之一。空气质量的下降会对居民健康和生活质量造成严重威胁，世界卫生组织的研究表明，2016 年环境(室外)空气污染导致全世界 420 万人过早死亡。

中国每年的能源消费量巨大。根据《BP 世界能源统计年鉴(2018)》，2017 年中国是世界上最大的能源消费国，其能源消费量和能源消费增长量占全球的 23.2%和 33.6%。国家统计局数据显示，2017 年，我国能源消费总量为 44.9 亿吨标准煤，比上年增长 2.9%，继续保持低速增长。中国的能源消费结构长期以煤炭为主。根据国家统计局数据，2018 年中国煤炭消费量占能源消费总量的 60.4%，天然气、水电、核电、风电等清洁能源消费量占能源消费总量的 20.8%。虽然煤炭消费量与上年相比下降 1.6%，能源消费结构在不断优化，但是煤炭仍然是我国消费的主要能源。

中国的空气污染与煤炭等化石能源的使用有密不可分的关系。研究表明，燃煤是空气污染物 SO_2、NO_2 和颗粒物 PM_{10} 浓度增加的直接原因。方晓(2001)指出由于家庭供暖、发电、运输以及工业加工都需要燃烧化石能源，能源使用是城市地区空气污染物散发的主要来源。中国的化石燃料不论是储量还是使用都以煤炭为主，"中国煤炭消费总量控制方案和政策研究项目"课题组发布的《煤炭使用对中国大气污染的贡献》研究报告指出，煤炭的使用过程中排放的空气污染物以及以煤炭为支撑的工业生产过程中排放的空气污染物，是造成中国空气污染的重要原因。毛小平等(2017)通过对北京市两年的 $PM_{2.5}$ 浓度分布的观测和空间分析，发现北京市城区冬季较严重的雾霾，其主要的污染源并非机动车辆、大型工厂，而是源于居民冬季燃煤和燃气取暖过程中的污染物排放。贾锐宁和徐海成(2018)考察了机动车使用带来的中国城市空气污染问题，对公路收费政策的大气污染防治效应进行了定量估计,发现高速公路免收通行费政策会明显加剧城市空气污染。根据生态环境部发布的《中国机动车环境管理年报(2018)》,中国已连续九年成为世界机动车产销第一大国,机动车污染已成为我国空气污染的重要来源,是造成环境空气污染的重要原因,机动车污染防治的紧迫性日益凸显。

基于统计数据检验中国的能源使用与空气污染之间关系的研究目前主要集中在对特定区域或特定空气污染物的实证分析。例如,张肖一(2017)利用误差修正模型分析了北京市 2000~2015 年能源消费结构与空气污染数据,发现煤品和油品等化石能源在能源消费结构中的比例增加会带来空气污染的恶化;李粉等(2017)利用 1999~2013 年中国 21 个两位数工业行业的面板数据,分析了产业集聚、技术创新与二氧化硫排放量之间的动态关系,发现工业集聚程度提高能够显著减少二氧化硫排放;郝新东和刘菲(2013)基于中国 2001~2010 年省际面板数据考察煤炭消费对 $PM_{2.5}$ 浓度的影响,证实了我国煤炭消费量与 $PM_{2.5}$ 浓度呈正相关关系,推断煤炭消费是中国 $PM_{2.5}$ 污染的主要成因;冷艳丽和杜思正(2016)基于 2001~2010 年中国省际面板数据,发现能源价格扭曲对雾霾污染有正向影响,煤炭消费、机动车辆、产业结构、房屋建筑施工面积、城市化水平以及贸易开放度与雾霾污染显著正相关,产出水平与雾霾污染显著负相关。以上研究均发现中国的空气污染与煤炭等化石能源消费有密不可分的关系。

第七节　空气污染与公共健康的研究现状

空气污染对公共健康的负面影响已经获得了大量医学研究领域文献的支持,空气污染不仅会直接导致人口死亡率升高,还与呼吸系统疾病的发病率升高有显著关系。美国健康效应研究所发布的《2019 全球空气状况》报告显示,2017 年全球因长期暴露于室外和室内空气污染而死于中风、心脏病、肺癌、糖尿病和慢性肺病的人数近 500 万;而在中国,该数字达到 120 万。Bai 等(2007)的研究发现进入人体循环系统的空气颗粒物 PM_{10}、$PM_{2.5}$ 会引起血管内皮功能受损,导致血管舒缩功能异常、外周血压升高,增加心脑血管疾病的发生风险。魏复盛等(2016)对广州、武汉、兰州和重庆四个城市的环境监测研究显示中国城市空气污染中以颗粒物 PM_{10}、$PM_{2.5}$ 的健康危害最大,SO_2 的健康危害居其次。

随着空气污染和公共健康统计数据的日益丰富,近年来出现了一系列针对空气污染对公共健康影响的定量实证研究。Beatty 和 Shimshack(2014)利用英国 $PM_{2.5}$ 与儿童呼吸系统健康数据进行回归分析,发现 $PM_{2.5}$ 浓度增加会显著提高儿童患呼吸系统疾病的概率。陈硕和陈婷(2014)检验了火电厂二氧化硫排放对公共健康的影响,发现随着二氧化硫排放量的增加,每万人中死于呼吸系统疾病及肺癌的人数将显著增加。孙猛和李晓巍(2017)基于省际面板数据的实证研究,发现烟粉尘排放造成的空气颗粒物污染对我国居民公共健康的损害非常显著。Zhang 等(2018)使用中国家庭追踪调查(China family panel studies,CFPS)获取的中国 2 万个受访者的标准化字词和数学测试成绩,以及环保部门提供的空气污染指数数据的实证研究发现,长期空气污染暴露会明显降低居民的认知能力。

由于对空气污染的关注和担忧,全社会广泛采取了各种措施来降低空气污染的危害。

《经济日报》2017年4月的报道称，每当雾霾来袭时，口罩、空气净化器以及新风系统等防霾产品的销量就会暴增，在去哪儿网、携程等网络平台上，"躲霾路线"也受到了广泛的欢迎；据携程网站的数据，雾霾天气里北京到各沿海城市或者南方旅游城市的机票销售都出现了约30%的明显增长。

第八节　最低工资对宏微观经济作用机制的研究现状

中国劳动力丰富，最低工资是强有力的劳动力管制政策。该政策不仅会影响中国劳动者的就业与收入，更会通过劳动力成本冲击，影响中国大量微观企业的经营决策、研发创新以及资本-劳动要素投入比等。

最低工资标准越高，企业的平均劳动力成本也越高。相较于资本密集型企业，最低工资对劳动密集型企业的生产、经营决策等影响更大。本研究认为，相比资本密集度较低的企业，资本密集度较高的企业往往拥有比较先进的生产技术和设备，客观上需要高技能劳动力或需要较少的总劳动力。随着企业资本密集度的上升，最低工资带来的劳动力成本供给对微观企业生产、经营决策等的影响显然也发生着变化。因此，讨论最低工资的经济效应，应关注最低工资在不同资本密集度条件下，对企业动态演化过程影响的差异。

微观企业绩效往往决定着宏观经济表现。在中国转型经济背景下，研究最低工资对微观企业演化特征的影响具有极强的现实意义。从理论和实证上准确识别最低工资影响微观企业演进的路径，不仅有利于深化现有最低工资作用机制的认识，而且对于更好地利用最低工资等管制政策促进企业健康有效地动态演化、提升宏观经济绩效等具有重要意义。

Stigler（1946）指出，在同质化和竞争性的劳动力市场上，最低工资会造成社会劳动力需求减少、供给增加。Welch（1974）、Brown等（1982）、Belman和Wolfson（1997）以及Newmark和Watcher（2006）等众多学者在新古典理论框架下完善和扩展了最低工资的经济效应研究。随着实证研究的深入，学界对最低工资的经济效应认识出现变化。Katz和Krueger（1992）、Card（1992）、Card和Krueger（1994）等的研究发现，最低工资的提高不仅没有减少就业，反而会提高就业。有学者从最低工资带来的劳动力成本角度重新审视最低工资的经济效应。例如，Brown（1999）、Draca等（2011）、Dube等（2016）均指出真实劳动力市场并非充分竞争，而是存在垄断特征，最低工资的经济效应取决于企业如何吸纳最低工资引发的劳动力成本：企业裁员会造成失业；降低边际收益或者成本加价则不会。随着研究的深入，Brecher（1974）、Magee（1975）、Egger和Kreickemeier（2009）等逐渐重视将最低工资视为成本冲击考察其对微观企业的影响。随后，Acemoglu和Pischke（1999）、Acemoglu和Pischke（2003）、Galindo和Pereira（2004）和Mayneris等（2014）的一系列研究表明，最低工资上涨增加了企业的可变成本和固定成本，企业会根据这一外部冲击对其生产经营和要素投入进行不同程度的调整。

上述研究结论均表明，最低工资引发的成本冲击显著影响了微观企业的生产、经营活动。现有研究仍待推进：一是已有研究缺乏最低工资影响企业动态演化的理论机制。二是已有研究只关注了最低工资带来劳动力成本上升会影响微观企业的生产经营活动，忽略了最低工资的影响可能随企业资本密集度的上升而不同。事实上，企业间资本密集度的异质性，正是成本冲击对微观企业产生异质性影响的重要原因。三是已有研究只关注了企业某一特定行为，缺乏对微观企业动态演进全过程的考察。四是已有研究只关注了微观企业层面，忽略了最低工资影响微观企业演进、进而可能影响到宏观经济效率的变化。因此，准确识别最低工资对宏观经济效率提升的各个环节的影响，有助于深化对最低工资影响宏观经济具体作用机制的认识。

第九节　收入分配、空气污染与低碳减排的研究进展

自 2013 年《大气污染防治行动计划》实施开始，中国的大气污染防治力度达到了空前的强度。到 2020 年时，中国的空气污染状况已经得到了根本性的改善。2023 年，有监控数据的中国城市平均空气质量优良率已经超过 80%。而此时，学术界对于收入差距影响环境污染的路径也有了比较鲜明的观点。杨曼莉（2020）就已有的文献比较系统地总结了收入差距影响环境质量的三条路径：对于个人，收入分配结构影响的主要是消费者的个人经济行为；对于企业，则主要影响企业创新；对于政府，收入分配可能影响环境政策的制定与实施，具有类似观点的文献在上文中已经作了充分的论述。除空气污染研究之外，其他类型环境污染与收入分配之间的因果关系也有一些研究成果。张雪和常玉苗（2023）在考虑到污染的空间溢出效应的情况下，发现收入差距对水污染的影响受到经济聚集水平的影响，从而呈现 N 形特征。2020 年后，越来越多的研究已经不仅仅局限在发掘收入差距对于环境污染的直接影响，而是将两者之间的相互关系或者内在机理进一步深化。例如，林木西等（2023）发现收入差距扩大会增加环境污染，并抑制产业聚集对环境污染的改善作用，产业聚集与收入分配交互影响环境污染。

随着 2021 年中国脱贫攻坚战取得全面胜利，"三农"工作重心历史性地转向全面推进乡村振兴（温涛和何茜，2023），城乡收入差距成为了收入分配的研究的一个重要方向。在收入分配与环境污染的研究领域，以往研究多从居民整体的角度划分不同收入群体，而近期研究中，站在城乡收入差距视角的文献逐渐增多。井波等（2021）在基于城市层面的空间面板数据，得出了与本书一致的观点（Wang et al.，2021），即城乡收入差距加剧了大气污染。鲁玮骏和张超（2023）认为通过生态保护补偿提高农民收入，能够在缩小城乡收入差距的同时还显著降低县域污染和碳排放。李俊姿和杨志海（2023）提出可以通过非农就业提升农民环保认知，他们认为非农就业不仅能缩小城乡收入差距，还能促进农民在私人和公共层面参加环保活动，这为分析城乡收入差距对环境污染的影响提出了一条新路径。类似的研究还有很多（常文涛和罗良文，2021），结论大多也指向缩小城乡收入差距有助于污染治理，在此不再一一论述。

近年来，还有一些研究发现环境保护和收入差距存在相互影响的可能性，即环境治理行为也会影响居民收入分配，特别是政府的环保投入，本质上是在环保领域对于居民收入的再分配。包彤（2022）从省级层面提出了费用型与投资型环境规制对城乡收入差距存在倒 U 形影响，张云辉和郝时雨（2022）的研究也得到了类似的结论。而洪铮和罗雄飞（2020）

指出这两者之间是另一种 N 形形态。刘聪和李鑫(2021)发现了居民健康作为空气污染影响收入差距的路径。这类研究探讨了环境污染可能通过一些路径导致居民财富流失和收入差距扩大。同时，治理环境污染或者施加环境规制对于收入分配也会有一定影响。这表明考虑到对社会财富结构的影响，施加环境规制、开展环境治理是一个复杂的综合性问题。如何权衡环境效益和经济效益、经济效率与分配公平等两组关系，是非常值得后续研究跟进的问题。值得一提的是，也有研究认为缓解相对贫困的工作可能造成经济和环境的冲突，强调了应当充分考虑到增加居民收入对环境造成的压力(陈素梅和何凌云，2020)。

每一个关注环境和气候变化的读者应该都能感受到近几年环境经济学研究的最大热点是"低碳"。这意味着绿色低碳发展成为了除经济性之外衡量生产活动效益的另外一个重要标准。碳排放虽然并非环境污染，但其产生过程与各类环境污染物高度重合，特别是工业生产中，污染气体和碳化物几乎是同步产生和排放的。因此，可以比较合理的推测，收入分配与碳排放之间也存在一定的联系。闫东升等(2023)研究发现城乡收入差距扩大会带来碳排放强度的上升。他们认为城乡收入差距抑制城镇化和创新发展，并强化资源错配，从而导致碳排放强度增加。同时，城乡收入差距对于碳排放的影响受到市场化水平和政府行为的调节。马红梅和赵旌睿(2023)关注城乡消费结构的差异性，以此为中介发现城乡收入差距对于碳排放的影响有倒 U 形特征，而城乡消费结构差异缩小有利于降低碳排放。同样发现倒 U 形关系的还有邹秀清等(2023)，但他们的研究样本偏小，实证分析的结论不够稳健。赵昕等(2021)认为收入差距在家庭的互联网依赖造成的碳排放效应中存在中介作用，从而提出差异化碳减排的政策建议。范庆泉等(2022)研究了补贴机制，发现清洁生产补贴可能引起收入分配失衡，从而影响碳减排机制的运行效能。方恺等(2023)基于中国核证自愿减排项目数据，论证了该项目能够促进农民增收，缩小城乡收入差距。

综上，绿色低碳发展与居民收入分配之间可能存在较复杂的相互影响，两者间既可能存在一些对立的机制，又可能具有相互促进、相辅相成的路径。对于收入分配与碳排放之间因果关系的研究，最终目的还是为了通过厘清居民收入分配结构对于经济行为决策的影响机制，从而更好地为政府和相关机构的环境治理行动提供服务，实现个体效用与社会收益的统筹兼顾。

第二部分
收入分配与空气污染问题的定量测度与机理分析

第三章　中国收入分配问题的典型化事实

本章是对中国收入分配问题的典型化事实的报告。与第一章对于收入分配问题的现状陈述不同，本章是对中国区域收入差距和收入流动性水平的深入探索，以及就中国的收入流动性问题与世界主要经济体的比较和分析。本章的内容丰富了收入分配水平测度的维度，对我国的收入分配状况有了更深入的认知。本章一共分为三节，其中第一节是基于基尼系数和泰尔指数的对中国区域收入差距的测度；第二节是中国的收入流动性水平的测度方法以及测算结果；第三节是就中国的收入流动性与世界上其他一些典型发达经济体和发展中经济体的比较分析。

第一节　中国区域收入差距的测度

一、基于基尼系数的中国总体收入差距测度

收入差距的准确测度是进行收入差距研究的重要基础。目前，对收入差距进行测度的方法与指标有很多，常见的有简单的地区生产总值差异比较，此外还有较为形象地分析经济与人口集聚非协同演进过程以及计算人口加权变异系数等。国际上用于衡量一个国家或地区居民收入差距较为常用的指标是基尼系数。基于洛伦兹曲线（Lorenz curve）提出的基尼系数，通过比较实际收入分配曲线和收入分配绝对平等曲线之间的面积与实际收入分配曲线右下方的面积的比值来表征收入差距程度。基尼系数的经济含义是：在全部居民收入中，用于进行不平均分配的那部分收入占总收入的百分比。基尼系数最大为"1"，最小等于"0"。前者表示居民之间的收入分配绝对不平均，即100%的收入被一个单位的人全部占有了；而后者则表示居民之间的收入分配绝对平均，即人与人之间收入完全均等，没有任何差异。这两种情况只在理论上存在，在实际中不会出现。基尼系数的实际数值一般介于两者之间。基尼系数在国内受到了广泛的关注与应用，不少学者对基尼系数的具体计算方法做了探索，提出了十多个不同的计算方法。

1. 中国的基尼系数水平

本章选取了来自中国国家统计局公布的2003～2016年的官方基尼系数数据，本章使用数据不包括香港、澳门和台湾地区。数据涵盖地级市656个，县1800个，覆盖城市与农村地区。为统计居民的收入和支出，统计部门进行了16次全国调查，涉及200万户家庭，这也保证了数据的可靠与有效性。

图3-1为2003～2016年间中国总体基尼系数图，可以看出，中国基尼系数的变化总体呈现出先攀升后稳定下降的态势。中国收入差距在经历了5年的波动上升后在2008年

达到顶峰，在随后的 7 年里，差距持续下降。然而值得注意的是，2003～2016 年期间，基尼系数从未低于 0.46。联合国开发计划署等有关组织认为，基尼系数在 0.4～0.59 区间内的地区或国家贫富差距较大。根据这一标准，我们可以看到近年来中国总体的收入差距处于较高水平，从 2015 年开始甚至有所反弹：由 2015 年的 0.462 升至 2016 年的 0.465。基尼系数反弹的原因是复杂的，Santacreu 和 Zhu（2017）认为可以用缺乏流动性和收入差距等因素解释：再分配和不完善的税收制度以及技术进步提高生产力进一步拉大了不同群体间的收入差距。2015 年前后中国房地产价格上涨较快现象可以对此进行部分解释。在 2015 年前后以大城市为中心，房地产价格在原先高位的基础上进一步上涨，这使得拥有固定资产的高收入群体从中获益。这在 2017 年的收入调查中也同样得到了验证，数据显示财产收入比上年增长 11%。从长期来看，收入均对一个国家的政治稳定和经济增长具有负面影响。旨在提高教育质量和税收再分配作用的政策，可能有助于避免收入差距的消极影响。

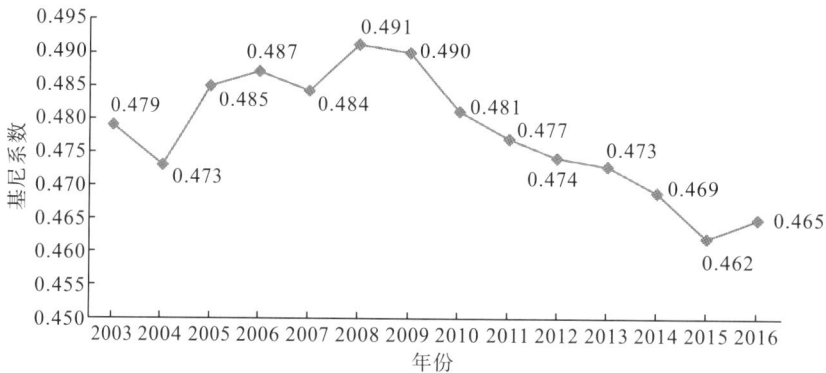

图 3-1　2003～2016 年间中国总体基尼系数图

2. 基尼系数的世界比较

根据上文中国总体基尼系数表现出的特征，可以认为中国总体收入差距情况较为严重，不同阶层贫富差距较大。需要指出的是，中国摒弃计划经济"平均主义"，实现社会主义市场经济，社会必然存在一定程度的收入差距，这是市场经济"物竞天择"法则的体现。将中国的收入差距情况与各国的情况进行横向比较，有利于我们更好地看待并理解收入差距问题。

美国是世界上最发达的国家之一，但美国却有着较高的贫富差距。根据世界银行的数据，1979～2016 年美国的基尼系数有着较大的增幅：其数值从 1979 年的 0.346 上升为 2016 年的 0.415。同时，自 20 世纪 90 年代开始，美国的基尼系数就超过了 0.4 的警戒水平。根据基尼系数划分标准，我们可以看出中美两国都存在一定程度的收入差距现象，各阶层间的贫富差距较大。需要指出的是，美国贫富差距较大的原因与中国不同：一方面，美国作为科技创新能力较强的国家，强调竞争、效率的重要性，充分发挥了绩效工资的激励作用；另一方面，美国作为典型的"美式民主"国家，与普通民众息息相关的政策往往受到政治博弈影响而难以推行。

欧盟组织作为世界另一个发达经济体，各成员国的收入差距差异程度则要小很多。根据世界银行的数据，2015 年捷克的基尼系数为 0.259，芬兰为 0.271，比利时为 0.277，丹麦以及荷兰均为 0.282，德国和法国分别为 0.317 和 0.327。上述国家基尼系数较小的主要原因为：这些国家形成了较为完善的社会保障体系，制定并实施了较为全面的社会福利制度，使得居民最低生活标准有较大提高，进而降低了社会收入不平等性。正是由于政府实施的福利政策，使得整个欧盟的基尼系数远远低于非洲、亚洲和拉丁美洲等地区水平。

根据联合国儿童基金会（United Nations International Children's Emergency Fund，UNICEF）的数据，拉丁美洲和加勒比地区 2008 年的基尼系数为 0.483。拉丁美洲地区部分国家较大的贫富差距给当地政治经济局势和社会稳定造成了一定的负面影响。非洲的基尼系数同样不低，撒哈拉以南非洲为 0.442，中非和北非为 0.392。Ewout 和 Jutta（2006）认为，非洲经济的基尼系数可能并不完全准确。这是因为受教育程度对收入差距的影响无法从基尼系数等传统指标中得到充分的体现。Kimko 和 Hanushek（2000）认为，教育质量可以显著提高人力资本，影响居民的财产收入水平，进而影响社会收入差距。Fielding（2001）则认为，非洲缺乏增长的原因之一是公共教育投资水平不够理想。调查非洲教育发展的研究报告称，即使按人均国内生产总值计算，其教育水平也较低。Castello 和 Domenech（2002）报告称，非洲的教育不平等程度非常高。由于缺乏可靠的教育数据，无法确定是拉丁美洲还是非洲的经济更不平等，因此研究得出了不同的结论。

二、基于泰尔指数的区域收入差距测度

泰尔指数作为刻画区域发展不均衡的重要指标同样被学者们广泛使用。泰尔指数由荷兰鹿特丹大学的亨利·泰尔提出，主要用来衡量经济不平等问题。数值结果是用负熵表示的，负熵越大，表示离理想状态越远的阶数越多。与基尼系数不同，泰尔指数基于的是信息理论中的熵概念，并能衡量组内差距和组间差距对总差距的贡献。如 Casilda 和 Oscar（2013）就泰尔指数的性质进行了分析并证明了其在刻画不均衡上的有效性，通过泰尔指数的分解可以衡量地区内部和地区之间的差距。正是由于优点突出，方文婷等（2017）使用泰尔指数对福建省区域经济差异进行了分析，进而研究中国区域发展不均衡的情况。本章同样以泰尔指数作为主要指标。与现有研究往往聚焦于小区域内，特别是某个省市或者相联区域进行计算不同，本章的计算范围将涵盖 1998～2017 年中国 28 个省（区、市）392 个地级市数据，实现纵向与横向两个维度，全面地分析、对比全国各省（区、市）之间和内部的差距。区域泰尔指数衡量的是地区内部的差距，直接反映了地区收入分配的程度。

三、中国的区域发展不均衡状况

1. 全国各省（区、市）间的不均衡程度分析

图 3-2 展示了全国组间泰尔指数趋势，20 年间（1998～2017 年）全国整体的组间泰尔指数呈现出短暂上升而后持续下降再反弹的动态变化，按照泰尔指数的升降规律，将这 20 年大致分为 1998～2003 年波动上升，2003～2014 年下降，2014～2017 年反弹三个阶段，整体变化轨迹呈倒 U 形。1998 年全国组间泰尔指数为 0.108，经过 5 年的波动上涨，

其值于 2003 年达到峰值，其超过 0.13。之后的数十年里，全国组间泰尔指数持续下降最低达到 2014 年的 0.066，约为峰值的一半。2014～2017 年，全国组间泰尔指数出现了小幅度的反弹，年均上涨 2.76 个百分点，到 2017 年回升至 0.07 的水平上。整体看来，全国各个省(区、市)之间的差距明显降低，并且 2015 年以后稳定在了一定的水平上。

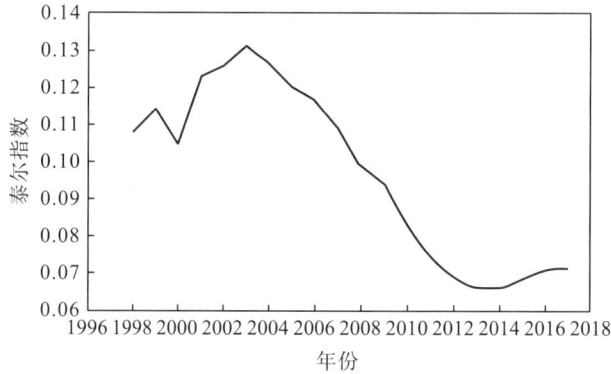

图 3-2　全国组间泰尔指数

2. 各省(区、市)泰尔指数变化规律分析

图 3-3 为本书选取的具有代表性的 1998 年、2007 年及 2016 年的各省(区、市)泰尔指数密度分布曲线。其横坐标代表具体的泰尔指数数值，纵坐标代表在该数值水平上的省(区、市)个数。可以看出，三年的泰尔指数密度分布曲线均是单峰结构，且波峰所在横坐标从 1998～2016 年间，先右移再左移，这表明我国各省(区、市)的泰尔指数整体水平呈现先上升后下降的变化过程。

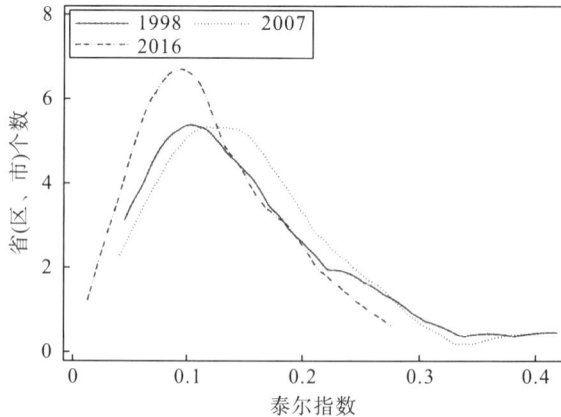

图 3-3　1998 年、2007 年、2016 年各省(区、市)泰尔指数密度分布曲线

图 3-4 展示了带有各种变化趋势的典型城市泰尔指数演进图。以江西所呈现的倒 U 形趋势为例，江西的泰尔指数从 1997 年的 0.09 一路攀升至 2008 年的 0.131，涨幅 45.56%，而后则一路下滑，到了 2017 年已经降低到 0.096。需要指出的是，各城市展现倒 U 形变化规律的时间拐点不尽相同。如山东的泰尔峰值转折点出现在 2003 年，与江西相比提前

了 5 年。此外，并非所有省市的泰尔指数趋势都符合该波动规律。以天津为例，其泰尔指数呈现出波动的不规则变化；对于浙江，其泰尔指数整体持续向上平稳攀升，波动幅度不大；而云南省的泰尔指数从 1999 年高于 0.2 的水平，一直跌到了接近 0.1 的水平上，其下降幅度达到了 50% 以上。

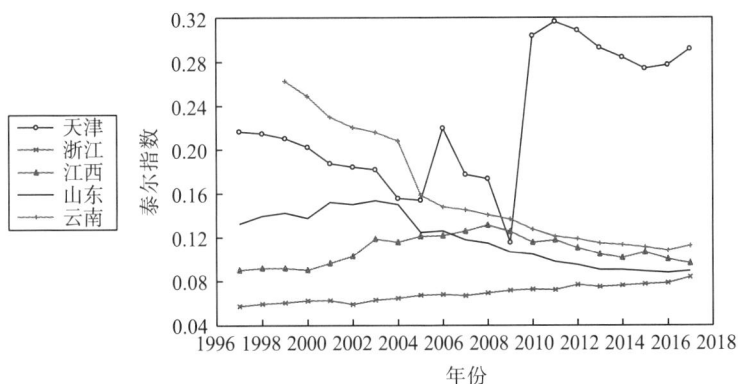

图 3-4　天津、浙江、云南、江西、山东泰尔指数趋势变化图

3. 各省（区、市）内部不均衡程度分析

如表 3-1 报告的 2010～2017 年的数据所示，绝大多数省（区、市）的泰尔指数都在趋稳或下降。北京、山西、辽宁、吉林、浙江、广西、四川的泰尔指数均呈现出较为罕见的明显上升趋势，2010～2017 年期间，其泰尔指数的涨幅分别为 16.47%、25.27%、23.44%、67.92%、15.46%、30.09%、17.57%，由此可见这 8 年来，吉林的泰尔指数增长速度遥遥领先。而从 1997～2017 年的泰尔指数年均增长来看，天津年均上升幅度最大，其泰尔指数年均增长率约为 5.74%，泰尔指数年均增长率为负的有重庆、四川、贵州、云南、陕西、甘肃、山西、浙江、安徽、江西、河南，此外，内蒙古、辽宁、吉林、黑龙江、江苏、福建、山东、湖北、湖南、广东 1998～2017 年的泰尔指数呈现正增长。从各省（区、市）自身的变动趋势来看，广东、山东、江苏、福建、安徽、湖北、湖南的泰尔指数都表现出了趋稳的势头，其中广东的泰尔指数稳定在了 0.19 左右，是这 7 个省份中稳定值最大的。广西与西藏属于先上升后下降的倒 U 形波动，辽宁与吉林呈现先下降后上升的 U 形波动特征。其余省（区、市）的泰尔指数均表现出了下降的趋势，其中重庆下降幅度最大，2017 年泰尔指数相较 2010 年下降了 64.71%，主要是因为重庆的泰尔指数由 2016 年的 0.2145812 猛降到了 0.0923827，下降幅度达 56.95%。

泰尔指数是根据区域内经济的聚集程度描述该区域发展不均衡程度的指数，本质上泰尔指数是对经济集中度的测度。目前国际上对于泰尔指数的值还没有规范划分，本节尝试将泰尔指数划分为五个等级，见表 3-1。其中泰尔指数在 0.2 以上的划分为严重不均衡 A 级，在 0.15～0.2 的划分为较不均衡 B 级，在 0.1～0.15 的划分为不均衡 C 级，在 0.05～0.1 的划分为较均衡 D 级，在 0.05 以下的划分为非常均衡 E 级。以 A 级的甘肃省为例，2016 年其省会城市兰州经济占整个省的 31.9%，人口仅占 14%，泰尔分项值达 0.258，而甘肃省 2016 年泰尔指数才 0.1758916，可见经济集中度高的地区对泰尔指数贡献非常大。

相反，福建省福州市、厦门市虽然经济占比较高，分别为 25%和 11%，但是该两市人口占比也较大，稀释了经济集中度，最终导致福建泰尔指数总水平也处于低水平上。

表 3-1　2010～2017 年 28 个省(区、市)泰尔指数变化趋势及等级划分

区域	省（区，市）	2010年	2011年	2012年	2013年	2014年	2015年	2016年	2017年	趋势Trend	泰尔等级
东部	天津	0.3038479	0.3166654	0.3088532	0.2929361	0.2843376	0.2741044	0.277232	0.2917810		A
	广东	0.1988122	0.2766766	0.1947254	0.1969477	0.1946769	0.1911248	0.1864288	0.1920814		A
	北京	0.1791142	0.1844859	0.1832868	0.1842626	0.1835528	0.1859452	0.1983026	0.2086188		B
	辽宁	0.1260004	0.1188511	0.1185615	0.1188839	0.1280114	0.1446026	0.1646602	0.1555331		C
	山东	0.1044119	0.0977017	0.0949172	0.0904085	0.0903987	0.0890038	0.0876654	0.0893750		D
	河北	0.0796416	0.0773210	0.0758522	0.0795015	0.0771437	0.0770288	0.0745102	0.0606334		D
	江苏	0.0914453	0.0862483	0.0836024	0.0742654	0.0697570	0.0651054	0.0621156	0.0630941		D
	浙江	0.0725135	0.0721466	0.0766623	0.0748436	0.0761739	0.0774059	0.0782960	0.0837244		D
	福建	0.0271703	0.0244730	0.021819	0.0185518	0.0160563	0.0142057	0.0133035	0.0140324		E
中部	黑龙江	0.2157721	0.2299204	0.2113157	0.2128965	0.2091599	0.1392300	0.1174670	0.1132877		B
	湖南	0.1561825	0.1557142	0.1552052	0.1579428	0.1554868	0.1540856	0.1503353	0.1550941		B
	安徽	0.2395507	0.1437949	0.1410696	0.1383334	0.1401601	0.1315969	0.1335953	0.1371183		B
	湖北	0.1424526	0.1394508	0.1445751	0.1448272	0.1448474	0.1419691	0.1413136	0.1399078		C
	江西	0.1154954	0.1176301	0.1103645	0.1045584	0.1013033	0.1063660	0.0999714	0.0963298		C
	河南	0.0765944	0.0811614	0.0813436	0.0779998	0.0735214	0.0725861	0.0734474	0.0772279		D
	山西	0.0570570	0.0526244	0.0586281	0.0572695	0.0584003	0.0683470	0.0728976	0.0714741		D
	吉林	0.0321123	0.0289700	0.0260925	0.0255402	0.0291307	0.0314536	0.0400054	0.0539214		E
西部	新疆	0.3142132	0.3410607	0.3138217	0.2985272	0.2693944	0.2439193	0.2310068	0.295440		A
	重庆	0.2618032	0.2513292	0.2472499	0.2345116	0.2269697	0.2504905	0.2145812	0.0923827		A
	甘肃	0.2269990	0.2317070	0.2261390	0.2141698	0.1969455	0.1810750	0.1758916	0.1963917		A
	内蒙古	0.1865047	0.1808261	0.1687668	0.1669312	0.1569727	0.1520546	0.1529305	0.1579943		B
	宁夏	0.1459168	0.1415836	0.1412024	0.1304089	0.1545618	0.1206767	0.1182764	0.1182764		C
	西藏	0.1097515	0.1229123	0.1285388	0.1313512	0.1255154	0.1103076	0.1058271	0.0996248		C
	云南	0.1273693	0.1209345	0.1186628	0.1146595	0.1132781	0.1110298	0.1080975	0.1124631		C
	广西	0.0768645	0.0791354	0.0956086	0.1210604	0.1047498	0.1028325	0.1003538	0.0999962		D
	四川	0.0876506	0.0887942	0.0926519	0.0949149	0.0971334	0.0983898	0.0950393	0.1030532		D
	陕西	0.1091743	0.1088623	0.1074094	0.0893324	0.0834545	0.0674285	0.0688484	0.0717487		D
	贵州	0.0735511	0.0717801	0.0685748	0.0722545	0.0690287	0.0669196	0.0608410	0.0594143		D

4. 从地理角度分析我国城市发展均衡水平

通过对我国东、中、西部地区的对比不难发现，中部地区经济发展相较东、西部地区更为均衡(图 3-5)；我国西部城市的平均经济聚集程度高于中部以及东部城市，其平均泰尔指数在 2001 年超过东部城市以后一直保持在三者中最高的水平，但随着时间的推移，

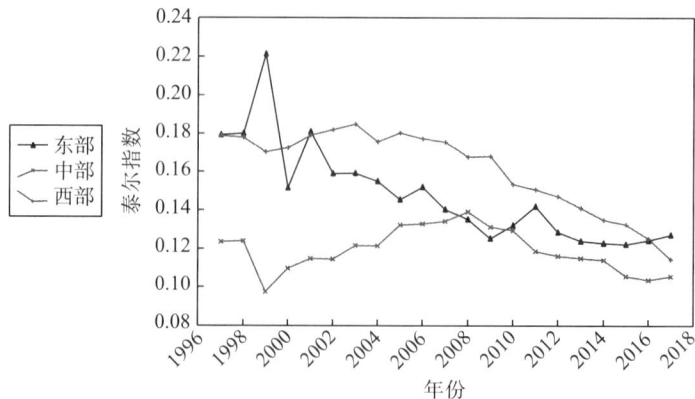

图 3-5　我国 1997～2017 年东、中、西部城市平均泰尔指数

西部地区的不均衡水平在不断缩小,于 2016 年再次与东部城市平均泰尔指数相交;2014～2017 年,东部城市的平均泰尔指数有增长的趋势。

5. 2010～2017 年泰尔指数变化规律

图 3-6 表明,2010～2017 年全国整体的泰尔指数持续降低,下降速度由急转缓,最后趋于稳定。从图 3-6 可以看出,不论是组间差距还是组内差距,八年内都有下降的趋势。前期泰尔整体指数的快速下降得益于两类差距同时下降,尤其是组间差距,前四年其对总差距下降的贡献达 64%。而后组间差距小幅度反弹,抵消了组内差距缩小的效应,导致总差距稳定在一定水平上。

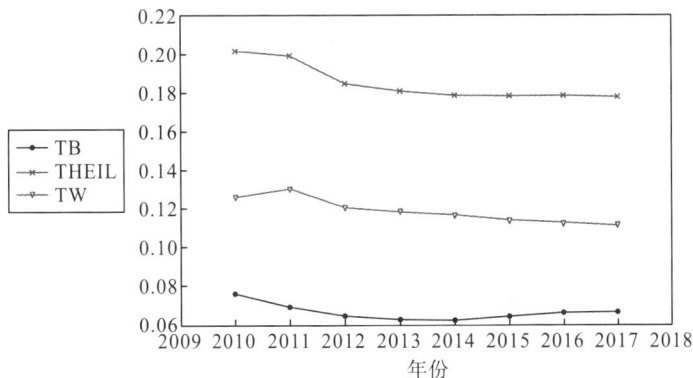

图 3-6　我国 2010～2017 年全国泰尔指数

THEIL 为整体的泰尔指数;TB 为泰尔指数中组间差异的部分;TW 为泰尔指数中组内差异的部分

第二节　基于区域收入流动性的收入问题研究

一、收入流动性

在过去的二十多年里,中国各地区经济发展取得了长足的进步,与此同时,地区经济发展不平衡问题愈加严重,减小地区经济发展不平衡已经成为中国政府以及学界关注的重点问题。从理论研究到实证分析,从社会实践到政策实施,收入问题已经成为研究经济发展差距的重要一环。收入如何影响区域经济发展,更进一步地,收入流动性问题在这一过程中发挥了什么作用?这些问题亟待解决。

关于收入流动性的研究比关于收入差距的研究要少得多。尽管对收入流动性与收入差距的研究是相互联系且重要性难分伯仲的,但考虑到在世界范围内不平等程度正不断攀升而且不平等问题也更容易被人们所感知,所以这样的结果并不令人惊讶。无论是基尼系数,还是泰尔指数,虽然它们都真实地反映了收入差距的情况,但是这些数据都有一个共同缺点,那就是它们都是静态的。拿收入来说,在任何一个国家,每个人、每个家庭的收入不是一成不变的,收入会随着时间的变化而变化。换句话说,这些数据不能告诉我们,人们的收入将会怎么变化,人们将会过得怎么样。相反,收入流动性能够衡量随着时间变化而变化的收入状况。如果一个社会收入流动性高，那就证明只要通过自身努力，低收入者的劳动将得到充分的报酬，从而实现收入水平的提升。收入流动性的观测单位可以是个人、家庭、地区甚至国家。要研究区域的收入流动性问题，就不得不先从更为微观的个人和家庭的收入流动性问题说起。Carrol 和 Chen(2016)指出研究收入差距是将一个家庭的地位与另一个家庭相对比。而收入流动性是在不同的时间点，将一个家庭的地位与自己曾经的地位进行比较。人们可以开始相对贫穷，但当他们变得更富有时，收入地位就会改变。而收入分配较大的差距可能与低流动性有关，因为低收入者将持续处于最低收入的收入阶层。因此，收入流动性研究在决定我们对收入差距的解释方面是必不可少的。收入分配差距可能是极其大的。然而，如果人们一生中的收入情况能够迎来改变，那么这种差距就会变得不那么令人讨厌。正如 Gardiner 和 Hills(1999)所说，那些"持续的穷人"比那些"临时的穷人"更可怜，因为如果收入不具有流动性，贫困家庭的孩子几乎没有机会进行经济改善。

收入的流动性包括收入的水平流动性以及垂直流动性。若依收入水平将一个社会的居民分为不同的群体，则在同一收入群体中衡量收入和财富分配的流动性体现的是水平的公平性。而某一普通个体在不同收入群体间的流动，体现的是垂直的公平性。如果考虑更长的时间维度，收入的流动性还将包括代际流动，即收入水平能够在多大程度上通过几代人不断演变。如果没有代际流动，所有贫困儿童成年后仍将处于贫困状态。代际流动可以看作是机会平等的一个指标。不同的国家有不同的原则。

二、区域收入流动性的测算方法

由于收入流动性是一个动态的指标，想要定量测度进而分析收入流动性，收入的转移矩阵 F 是重要的基础。收入的转移矩阵元素 F_{ij} 表示收入从初期第 i 阶层的群体转向末期第 j 阶层的概率。具体而言，为计算区域收入流动性，首先统计原始人均生产总值数据，并将其从最低值排列到最高值再将所有区域等分为五个部分。只有单个区域跨越分位数，发生组别变化才被视作流动性。下列是用于刻画区域收入流动性的具体指标。

平均流动性系数 B 不仅对各组的移动、移动的级数进行了分析，还赋予了不同阶层不一样的权重，具体的算式如下：

$$B = \sum_{i=1}^{w} \pi_i \sum_{j=1}^{w} F_{ij} |i-j| \tag{3.1}$$

式中，i、j 代表不同的收入阶层；π_i 为第 i 阶层的权重。

系数 S 是基于 Shorrocks(1978)从公理角度推导的测度指标，度量了每个区域离开初始位置的平均概率。

$$S = \frac{w - \mathrm{tr}(F)}{w-1} \tag{3.2}$$

式中，$\mathrm{tr}(F)$ 表示矩阵 F 的迹，即主对角线元素之和。

系数 U 又称调整后的卡方指数，借助列联表的卡方统计量，该系数刻画了数据中各城市之间收入流动的不可预测性，其取值在 0 和 1 之间。

$$U - \frac{w - \sum\limits_{i=1}^{w}\sum\limits_{j=1}^{w} F_{ij}^2}{w-1} \qquad (3.3)$$

除了利用转移矩阵计算流动性，Fields 和 Ok（1996）认为流动性的大小还等价于 X 到 Y 的距离。基于这样的公理，系数 P 提供了收入流动性的相对测度，而类似地，系数 M 在收入流动性的相对测度的基础上对收入做了对数处理。

$$系数\ P：\quad P = \frac{\sum\limits_{k=1}^{w}|y_k - x_k|}{\sum\limits_{k=1}^{w} x_k} \qquad (3.4)$$

$$系数\ M：\quad M = \frac{1}{w}\sum\limits_{k=1}^{w}|\lg y_k - \lg x_k| \qquad (3.5)$$

King（1983）提出制定不同指标，能够分析流动性变化的不同细节。B、S、P 和 M 系数衡量收入状况的变化时各有侧重。但总体上，B 系数衡量的是转移概率的加权平均，S 系数更多关注的是矩阵的迹，即对角线。系数 P 和 M 关注的是基于距离的相对流动性。通过测度收入流动性的系数，可以计算数据并推断出任何连续年份之间的流动概率。

三、中国的区域收入流动性

基于上述测算方法，利用历年国家统计局出版的《中国统计年鉴》的可靠统计数据，对中国 185 个地级市的收入流动性进行了评估。评估的最小单位为地级市——通常为人口超过 25 万、生产总值超过 2 亿元、非农业产出显著的城市。我们将人均生产总值作为定义城市各收入水平的指标，将 185 个地级市按照人均生产总值划分为五组，每五分位分配 37 个城市。此后，对 2003～2016 年期间中国各城市收入流动性的变化进行了研究。

通过对中国的区域收入流动性的计算，我们发现区域收入流动性一直呈现稳定上升的态势（表 3-2）。图 3-7 表明，在 2003 年时，收入流动性系数 B 为 0.714，到 2004 年上升至 0.8。该数值在 2005 年期间略有下降。但接下来的三年时间数值又上涨了 0.249，从 0.746 增加到 0.995。此后，虽然在 2008 年到 2009 年、2011 年到 2012 年期间，该系数分别小幅下降了 0.022、0.06，但中国的收入流动性一直在逐渐上升，直到 2016 年达到 2003～2016 年间的最高值 1.25。由此可见，中国各地级市的收入流动性正在加大，随着时间的推移，这些城市相对收入正逐渐发生更为显著的改变，收入孰高孰低可能只是暂时的。

表 3-2　2003～2016 年中国地级市的收入流动性

年份	2003	2004	2005	2006	2007	2008	2009	2010	2011	2012	2013	2014	2015	2016
B	0.714	0.8	0.746	0.876	0.908	0.995	0.973	1.02	1.09	1.03	1.07	1.11	1.15	1.25

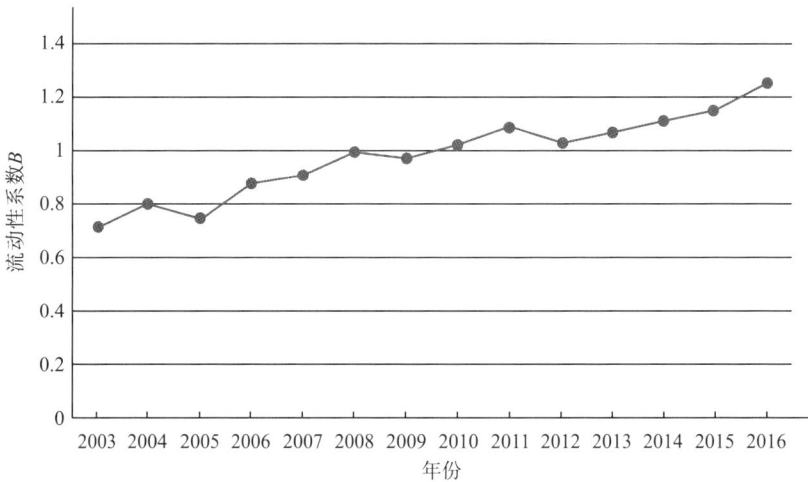

图 3-7　2003～2016 年中国收入流动性变化图

四、中国的区域收入流动性与地区发展不均等的关系

收入流动性的概念将收入问题引入了带有时间维度的二维空间中，刻画了与"结果平等"不同的"机会平等"的情况。探寻收入流动性与收入差距大小的影响将揭示收入分配的动态变化机制。通过将同时期的基尼系数的测量值与流动性系数 B 进行比较，我们可以观察到在 2003～2016 年间两者呈现了一个倒 U 形的变化趋势。图 3-8 表明，随着中国收入流动性的不断增加，收入差距先是不断变大并在 2008 年达到顶峰，此后收入差距一直有所减小。虽然在 2003～2004 年基尼系数经历了幅度较大的下滑，但是在接下来的两年时间里，基尼系数快速增长重新回到了抛物线的上部。在剩下的 10 年里，收入差距持续减小，基尼系数最终收于 0.465。其中 2009～2010 年的下降幅度最大，下降了 0.009。而中国总体的收入差距情况与中国城市间的区域收入流动性的对比结果表明，近年来城市间收入流动性较高概率与基尼系数呈负相关关系。通过开口向下的抛物线图可以看出，随着流动性的不断增加，这种差距在 2008 年达到顶峰，之后不断下降。由于 2003 年以前缺乏可靠的全国数据，我们无法从统计上予以证实，但可以肯定地推测，这种差距趋势在 2008 年全球金融危机之前一直在增长。而此后基尼系数不断下降，说明收入差距正在缩小。从以上数据特征得出了一个积极的关系：当收入流动性增大时，收入差距将会缩小。

收入流动研究揭示了收入流动在实现更大的平等方面的重要作用。中国居民有很好的机会提高收入的流动性，但考虑到我国仍属于发展中国家，国土面积大且国情复杂，城乡之间仍然存在广泛的不平等。与中国相比，美国经济的收入流动性较低，但与其他发达国家相比，美国的基尼系数相对较高。总的来说，更大的流动性导致更小的不平等。

劳动力是"商品"，而市场则是有更大经济抱负的移民的"目的地"。根据 Clay 和 Price（1980）的研究，在美国密歇根州等一些经济体，移民的涌入可能会抑制当地就业，从而导致就业饱和。然而，就中国而言，本节假设增加的移民最终使得财富分配更加平等；例如，如果一个农民从农村移居到城市，从而增加了他的财富，不平等差距就会缩小。

　　Gaetano 和 Jacka(2004)认为移民是当今中国最重要的经济、人口和社会现象之一。数以百万计的人从他们从事农业的村庄(或就业不足的村庄)转移到城市、城镇或其他农村地区。Franzen 和 Meyer(2009)认为后物质主义态度和其他社会人口变量是主要的影响因素，因为移民旨在寻求更好的经济机会和更大的福利。Chen 等(2013)假设，向人口已经密集的城市迁移将对现有和新定居的移民的健康都有害。这似乎是合乎逻辑的，但随后的实证研究显示出了不同的情况。现代高效技术和政府加大对城市的控制等合理化措施，被认为是移民趋势成功的原因之一。

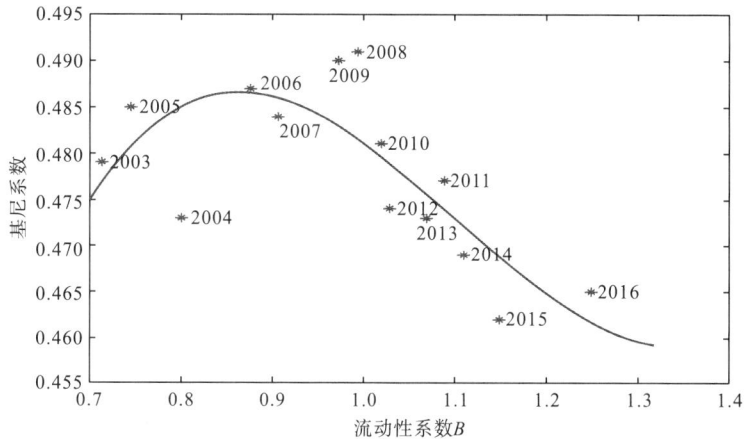

图 3-8　中国收入流动性与收入差距关系图

第三节　中国收入流动性与世界其他经济体的比较分析

　　在过去的数十载中，改革开放令中国经历了一场前所未有的经济改革，经济增长和收入结构发生了巨大的变化。而中国梦的提出则让人民群众看到了收入差距减小、收入流动性提高的希望。在这一节里，通过将中国区域收入流动情况与经济低增长率的非洲和拉丁美洲经济体以及美国、新西兰和欧洲联盟等发达经济体的收入差距、收入流动性进行比较，揭示出哪些经济体的流动性最强、哪些经济体中的人们通过机遇改善不平等状况的可能性最大，从而厘清收入差距与收入流动性之间的关系，为更好地实现中国梦、更好地创造国富民强的新时代提供理论与数据支撑。

一、中国与美国的收入流动性比较

1. 中国梦还是美国梦？

　　美国经济是高度发达的混合经济。按照人均 GDP 计算，美国是全球最大的经济体。美国梦是美国经典文化的代表。

　　与美国梦不同，中国梦是一个国家集体与共谋共赢的概念，国家通过集体财富的增加而实现个人幸福。自党的十八大以来，习近平总书记围绕着什么是中国梦、怎样实现中国梦等重大问题，提出了一系列富有创见的重要论断，为中国特色社会主义理论体系注入了新的时代精神和鲜活力量。

2. 中美两国收入流动性比较

区域间的收入流动是中美两国经济发展的重要动力。移民使个人有机会和能力在经济中积极地改变自己的收入和前景。位于美国中西部边境的怀俄明州，人均生产总值（BEA[①] 2017）在美国排名第 8 位，只有 42%的人是土生土长的居民。煤炭开采是该州的主导产业，因此怀俄明州的经济与全球大宗商品市场需求的波动成正比。石油资源丰富的得克萨斯州则是美国最受欢迎的迁入城市，在 2010～2016 年间，该州居民增加了 86.7 万人，而这一数字随着石油市场的不稳定而波动。

中国经历了前所未有的快速城镇化进程。据国家统计局数据，截至 2018 年底，中国的人口总数已经达到了 13.95 亿，其中城镇人口约 83137 万人，乡村人口约 56401 万人，城镇化率为 60%。截至 2016 年底，中国城镇劳动力中约有 20%是农民工。Iredale 等（2001）学者认为乡镇企业的引入进一步鼓励了外迁。类似地，根据《中国城市竞争力第 17 次报告》预测，未来中国城镇化率将持续增长并且城镇化有加快的趋势。预计到 2035 年，中国城镇化率将达到 70%以上。届时，单从城镇化率这个指标来看，中国将会接近或达到发达国家水平。Zhang 和 Song（2003）发现省际流动人口数量与城乡收入差距及相关机会呈正相关。所以，伴随城镇化的进程势必也会带来人口、收入水平的流动变化，造成收入差距的新情况。

基于美国商务部经济分析局（BEA）的数据库，我们同样测算了美国在 1997～2017 年间的收入流动性（B 指数）。正如图 3-9 所示，我们可以看到，美国的收入流动性一开始非常低，1997 年的收入流动性指数仅为 0.12，这有力地说明了当时美国收入变化的概率很低、改变收入现况基本不太可能。然而，从 2007 年到 2008 年，当次贷危机在美国爆发时，美联储宣布了第一轮量化宽松政策。这项措施向银行提供超额准备金，以保持银行的流动性，也刺激 B 指数提高至 0.64（2007～2008 年）。收入流动性指数最终读数为 0.48（2016～2017 年），因此，美国政府的措施在金融危机后的两年内稳定了收入流动性，但没有起到永久性的改善作用。

根据世界银行的数据，自 1979 年至 2016 年，美国的基尼系数有着较大的增幅：其数值从 1979 年的 0.346 上升为 2016 年的 0.415。而且，自 20 世纪 90 年代开始，美国的基尼系数就已经超过了 0.4 这样的警戒水平。联合国开发计划署等组织规定，基尼系数在 0.4～0.59 的区间证明贫富差距较大。根据这一标准，我们可以看到中美两国这两个超级大国的不平等程度是相似的，都存在着相当的收入差距，各阶层间的贫富差距较大。然而，从图 3-9 不难发现在 1997～2017 年间大多数时间中国收入流动性均高于美国，更重要的是中国的收入流动性有着美国不具备的更为显著的上升趋势。换言之在美国想要改变收入地位比在中国要困难得多。美国梦的本质是一种"机会平等"，但真实数据却显示"结果公平"的中国梦有着更高的收入流动性，因此也比美国梦更具有实际意义。

---

① BEA 指美国商务部经济分析局，Bureau of Economic Analysis。

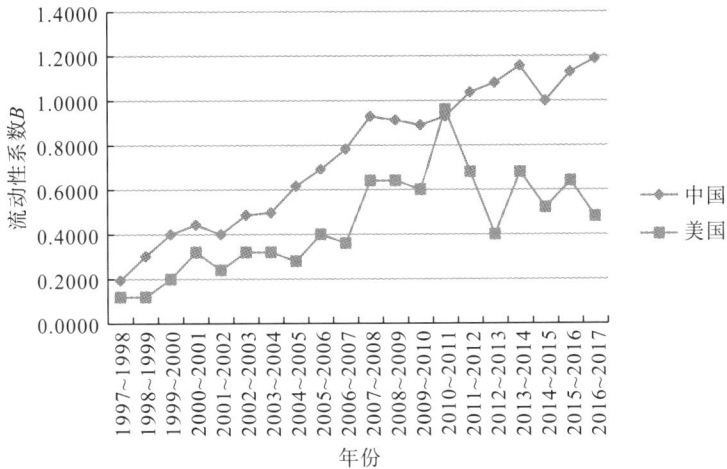

图 3-9　中美两国收入流动性对比图

　　表 3-3、表 3-4 分别展示了中美两国 1997~2017 年的收入流动性情况。从对美国和中国的系数分析中，我们可以推断，这两个国家都有较高的收入流动性。针对两国的流动性系数 B，值得注意的是，这两个国家的流动性大体都呈上升趋势，只有几次下降。中国的流动性系数 B 在 21 年间逐渐增加，2001~2002 年、2008~2010 年和 2014~2015 年仅有 3 次小幅下降。相比之下，美国的流动性总体更低，在 2001~2002 年、2004~2005 年、2006~2007 年、2009~2010 年、2011~2012 年、2012~2013 年、2014~2015 年和 2016~2017 年呈下降趋势。

　　而对比两国的 S 系数，中国的收入流动性在整个观察期仅在 2001~2002 年、2003~2004 年、2009~2010 年和 2014~2015 年间经历了 4 次下降，而美国的数据显示，在同一时期(2001~2002 年、2004~2005 年、2006~2007 年、2009~2010 年、2011~2012 年、2012~2013 年、2014~2015 年和 2016~2017 年)中美国的收入流动性却下降了 8 次。值得注意的是，这两个超级大国在 2001~2002 年和 2014~2015 年间的收入流动性都在下降，即各收入阶层想要改变收入现状变得更加困难。2001~2002 年，中国的收入流动性系数 S 减少了 0.0408，同年美国的收入流动性系数 S 减少了 0.1；而 2014~2015 年的数据显示，中国的流动性系数 S 下降了 0.0475，美国下降了 0.16。虽然在与其他世界经济体相比较时，美国有着相对较高的流动性，展现出创新型国家的优越性以及美国梦的巨大吸引力，但是 1997~2017 年间，中国的流动性指标(S 系数均值)为 0.6574，而美国的流动性指标(S 系数均值)为 0.3950，美国明显低于中国。

　　从中国的 P 和 M 系数可以看出，中国的收入流动性变化情况有所不同，在以下几年中，收入流动性都在下降：1998~1999 年，1999~2000 年，2001~2002 年，2002~2003 年，2005~2006 年，2009~2010 年，2014~2015 年，2016~2017 年。相反，美国的 P 和 M 系数的发展轨迹却存在分歧：在 1998~1999 年，M 系数增加了 0.0075，但 P 系数却减少了 0.0046；在 2009~2010 年，P 系数减小了 0.0163，而 M 系数在 2008~2009 年和 2009~2010 年的两年间减少了 0.0117。

表 3-3　1997~2017 年中国收入流动性变化表

年份	B	S	U	P	M
1997~1998	0.1944	0.2295	0.3817	0.0968	0.1620
1998~1999	0.3024	0.3578	0.5347	0.0524	0.1082
1999~2000	0.3996	0.4323	0.6124	0.0502	0.0961
2000~2001	0.4428	0.4933	0.6612	0.1130	0.2103
2001~2002	0.3996	0.4525	0.6355	0.0731	0.1813
2002~2003	0.4860	0.5608	0.7181	0.0531	0.1035
2003~2004	0.4968	0.5473	0.7229	0.1253	0.2828
2004~2005	0.6156	0.6083	0.7667	0.1955	0.3855
2005~2006	0.6912	0.6758	0.8324	0.1169	0.2673
2006~2007	0.7830	0.6825	0.8503	0.1585	0.3086
2007~2008	0.9288	0.7978	0.8953	0.1631	0.3348
2008~2009	0.9126	0.7568	0.8691	0.1714	0.3511
2009~2010	0.8910	0.7098	0.8765	0.1064	0.2344
2010~2011	0.9288	0.7840	0.8808	0.1109	0.2566
2011~2012	1.0368	0.8313	0.9286	0.1620	0.3203
2012~2013	1.0953	0.84165	0.9397	0.185	0.3381
2013~2014	1.1556	0.8720	0.9528	0.2180	0.3578
2014~2015	0.9990	0.8245	0.9175	0.0805	0.1599
2015~2016	1.1286	0.8383	0.9469	0.0617	0.1812
2016~2017	1.1880	0.8515	0.9512	0.0457	0.0857

表 3-4　1997~2017 年美国收入流动性变化表

年份	B	S	U	P	M
1997~1998	0.1200	0.1500	0.2600	0.0357	0.0582
1998~1999	0.1200	0.1500	0.2400	0.0311	0.0657
1999~2000	0.2000	0.2500	0.4050	0.0249	0.0527
2000~2001	0.3200	0.3750	0.5450	0.0045	0.0086
2001~2002	0.2400	0.2750	0.4200	0.0122	0.0287
2002~2003	0.3200	0.3500	0.5250	0.0195	0.0440
2003~2004	0.3200	0.3750	0.5350	0.0256	0.0546
2004~2005	0.2800	0.2250	0.3750	0.0202	0.0433
2005~2006	0.4000	0.4500	0.6350	0.0186	0.0388
2006~2007	0.3600	0.3750	0.5650	0.0062	0.0122
2007~2008	0.6400	0.5500	0.7400	0.0079	0.0173
2008~2009	0.6400	0.6250	0.7650	0.0290	0.0680
2009~2010	0.6000	0.5500	0.7050	0.0127	0.0290
2010~2011	0.9600	0.6250	0.8250	0.0092	0.0196

年份	B	S	U	P	M
2011～2012	0.6800	0.5000	0.6900	0.0082	0.0154
2012～2013	0.4000	0.4000	0.5900	0.0068	0.0134
2013～2014	0.6800	0.5250	0.7350	0.0134	0.0284
2014～2015	0.5200	0.3750	0.5350	0.0141	0.0307
2015～2016	0.6400	0.4250	0.5850	0.0083	0.0178
2016～2017	0.4800	0.3500	0.5300	0.0111	0.0236

二、中国与欧盟、新西兰发达经济体的收入流动性比较

1. 欧洲联盟的收入水平背景

欧洲是世界上经济最发达的地区之一，欧盟的建立更是加快了欧洲经济一体化进程，从而极大地促进该地区经济的繁荣发展。截至 2017 年,欧盟成员国的人均 GDP 高达 33715 美元。

欧盟的六个创始成员国是比利时、法国、德国、意大利、卢森堡和荷兰。1957 年,《罗马条约》的签订宣告了欧洲经济共同体(European Economic Community，EEC)的成立，各国强调"共同市场"。欧盟的其他主要成员国，如英国、丹麦和爱尔兰，于 1973 年晚些时候加入。2013 年，克罗地亚成为欧盟第 28 个成员国。2016 年，英国投票决定脱离欧盟，这可能对欧洲经济和英国经济都不利。

欧盟的成立旨在推动经济统一，使曾经分离的成员国经济实现单一的欧盟范围内的经济一体化。欧洲单一市场寻求保障商品、资本、服务和劳动力自由流动的"四项自由"。该市场由欧盟 28 个成员国加上冰岛、列支敦士登和挪威通过申根(欧洲经济区)协定和瑞士通过双边条约组成。还有一些其他国家同欧盟有各种协定，允许有限地进入单一市场的选定领域。

总地来说，欧盟在国际贸易和投资领域的纪录令人鼓舞，但欧盟仍可从放开农业和纺织品贸易中获得相当大的好处。世贸组织正在处理许多与贸易有关的问题，欧盟已找到了切实可行的解决方案，欧盟的经验表明，深度一体化是可能的。

2. 新西兰的收入水平背景

新西兰拥有健全的制度、良好的治理、总体上强有力的政策环境、稳定的宏观经济和世界领先的教育体系。这些因素造就了新西兰强大的人力资本，并反映在了其较低的失业率上。从历史上看，新西兰一直是世界上人均生产总值最高的国家之一。"大萧条"之后，新西兰政府采取了保护主义政策，包括进口关税、配额和资本管制。相对于其他经济合作与发展组织(Organization for Economic Co-operation and Development，OECD)国家，2010 年以来新西兰人均 GDP 有所增长。自 2000 年以来，其劳动生产率一直持平。在过去的 20 年里，多因素生产率(multi-factor productivity，MFP)增长缓慢是新西兰劳动力生产率增长缓慢的主要原因，资本深化速度接近经济合作组织的平均水平。

新西兰在大多数幸福指数上排名很高，但出于劳动生产率的原因，其收入低于经济合作组织的平均水平。新西兰经济的产业组成部分地解释了低劳动生产率，这主要是工业内持续低生产率增长以及投资疲软的结果。而经济地理是新西兰生产率表现不佳的一个重要因素。该国面积小，地处偏远，因此无法进入全球市场。未来几十年，生产率增长将是新西兰人民福祉的关键，并将受到技术和知识资本投资的推动。

3. 中国与欧盟、新西兰的收入流动性比较

由图 3-10 可知，中国作为发展迅速、有着较高增长率的发展中经济体，相较于欧盟和新西兰还有着很高的收入流动性。欧盟作为收入较高的发展成熟的发达经济体，不仅其经济增长率较低，其收入流动性也一直维持在较低的水平(图 3-11)。而新西兰的收入流动性与中国、欧盟相比波动较大。近年来，新西兰的收入流动性指数持续下降(图 3-12)，这显示新西兰民众想要改变收入现状的机会变得更加渺茫。

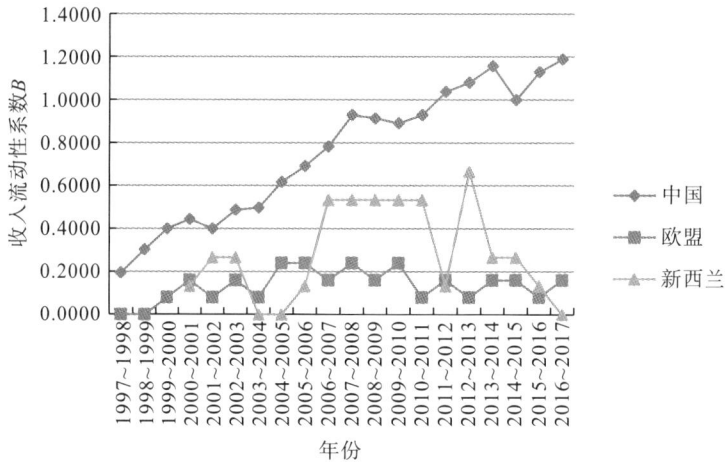

图 3-10　1997～2017 年中国与发达经济体的收入流动性比较图

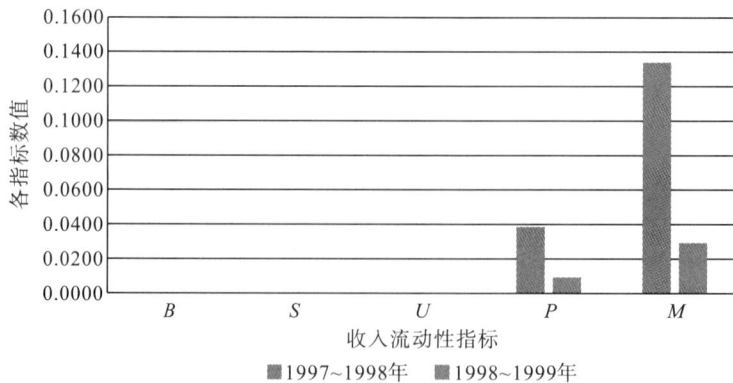

图 3-11　1997～1999 年欧盟的收入流动性指标图

值得注意的是，欧盟 1997～1998 年和 1998～1999 年的 B 系数（表 3-5），以及新西兰 2003～2004 年、2004～2005 年和 2016～2017 年的 B 系数非常小（表 3-6），以至于记录为零。然而，如果 B、S 和 U 的系数都为零，P 和 M 的系数仍然具有迁移率。从流动的绝对水平来看，只要收入发生变化，流动就会发生，P 和 M 就会显示出流动性读数。由此可见，欧盟、新西兰相对较低的流动性水平。

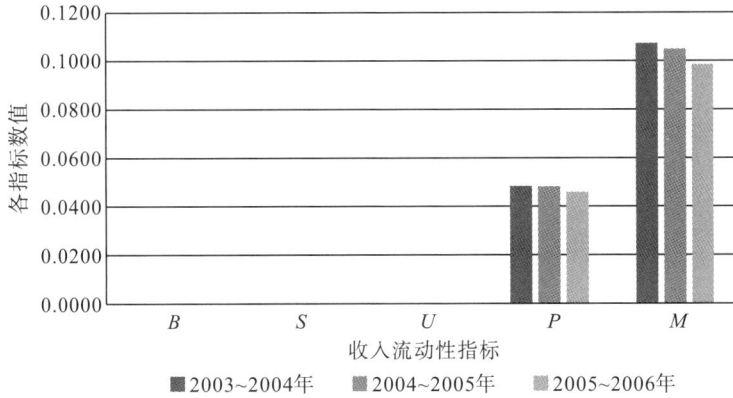

图 3-12　2003～2006 年新西兰收入流动性指标图

表 3-5　1997～1999 年欧盟收入流动性指标变化表

年份	B, S, U	P	M
1997～1998	0.0000	0.0386	0.1343
1998～1999	0.0000	0.0095	0.0291

表 3-6　2003～2017 年新西兰收入流动性指标变化表

年份	B, S, U	P	M
2003～2004	0.0000	0.0483	0.1072
2004～2005	0.0000	0.0481	0.1048
2016～2017	0.0000	0.0459	0.0984

三、中国与发展中经济体的收入流动性比较

1. 拉丁美洲地区的收入水平

拉丁美洲是指美国以南的美洲地区，根据世界银行 2015 年的标准，大多数拉丁美洲国家仍为中等偏上收入国家。2017 年，拉丁美洲的主要国家巴西、阿根廷、墨西哥的人均生产总值分别为 9895 美元、14402 美元、9304 美元。拉丁美洲的北部（墨西哥和中美洲）主要向美国和加拿大提供劳动密集型的商品和服务。而拉丁美洲的南部（巴西、安第斯山脉）受到 21 世纪初亚洲对食品和矿产的巨大需求的影响而迎来了经济的快速增

长。Murillo 和 Schrank(2014)指出虽然劳动密集型出口(以及采矿和碳氢化合物出口)对南美洲的经济繁荣做出了贡献,但非法毒品的生产和贩运不仅影响到法律秩序,而且给已经面临政治和行政挑战的国家增加了额外的压力。

为了实现拉丁美洲的健康、可持续经济发展,应该鼓励对政府不足、不平等和缺乏发展所造成的问题进行严格的比较了解。应该采取进一步的措施打击毒品出口。这场危机不仅影响到拉丁美洲公民的健康和福祉,而且加剧了地区的紧张局势。

2. 非洲地区的收入水平

非洲是世界上经济增长最快的区域之一。为了更好地理解非洲经济体的发展模式,有部分学者将非洲国家划分为国家集群。南非单独作为主要国家,第二个集群由摩洛哥、突尼斯和埃及组成,第三个集群是阿尔及利亚、利比亚、毛里塔尼亚和津巴布韦等。最近的报告表明,非洲现在在经济增长和发展方面可能正处于一个经济转折点。Valensisi 和 Davis(2011)分析了包括大多数撒哈拉以南国家在内的最不发达经济体的增长模式和结构变化。他们发现 2000~2009 年,非洲地区的国内生产总值快速增长,年均增长率达 7%,人均国内生产总值也增长 5.5%(由于分布不均,这组国家的增长中值为 2.2%)。经过他们的分析,非洲地区这种令人印象深刻的增长是由于硬商品的出口,以及允许资本流入。

然而,McMillian 等(2014)发现了非洲国家劳动力正从高生产率部门向低生产率部门(包括城市非正规部门)转移的趋势。这趋势被称为降低增长的结构性变化,因为它与一个经济体应该如何表现的预期相矛盾。按照正常的预期,随着经济发展,工人理应从低生产力部门转移到高生产力部门,这样才符合一个持续增长的经济体对效率的要求。Bengt-Åke 和 Rasmus(2014)提出,在非洲一些最不发达的国家,农业的增长只是缓慢的,而去工业化则是低增长水平的结果。这种增长模式的问题在于,它没有为非洲许多年轻人创造足够数量的体面工作。它建立了一个脆弱的经济结构,整个经济依赖于单一的硬商品出口。在过去的十年里,非洲的经济有了很大的改善,但是非洲人民的生活水平却没有什么提高。两者之间的差距甚至比以往任何时候都更加明显。

与中国相比,非洲和拉丁美洲的经济流动性普遍较低。2001 年,拉丁美洲的加权平均流动性高于中国,但这一趋势仅在 2001 年至 2003 年间持续了三年。2014~2015 年,非洲的收入流动性系数最高读数为 0.8,2001~2002 年,拉丁美洲的最高读数为 0.9328。中国的峰值明显高于这两个经济体,为 1.188(图 3-13)。

拉丁美洲的流动性一般比非洲低,而且更容易停滞不前。这种趋势在 2006~2010 年间持续了四年,非常显著,而在 2012~2013 年和 2013~2014 年以及 2015~2016 年和 2016~2017 年之间,收入流动性系数分别为 0.1332、0.1665、0.1437 和 0.1385 的模式重复出现。拉丁美洲的流动性系数在 2000~2001 年面临着 0.000 的读数;相比之下,非洲的数据没有类似的读数,表明其流动性远比拉丁美洲大。

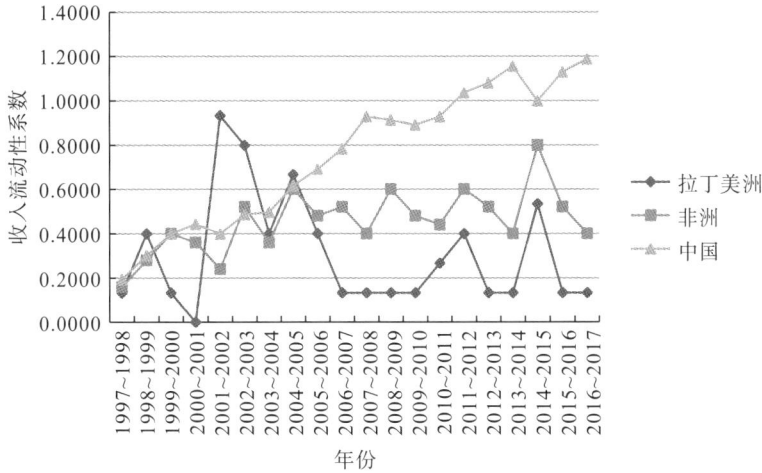

图 3-13 中国与拉丁美洲、非洲收入流动性对比图

四、中国收入流动性与世界的对比总结

通过对中国以及其他五个主要发达经济体和发展中经济体 1997~2017 年的区域收入流动性进行测算以及对比，结果发现美国梦的特征虽然依旧存在，但是实际的数据却反映出中国梦更贴近现实。另一方面，发达国家和发展中国家不同经济体收入流动性具有显著差异性。

首先，正如上一章所说，在中国经济高速增长的另一面，收入差距的问题也是客观存在的。然而，中国提出的中国梦这样谋求"结果平等"的愿景，即国家通过集体财富的增加从而实现个人幸福，从收入流动性来看，中国梦的提出有着显著的优越性，在图 3-14 所示的六个经济体里中国有着最高的收入流动性而且整体呈现着逐步上扬的趋势。而美国作为世界上最重视科技和创新的国家，一直以来以美国梦这样的"机会平等"激励国民抓住机遇，改变当下的收入现状，图 3-14 展示了 1997~2017 年间主要经济体收入流动性对比图。可以看出，美国的收入流动性仅次于中国，在美国想要改变收入的地位比在欧洲等

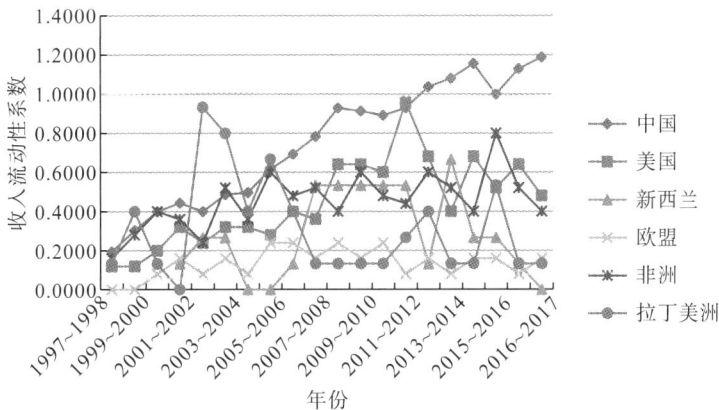

图 3-14 1997~2017 年主要经济体收入流动性对比图

的发达国家要容易得多。与中国的区域收入流动性总体上升趋势相仿，美国的收入流动性在历史上也曾一直在上升，但近年来收入流动性却经常波动，显现出了相对的脆弱性。新西兰和欧盟等发达经济体的流动性和增长率较低。相比之下，发展中非洲经济的流动性相对较高，但增长非常缓慢，拉丁美洲的流动性和增长普遍较低。综上所述，在世界各经济体收入流动性水平持续波动或趋于平稳的背景下，中国虽然曾经历过分注重经济发展，效率高于公平的阶段，但是近年来中国收入流动性的持续提高展示了中国虽然仍面临收入差距问题，但却表现出了国民收入水平改善的巨大潜力。

第四章 收入分配与环境污染相互影响机理研究

本章是本书理论机理分析的重点内容，是对收入分配与环境污染相互影响机理的建模推导，通过博弈框架下的收入不均问题分析和基于洛伦兹曲线的不平等问题分析，对收入分配与环境污染之间的影响机理得出了一定的结论，并在后续实证部分章节中得到了论证。本章共四节，其中第一节对雾霾治理问题在博弈理论的框架下的简单分析，且包含了该问题的一些重要文献述评；第二节对完全信息静态博弈模型下收入差距与环境污染的相互影响机理分析；第三节对基于混合策略博弈的不同收入群体的博弈分析；第四节是基于洛伦兹曲线，研究了教育水平差距与环境污染的关系。

第一节 雾霾治理问题的博弈分析

如果把雾霾和防霾治霾政策制定及执行过程看作博弈过程，其中包括人民群众、政策制定机构、政府部门、雾霾相关生产型单位、营利性环保机构等博弈参与方。博弈参与方的主体及其关系的厘清十分重要。随着我国民主、法治建设的不断完善，各收入群体人民群众参政议政的意愿和能力不断提高，不但能够在环境政策制定阶段充分体现自己的利益诉求，而且能在特定时期内成为环保政策和执法实践中的主要推动者和决定者。其中不同收入群体需要进行界定与比较，例如，同一地区的生产型企业工人与金融从业者之间，发达地区与欠发达地区的居民之间，发达地区中心城市的高收入群体与该地区中低收入群体之间等。他们属于不同的博弈主体，具有不同的效用函数、博弈策略和信息设定。全面定义博弈参与方，可以丰富博弈模型。例如，不同参与方的信息设定不同，生产型企业主体对雾霾排放物的实际排放具有非对称的信息优势，政策制定机构对制定政策的过程具有不对称的信息优势，等等。详细区分所有利益相关者在博弈中的策略集合、信息设定和收益函数，能够建立起对于整个博弈的全面认识，正确理解不同博弈方的不同诉求和目标，同时也有助于进一步将现有研究中的非定量利润或者非利润目标函数转变为定量函数，以建立客观的博弈模型体系。

随着全球化进程的加快和国际社会对气候变化的关注，大量的学者对国家主体间环境保护博弈进行了研究。如 Dasgupta 和 Mäler(1990)以联合国成员国为主体对各国环境问题进行了研究，并规划了统一的环境问题路线图。

学术界对不同主体污染排放的研究从非合作博弈开始。Stern(2006)和 Garnaut(2008)丰富了碳排放博弈主体的特征，Weitzman(2009)对气候变化带来的不同后果进行了量化描述。基于这些文献，我们可以得到一个规范形式的非合作博弈及纳什均衡。在此基础上，

Osborne 和 Rubinstein(1994)的工具被用于定义混合策略纳什均衡。这一非合作博弈呈现了一个典型的囚徒困境结果。如果将策略空间定义为有限连续可导的集合，则会出现次优纳什均衡态的社会困境。学术界在这一基础上进行了理论拓展，在完美信息动态博弈下，可以利用逆推归纳法得出子博弈精炼纳什均衡，能够推出动态条件下随时间推移不同主体倾向取得共识。无限重复的囚徒困境博弈能够更写实地描绘这一问题，结论是在扳机条件下存在大量的子博弈精炼纳什均衡。近年来的文献发现使用不同的治理措施能改变博弈的均衡态，让次优均衡的效率得到提高。

在合作博弈研究讨论污染排放问题上，Finus(2003)、Tulkens 和 Chandler(2007)讨论了 γ-Core 的存在，他们认为在广泛合作条件下，最优减排是可能的。Finus 和 Rundshagen(2003)、Tulkens 和 Chandler(2007)进一步发现合作存在正的外部性，即使是小范围合作也能够促进减排。近年来，部分学者使用执行理论(Implementation Theory)切入污染治理博弈研究。Attanasi 等(2010)证明即使是一个典型的囚徒困境治污博弈，也存在合作治理污染的子博弈精炼纳什均衡。Boadway 等(2009)发现动态博弈中的有限合作可以让治污变得有效，而不是简单地"搭便车"。

综上所述，现有研究大多是以国家为主体进行博弈分析，收入差距主要体现在发达经济体与欠发达经济体的收入差距上。国家之间的行为由国际法规范，普遍存在执行力不足问题。而我国的雾霾导致的博弈冲突既出现在国内不同行政单位之间，可以由中央进行管理，也出现在同一地方的不同收入群体之间，可以由地方政府进行统筹安排，这一博弈特殊性会在后文中进行阐述。

不同收入群体之间的雾霾治理博弈机制已经在我国形成了广泛且具有矛盾冲突的博弈问题，如部分地区对于新建工业产能的反对声音，高收入群体对清洁空气的诉求与低收入居民冬季使用便宜但污染重的散煤取暖带来的利益冲突，大城市机动车限牌对不同收入群体差异化的影响，发达大城市对欠发达重工业地区生产活动的限产诉求，等等。不同收入群体在各自目标函数驱动下采取各自的最优策略，形成差异化的治霾意愿，通过社会舆论对政府的环境政策进行反馈或问责，对雾霾防治工作提出不同意见，雾霾治理结果反过来又会影响不同收入群体的效用与获得感，并最终决定产业结构、能源消费结构和雾霾污染程度。收入分配对雾霾污染影响的微观传导机制如图 4-1 所示。

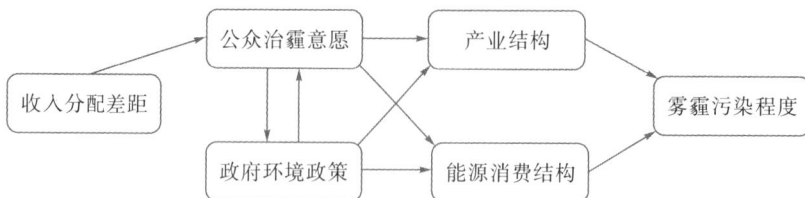

图 4-1 收入分配对雾霾污染影响的微观传导机制

微观层面经典的居民家庭经济决策模型通常只考虑收入带来的效用最大化,随着中国经济的发展,富裕起来的城市中高收入群体越来越关注生活中的环境质量。本章在准确定义博弈参与方的基础上,引入一个考虑环境污染负效用的居民家庭效用函数作为雾霾污染与收入分配关系的微观基础。假设居民家庭的效用水平与收入水平正相关,与环境污染程度负相关:

$$U_i = u(I_i, P); P = p\sum_{i=1}^{n} I_i \tag{4.1}$$

$$u_I' > 0, u_{II}'' < 0; u_p' < 0; u_{PI}'' < 0$$

其中,$i=1,2,\cdots,n$ 代表不同的居民家庭;U 为居民家庭效用水平;I 为家庭收入水平;环境污染程度 P 为所有家庭收入总和的函数。在式(4.1)的居民家庭效用函数中,收入带来的居民家庭边际效用递减,环境污染对居民家庭效用水平的负面影响随着收入水平的提高而增强。即高收入居民家庭更看重环境质量,而收入增长带来的效用增加较少;低收入居民家庭由于收入增长带来的效用提升很大,有较大的概率宁愿忍受恶劣的环境污染而偏好收入提高带来的效用增加。

基于上述"收入"与"环境"对不同收入群体的效用异质性假设,在不同收入群体之间,存在着高收入群体以环境需求为高权重的目标函数的策略组合,以及低收入群体以发展为高权重、环境需求为低权重的目标函数的策略组合。不同收入群体之间,既存在以首都和大城市居民、中高收入群体的谈判力和对政策制定的不对称信息优势,也存在工业基地城市和中小城镇居民、城市低收入群体的谈判力及对具体排放活动的信息优势。在环境质量诉求者谈判力较强的情况下,可能形成以中高收入群体主导、低收入群体跟随的主从微分对策博弈。在发展诉求谈判力较强的情况下,将形成低收入群体主导、中高收入群体跟随的主从微分对策博弈。本章将重点分析不同收入群体在雾霾治理博弈中形成的低收入群体最优可承担环境成本,高收入群体最优环境补偿投入,以及差异化的外生环境政策和环境治理投资假定下不同的博弈均衡解。

以执行更加严格的空气污染排放标准治理雾霾污染为例。假设存在高收入群体和低收入群体两个效用异质性的群体,分别根据自身效用最大化原则以一定的概率独立决策是否接受政府制订的雾霾治理方案,即可构成混合策略博弈,并能够分析其均衡解。

假设此混合策略博弈参与者的收入水平为正态分布,定义为 $I_i \sim N(\mu, \delta^2)$,且每位居民都有可识别的收入特征。收入是模型的外生变量,不失一般性可以定义为工资水平。参与博弈的居民独立选择"支持"或者"不支持"政府制订的雾霾治理方案。假设居民选择"支持"的伴随概率为 P^*,选择"不支持"的伴随概率为 $1-P^*$,P^* 与收入水平呈正相关。根据居民家庭效用函数的定义:

$$I_i > I_j \leftrightarrow U_i(I_i, P^*) > U_j(I_j, P^*)$$
$$P_i > P_j \leftrightarrow U_i(I^*, P_i) < U_j(I^*, P_j) \tag{4.2}$$

其中,i 和 j 代表不同的博弈参与者。假设执行更加严格的空气污染排放标准将带来所有参与者的收入损失,综合考虑每位参与者收入减少和雾霾污染降低的效用,此混合策略博弈存在一个纯策略纳什均衡,并且在这个典型的纳什均衡中,由于环境污染负外部性的存在，自发支持会带来自身收入减少的环境保护行为不会发生，雾霾污染治理只能依靠政府行政命令手段。

定义参与博弈的高收入群体和低收入群体，其平均收入水平分别为 I_H 和 I_L，一般化的收入差距定义为 $\Delta I = I_H - I_L$，不同的收入群体在雾霾治理方案中面临的效用损失分别为 L_H 和 L_L。假设高收入群体选择"支持"的伴随概率为 θ_i，选择"不支持"的伴随概率为 $1-\theta_i$；低收入群体选择"支持"的伴随概率为 γ_i，选择"不支持"的伴随概率为 $1-\gamma_i$。如果在非合作混合策略博弈模型中推断出 θ_i 与 ΔI 单调负相关，γ_i 与 ΔI 单调负相关，就能够得出随着收入差距的扩大，执行更加严格的空气污染排放标准以治理雾霾污染的环境政策得到"支持概率会下降"的研究结论。

沿用上述博弈分析框架，细致研究不同收入群体和全部利益相关者在雾霾治理博弈中的信息结构、策略集合和收益函数，能够帮助我们建立起对居民环保诉求和防霾治霾激励约束机制的全面认识，正确理解不同博弈参与方的诉求和目标，建立雾霾污染与收入分配相互关系的微观理论基础。

第二节 收入分配对大气环境的传统作用机制

本章使用一个完全信息静态博弈的模型来分析收入差距对大气污染的作用机制。本章从社会上不同收入群体对清洁型产品的接受程度差异的角度出发，构造博弈模型，同时借鉴 Boyce（1994）的思路，将社会中的群体简化为高收入群体和低收入群体两个部分，博弈内容为两类群体是否愿意花费额外的成本选择消费环境友好型产品。

本博弈的参与人包括高收入群体（H）与低收入群体（L），博弈双方同时行动，每一方的行动都包含两个选择：购买环境友好型产品即减少大气污染（C），或是购买传统的高排放产品使得环境污染加剧（D），即

$$A_L = \{C_L, D_L\} \tag{4.3}$$
$$A_H = \{C_H, D_H\} \tag{4.4}$$

如果博弈的双方都选择购买清洁型产品，此时大气环境的状态为最优，记为 E_C；如果博弈的双方都选择购买传统的高能耗型产品，此时大气污染的程度最严重，记环境质量为 E_D；如果双方中有且仅有其中一方选择清洁型产品，而另外一方选择花费更少的高排放产品，此时大气环境的质量为介于上述两者之间的中间状态，记为 E_M，即有 $E_C > E_M > E_D$。假设购买清洁型产品而产生的额外花费为 C，这一成本对于两类群体来说是相同的。

关于博弈双方对不同的策略组合产生的支付，本博弈沿用 Drabo（2011）的研究思路，将个体 i 对某一大气环境质量的效用函数假定为

$$UE_i = ce_i + \alpha_i(G)U_i(E) \tag{4.5}$$

其中，UE_i 代表个体 i 的效用；ce_i 是个体 i 的消费水平；$U_i(E)$ 代表一定程度的大气环境质量给个体 i 带来的效用，可以看作是个体 i 对于更好环境的偏好程度，且通常来说

$\dfrac{\partial U_i(E)}{\partial E}>0$，即对于一个理性人而言，在无其他外部因素作用时，没有激励使得他去倾向于破坏环境来提高自己的效用；$\alpha_i(G)$ 表示社会上的不平等程度对个体环境偏好的修正，G 代表社会不平等程度的度量。$\dfrac{\partial \alpha_i(G)}{\partial G}$ 的正负是因人而异的。一般来说，可以认为对于低收入的个体，社会上的不平等程度越高，个体 i 作为受害者就更加急切于提高自己的收入与生活水平，而不会过多地关注大气环境质量，从而导致同一水平的环境质量下效用偏低。而对于高收入群体而言，目前学术界尚且存在争议，因为从收入差距到环境保护意识方面存在着多种可行的作用机制，具体到中国的情况很多路径并不存在，因此可以认定 $\dfrac{\partial \alpha_i}{\partial G}>0$。

就本博弈的实际需求而言，为了简化计算，在不影响结论的前提下，从两个不同收入水平的群体角度，对公式 (4.5) 的效用函数作如下的简化处理：

$$\begin{aligned} UE_L &= \alpha_L(G)U_L(E) \\ UE_H &= \alpha_H(G)U_H(E) \end{aligned} \tag{4.6}$$

在这里省略了上文中消费水平对效用的影响，是因为这一指标对结果的影响在计算购买清洁型产品的额外成本时已经考虑在内，因此将其省略可以简化计算结果而不会对结论产生实质性影响。此外，下标 L、H 分别代表低收入群体、高收入群体对应的指标，而收入水平的差异对个体环境偏好程度的影响被包括在了函数中，因此可以假设剔除了收入因素之后两个群体在整体上对于良好大气环境的偏好是相同的，即 $U_L(E)$、$U_H(E)$ 具有相同的函数表达式，并根据大气环境质量的状况分别记为 U_C、U_M、U_D。

在此基础上，可以构建出双方的收益矩阵，如表 4-1 所示。

表 4-1 两种收入群体的收益矩阵

	高收入群体 H	
	C	D
低收入群体 L	$(\alpha_L(G)U_C-C,\alpha_H(G)U_C-C)$	$(\alpha_L(G)U_M-C,\alpha_H(G)U_M)$
	$(\alpha_L(G)U_M,\alpha_H(G)U_M-C)$	$(\alpha_L(G)U_D,\alpha_H(G)U_D)$

从上面我们可以看到，纯策略均衡的结果较为复杂，取决于选择清洁型产品需要花费的大小、收入差距的大小对不同收入的群体环境偏好的影响程度，以及人们对于大气环境质量的效用函数的类型。而针对不同的分类组合会产生不同的纯策略均衡，甚至出现没有纯策略纳什均衡的情况。因此，这里直接计算本博弈的混合战略纳什均衡，假设低收入群体选择 C 和 D 的概率分别为 θ 和 $1-\theta$，高收入群体选择 C 和 D 的概率分别为 γ 和 $1-\gamma$，即在均衡情况下，低收入群体 L 以 θ^* 的概率选择清洁型产品，以 $1-\theta^*$ 的概率选择传统高排放产品；高收入群体 H 以 γ^* 的概率选择清洁型产品，以 $1-\gamma^*$ 的概率选择传统高排放产品。经过计算，容易得到均衡结果：

$$\theta^* = \frac{U_D - U_M + \dfrac{C}{\alpha_H}}{U_C - 2U_M + U_D}, \qquad 1 - \theta^* = \frac{U_C - U_M - \dfrac{C}{\alpha_H}}{U_C - 2U_M + U_D}$$

$$\gamma^* = \frac{U_D - U_M + \dfrac{C}{\alpha_L}}{U_C - 2U_M + U_D}, \qquad 1 - \gamma^* = \frac{U_C - U_M - \dfrac{C}{\alpha_L}}{U_C - 2U_M + U_D} \tag{4.7}$$

首先考察两类群体在选择清洁型产品时的相对倾向性,经过前面的分析可以知道:一般来说,存在 $\alpha_H > \alpha_L$,即收入差距会相对减小低收入群体对大气环境的偏好,此时 $\theta^* < \gamma^*$,可以认为高收入群体会更加倾向于选择购买清洁型产品,这与之前的分析保持一致;因为,$\dfrac{\partial \alpha_L}{\partial G} < 0, \dfrac{\partial \alpha_H}{\partial G} > 0$,当收入差距 G 增大时,低收入群体会减少对清洁型产品的消费,而高收入群体对于环境友好型产品的消费会增加,从而使得社会整体对于清洁型产品的消费变化取决于不同群体对于清洁环境的需求函数的凹凸性。

第三节　博弈模型视角下收入分配对空气污染影响机理

我们认为污染的防治牵涉公共品提供,污染治理具有非竞争性与非排斥性。同时,"收入"与"环境"对不同收入群体的边际效用存在差异,进一步会导致在防治污染的公共品提供上存在行为、政策选择上的差异甚至冲突。随着城市居民收入的提高,收入增加带来的边际效用递减,环境污染带来的边际负效用递增。对于高收入群体而言,收入的边际效用低于环境的边际效用,而对低收入群体而言,收入的边际效用则高于环境的边际效用,即不同收入群体对环境污染存在不同效用函数,对环境与收入有着不同偏好。在现实生活中,我们可以看到高收入群体愿意为购置距离市区较远、环境较好的住宅支付高昂的价格,而低收入群体为了更高的薪酬愿意居住在大城市中卫生条件和居住环境相对较差的地方。因此在不同收入群体之间,不同的收入水平将会导致不同收入群体的决策,比如高收入群体为了宜居的环境支持关停污染工厂,而低收入群体可能会担忧失业而抵制环境规制,从而形成不同收入群体之间在污染治理上的博弈。高收入群体与低收入群体在博弈之中的决策将会影响到政府污染治理的力度及效果。因此,在本节我们将利用博弈模型分析收入不均是如何影响高收入群体与低收入群体在面临污染治理的决策进而影响环境的。

在参考已有文献的基础之上,本节通过一个混合策略纳什博弈展开对收入不均与大气污染及其治理相互影响机理的理论探讨。假设一个环保项目旨在治理环境污染,现存高、低收入两种不同的居民群体,模型分析在混合策略博弈下考虑不同居民群体对其的接受程度,通过赞成和反对两种投票行为表明态度。高收入群体和低收入群体的每个居民均是独立的决策主体,自主决定是否投票支持项目,最大化个体效用。政府作为宏观调控的主体,为鼓励和促进居民接受环保项目,分别采用补贴和征税两种方式来推动环保项目的实现。

假设博弈为非合作博弈,居民 i 具有可识别的收入特征,收入 I_i 服从正态分布,且 $I_i \in \mathbf{R}^+$,对应于不同收入的居民数量服从正态分布,$i \in N(\mu, \delta^2)$。收入是外生变量。

居民以非合作方式完成最优化过程,可以投票选择"接受"或"拒绝"项目。收入正态分布存在一个中位数 $\overline{I}$，高收入组定义为高于中值收入组，低收入组定义为低于中值收入组。假设居民选择"接受"的伴随概率是 P_i，$i = 1,2,\cdots,n$，居民选择"拒绝"的伴随概率是 $1-P_i$。

假设居民的效用是有限集，假定效用函数 $u = u_i(I_i, E_i)$，其中，E_i 表示每个居民 i 对环保项目的偏好程度，即环境效用。因为收入效用递减，假设伴随概率 P 与收入呈正相关。我们假设高收入者以一定的成本选择接受环境项目而产生的边际效用高于投入的成本损失，而低收入者可能面临一个简单的事实，即为环境项目付费的效用损失可能高于从更好的环境获得的收益。因此，效用函数应该满足以下条件：

$$\frac{\partial u}{\partial I_i} > 0, \quad \frac{\partial u}{\partial E_i} > 0 \tag{4.8}$$

改善环境需要每个居民承担相应成本，居民可以选择接受或拒绝支付该项目。居民的效用是由收入和环境效用共同构成的。

定义混合策略的环保博弈 $G = \{S_1,\cdots,S_n; u_1,\cdots,u_n\}$；每个居民的策略集为 $S_i = \{S_{i1},\cdots,S_{ik}\}$，$i = \{1,2,\cdots,n\}$，如果没有政府的干预，居民独自做出决策，则有且只有唯一单纯纳什均衡，所有居民均选择拒绝支持环保项目。

现假设政府通过补贴来管理污染物的排放，将补贴变量 s_i 引入博弈模型中作为环境影响的补偿变量，其中，补贴与收入有关，$s_i \in \mathbf{N}^+$，$i = \{1,2,\cdots,n\}$。我们假设高收入群体和低收入群体的收入分别为 $\overline{I_H}$ 和 $\overline{I_L}$，补贴分别是 $\overline{S_H}$ 和 $\overline{S_L}$，且 $\Delta I = \overline{I_H} - \overline{I_L}$。高收入群体和低收入群体的伴随概率分别为 θ^* 和 γ^*。

假设在以上定义的混合策略环保博弈中，存在至少一个混合策略纳什均衡 $S^* = \{S_1^*, \cdots,S_n^*; u_1^*,\cdots,u_n^*\}$。

在博弈分析的基础上，我们利用算例进一步展开分析。在算例中，H、M、L 表示不同选择的居民得到的效用，其中，$H > M > L > 0$，得到下面的混合策略博弈模型：

表 4-2 混合策略博弈模型

		参与者 2	
		接受	拒绝
参与者 1	接受	(M, M)	$(0, H)$
	拒绝	$(H, 0)$	(L, L)

每个人在做出决策时应同时考虑自身的意愿和共有的社会因素的影响，因此，该博弈模型只存在一个纯策略纳什均衡(拒绝，拒绝)，即 (L, L)。

在此基础上，我们在博弈模型中引入补贴变量 S^i，S^h 表示高补贴，S^l 表示低补贴，且 $S^l < H - M < S^h$，θ、γ 分别表示高收入群体和低收入群体选择"接受"环保项目的概率。可以得到如表 4-3 所示的结果。

表 4-3　引入补贴的混合策略博弈模型

		低收入群体		
		接受	拒绝	
高收入群体	接受	$(M+S^{\mathrm{h}},\ M+S^{\mathrm{l}})$	$(0,\ H)$	θ
	拒绝	$(H,\ 0)$	$(L,\ L)$	$1-\theta$
		γ	$1-\gamma$	

显然，这个博弈的纯策略均衡为(拒绝，拒绝)，即$(L,\ L)$；混合策略博弈均衡为

$$\theta = \frac{L}{M+S^{\mathrm{l}}+L-H}, \qquad 1-\theta = \frac{M+S^{\mathrm{l}}-H}{M+S^{\mathrm{l}}+L-H}$$
$$\gamma = \frac{L}{M+S^{\mathrm{h}}+L-H}, \qquad 1-\gamma = \frac{M+S^{\mathrm{h}}-H}{M+S^{\mathrm{h}}+L-H}$$

(4.9)

基于以上算例的混合策略纳什均衡中，$\theta > \gamma$，θ与S^{l}成反比，γ与S^{h}成反比，展示了均衡下的收入与污染防治意向的博弈关系。$\theta > \gamma$，显示出相比低收入群体，高收入群体对环保项目选择"接受"的概率更大。θ、γ分别与S^{l}、S^{h}成反比，表示若政府给予低收入群体高的补贴，高收入群体会更倾向于选择"拒绝"。只有当收入分配比较均匀时，居民更倾向于对环保增加投入，环境情况才有可能维持在较好的水平。

算例显示，由于不同的居民群体对环境的边际效用不同，低收入群体的环境边际效用较低，因此，在收入差距较大的地区，低收入群体选择"接受"环保政策的意愿很弱，即使采取了"补贴"的激励手段，仍然是高收入群体选择"接受"环保政策的概率更大，并没有有效地提高低收入群体的接受意愿，这将会增加地方政府开展环境污染治理工作的难度，提升环保治理的成本，从而造成地区很难实现有意义的污染治理、环境保护，不利于地区环境质量的改善。相反，在收入差距较小的地区，不同收入群体之间的环境边际效用差距较小，高低收入群体选择"接受"环保政策的概率相差不大，低收入群体选择"接受"环保政策的意愿相对较强，不同收入群体比较容易达成共识，可以以较低的成本实现环境保护。模型表明收入差距与空气污染程度是正相关的，即收入差距的扩大将会使得环保政策较难实施，进而导致污染增加。

第四节　基于洛伦兹曲线的教育水平差距与环境污染关系分析

20世纪70年代末的一些关于随机占优和收入差距的文献，隐含了这样一个推论，假设存在一个经济体，其每一个体的效用函数是凹函数，若这一经济体可能存在两条对应同一居民收入均值的不同洛伦兹曲线，而其中一条洛伦兹曲线始终在另一条的上方，那么从社会总效用来看，前者优于后者。借鉴这一思想，本章将教育水平差距与环境质量纳入同一框架中，分析教育水平差距对个体环境行为的影响，进而分析得出教育水平差距与环境质量之间的理论联系。

针对某特定人群，本书建立如下理论设定，其中y为平均受教育年限，表示个体受教

育水平。居民受教育水平有若干种不同的分布，以 $F_i(y)$，$i=1,2,\cdots,n$ 来定义，则其密度函数为 $f_i(y)$，$i=1,2,\cdots,n$。上述分布有相同的均值 μ，居民教育水平在特定区间 $[\underline{y},\overline{y}]$ 内变化。则居民受教育水平分布的均值由下式给出：

$$\mu = \int_{\underline{y}}^{\overline{y}} tf(t)\mathrm{d}t \tag{4.10}$$

教育水平差距是由一个类似于阿特金森（Atkinson）定义的洛伦兹曲线的函数表示的，具体如下：

$$\Phi(F_i) = \frac{1}{\mu}\int_{\underline{y}}^{\overline{y}} tf_i(t)\mathrm{d}t \tag{4.11}$$

其中，$F_i = \int_{\underline{y}}^{\overline{y}} f_i(t)\mathrm{d}t$。若假设存在

$$\Phi(F_1) > \Phi(F_2) \tag{4.12}$$

对于 $[\underline{y},\overline{y}]$ 上的任何 y 都成立，则 F_1 对应的曲线处处高于 F_2。

在前边假设的基础上，即给定位于 $[\underline{y},\overline{y}]$ 中任意一个 y，都有 $\Phi(F_1) > \Phi(F_2)$，经过一系列的变换可得到

$$\int_{\underline{y}}^{\overline{y}} F_1(t)\mathrm{d}t - \int_{\underline{y}}^{\overline{y}} F_2(t)\mathrm{d}t < 0 \tag{4.13}$$

在环境行为方面，对前面提出的经济体中的每一个个体，受个人受教育程度影响的环境友好行为（如资源的循环利用、节约能源或其他友好公共环境行为）由函数 $b(y)$ 表示，且假定 $b(y)$ 为两次连续可微函数。许多研究发现教育程度更高的人在环境行为上有更好的表现。也就是说受教育年限越长，环境友好型行为越多，即 $b'(y)>0$。同时，假设 $b''(y)<0$。

为了说明教育水平差距对环境保护的影响，将居民的环境行为平均水平定义为

$$B = \int_{\underline{y}}^{\overline{y}} b(y)f(y)\mathrm{d}y \tag{4.14}$$

对于教育平均水平既定情况下，某个教育水平分布的总体环境行为优于另一教育水平分布可以表示为

$$B_1 = \int_{\underline{y}}^{\overline{y}} b(y)f_1(y)\mathrm{d}y > B_2 = \int_{\underline{y}}^{\overline{y}} b(y)f_2(y)\mathrm{d}y \tag{4.15}$$

基于随机占优理论的数学思想，可以证明，如果不等式(4.12)对于上述两个分布成立，那么不等式(4.13)和随后的不等式(4.15)也将成立。最终，得出了以下推论。

推论：给定上述两个分布，如果满足 $\Phi(F_1) > \Phi(F_2)$，则有 $B_1 > B_2$。即教育水平差距会减少积极的环境行为，加剧环境污染。

第五章 能源生产者与消费者的社会环境成本分析

本章是对于本书的一个重要拓展研究。一方面，能源消费是气体排放的一大主要来源，能源消费结构也牵动着我国环境治理的方方面面；另一方面，当下碳排放问题已然成为工业生产和居民生活排放中最受关注的领域。本章从能源消费入手，对我国 2010 年省级二氧化碳排放进行了测算，这一研究有助于在研究收入分配与大气环境的问题上，增加来自碳排放的重要认识，也有助于在后续政策制定等环节更加全面地进行规划。本章共四节，其中第一节简单陈述了中国各地区能源消费现状；第二节是基于二次能源交易的碳排放测算；第三节是基于电力消费终端的电力系统碳排放测算；第四节是 2010 年基于能源终端消费的省级碳排放测算。

第一节 中国各地区能源消费现状

2018 年 12 月 2 日，一年一度的联合国气候大会在波兰的卡托维兹国际会议中心召开，各界专家人士汇聚在此讨论研究越来越严峻的气候变化形势。随着环境问题日益严重，未来我们可能面临诸多生态问题，包括海平面上升导致岛屿淹没、珊瑚礁被破坏、沙漠面积扩大和冰川融化。冰川融化导致的海平面上升将足以淹没太平洋和印度洋的岛国，并将导致迈阿密、孟买和其他低洼城市等数百万人口的转移。由此可见，能源环境问题是关系人类社会命运的重大课题，能源消费及其碳排放是对全人类共同的重大挑战。

近年来，随着经济增长与能源过度消耗，二氧化碳排放量不断上涨，温室效应日益严重。目前，中国是全球最大的能源生产国和消费国。中国作为《联合国气候变化框架公约》《京都议定书》的缔约方，高度重视节能减排工作。"十一五"期间国家开始逐步向各省市分摊 CO_2 减排责任，2012 年国务院印发《节能减排"十二五"规划》，提出综合考虑经济发展水平、产业结构、节能潜力、环境容量及国家产业布局等因素，合理确定各地区、各行业节能减排目标，并强化目标责任评价考核。根据经济发展水平和环境承载能力确定各省市的污染物排放限额、制定相关能源环境政策，已成为我国可持续发展研究的重大现实问题。

对化石能源消费 CO_2 排放量进行测算的研究通常沿用联合国政府间气候变化专门委员会(Intergovernmental Panel on Climate Change，IPCC)的方法，该方法根据化石能源消费量推算 CO_2 排放量。IPCC[1]提供了基于不同燃烧源(固定源和燃料源)两种不同的计算能源消耗的方法。方法 1 是基于各种能源的消费量，对不同燃料类型的排放量进行估算的方法。

---

① 本章的 IPCC 计算方法参考《2006 年 IPCC 国家温室气体清单指南》。

方法 2 是以详细技术为基础的部门方法，基于分部门、分设备、分燃料品种的活动水平数据、各种燃料品种的单位发热量和含碳量及消耗各种燃料的主要设备的氧化率，通过逐层累加综合计算得到的总排放量的方法。

固定源的计算方法如下：

$$排放量 = AD活动水平 \times EF排放因子 \tag{5.1}$$

其中，AD 活动水平是指能源消费量（热量单位）；EF 排放因子是指基于净发热值每 TJ（$1TJ=10^{12}J$）单位燃料 CO_2 的排放量。

移动源的计算方法如下：

方法 1：

$$排放量 = \sum(燃料_a \times EF_a) \tag{5.2}$$

其中，排放量为 CO_2 排放量（kg）；燃料$_a$ 为销售燃料量（TJ）；EF_a 为 CO_2 排放因子（kg/TJ）；a 为燃料类型（如汽油、柴油、天然气、液化石油气等）。

方法 2：

$$排放量 = \sum(燃料_{a,b,c} \times EF_{a,b,c}) \tag{5.3}$$

其中，$EF_{a,b,c}$ 为排放因子（kg/TJ）；燃料 $_{a,b,c}$ 为某一移动源活动的燃料消耗量（TJ）（以销售燃料表示），a 为燃料类型（如柴油、汽油、天然气、液化石油气），b 为车辆类型，c 为排放控制技术（如未控制、催化转化器等）。

可以看出，IPCC 所提供的计算方法是基于某地区化石能源的燃烧量进而得出该地区的 CO_2 排放量的，并未考虑二次能源的休息情况。若计算中国 CO_2 排放总量则按该方法并无问题，但若以该方法计算各省的 CO_2 排放量，则有不妥之处。另外，由于电厂、炼油厂等二次能源生产企业工艺复杂，能源利用效率不同，IPCC 2006 只是提到现代高效率电厂流失到环境中的总能源可能达到燃料中化学能源的一半；炼油厂燃烧的燃料一般为提炼燃料总量的 6%～10%，并未说明二次能源生产中消耗能源产生的 CO_2 与二次能源产量之间的关系，这也是 IPCC 计算方法的一个缺陷。

中国地域辽阔，各省市资源禀赋和经济发展水平差距明显。区域间能源消耗、CO_2 排放与经济可持续发展状况差别显著。北京、上海、福建、浙江、广东、海南、江苏等东部地区处于低碳经济发展，而中部和西部地区碳技术效率普遍较低，特别是中部地区大部分省份高碳经济特征明显。中国区域内的碳排放总量由东部沿海向中部和西部地区递减，国家经济战略以及东、西部地区技术、经济社会发展水平差异是造成这一现象的主要原因。截至 2012 年，高排放区域主要集中在东部沿海发达城市和内蒙古、河南等少数内陆省份，总体形成内蒙古—河北—辽宁—山东—江苏—浙江的高排放连绵带（以环渤海区和长三角区为主）和珠三角高排放区。不同地区的人口、经济、技术的异质性对本地 CO_2 排放量的影响不同，经济快速增长是各区域 CO_2 排放增加最重要的驱动因素。将东西部地区进行对比，从中得出：东部发达地区在人均排放量和排放密度等方面均高于西部欠发达地区，但东部地区的排放强度却明显低于西部地区。2012 年，除北京、上海、天津外，其他各省份的人均 CO_2 排放量仍位于上升阶段。如表 5-1 所示，2012 年，山东、河北、江苏、内蒙古以及河南的直接 CO_2 排放量位列前五位，而甘肃、宁夏、北京、青海以及海南位居后五位。山东的直接 CO_2 排放量达到了 8.42 亿 t，同年排放量最小的海南直接 CO_2 排放量为 0.37 亿 t，大约是山东的 1/23。单位生产总值 CO_2 排放量最大的省份为宁夏，每亿元排放 5.73 万 t，约是排放量最少的北京的 11 倍。单位生产总值 CO_2 排放量代表能源的使用效率，根据这一指标，西北地区的能源使用效率较低，而经济较发达的地区，能源使用效率更高，西北地区是重点减排区域。人均 CO_2 排放量最大的地区集中在西北地区、东北地区以及北部沿海地区，最小的集中在南部沿海、中部地区以及西南地区。综合这三个指标的分别排名来看，河北、山西、内蒙古、辽宁以及山东的排名比较靠前，北京、江西、福建、广西、海南以及重庆的排名比较靠后。政策制定部门可根据这些指标对各省份提出不同的减排指标。

表 5-1　2012 年中国 30 省份碳排放指标排名情况

省份	直接 CO_2 排放		单位生产总值 CO_2 排放		人均 CO_2 排放	
	排放量/亿 t	排名	排放量/(万 t/亿元)	排名	排放量/(万 t/万人)	排名
北京	0.97	28	0.54	30	4.70	24
天津	1.59	25	1.23	24	11.22	5
河北	7.15	2	2.69	7	9.80	7
山西	4.66	7	3.85	3	12.91	3
内蒙古	6.21	4	3.91	2	24.95	1
辽宁	4.61	8	1.85	12	10.49	6
吉林	2.30	18	1.93	11	8.37	9
黑龙江	2.70	14	1.97	10	7.03	13
上海	1.95	22	0.97	28	8.19	11
江苏	6.56	3	1.21	25	8.29	10
浙江	3.77	9	1.09	27	6.89	15
安徽	3.15	12	1.83	13	5.26	22
福建	2.36	17	1.20	26	6.29	18
江西	1.64	24	1.26	23	3.63	30
山东	8.42	1	1.68	16	8.70	8
河南	5.21	5	1.76	15	5.53	21
湖北	3.67	10	1.65	17	6.36	17
湖南	2.82	13	1.27	22	4.25	27
广东	5.04	6	0.88	29	4.76	23
广西	2.05	21	1.57	18	4.38	26
海南	0.37	30	1.30	21	4.20	28
重庆	1.65	23	1.45	19	5.60	20
四川	3.31	11	1.39	20	4.09	29
贵州	2.30	19	3.36	4	6.60	16
云南	2.12	20	2.06	9	4.56	25
陕西	2.62	15	1.81	14	6.97	14

省份	直接 CO_2 排放		单位生产总值 CO_2 排放		人均 CO_2 排放	
	排放量/亿 t	排名	排放量/(万 t/亿元)	排名	排放量/(万 t/万人)	排名
甘肃	1.53	26	2.71	6	5.94	19
青海	0.45	29	2.35	8	7.77	12
宁夏	1.34	27	5.73	1	20.74	2
新疆	2.52	16	3.35	5	11.26	4

注：该表不含港、澳、台及西藏的数据。

此外，中国存在大量二次能源跨省(区、市)交易现象。如山西、内蒙古、陕西、贵州等能源输出大省区，每年向京津冀鲁、江浙、珠江三角洲等地区提供大量的电力、煤炭制品等二次能源产品[①]。其中，最典型的是"晋煤外运"，我国的能源结构呈现多煤、缺油、少气的特点，煤炭的能源生产比重和能源消耗比重均占 70% 左右。山西是中国的煤炭大省，其煤炭资源探明储量占中国的三分之一。

山西"晋煤外运"三条运输煤炭铁路干线由北向南分别为大秦线、神黄线、焦日线。大秦线：大秦铁路自山西省大同市至河北省秦皇岛市，纵贯山西、河北、北京、天津，全长 653km，是中国西煤东运的主要通道之一，全线运量逐年大幅度提高，2008 年运量突破 3.4 亿 t，成为世界上年运量最大的铁路线。神黄线：神黄铁路自陕西省神木神东煤田大柳塔东至河北省黄骅市的黄骅港，全长 815km，是中国"西煤东运"的第二大通道。焦日线：焦日铁路由新月铁路和新菏兖日铁路组成，新月铁路(位于河南省西北部，起自新乡站，东连京广线和新菏线，向西经新乡西、获嘉、修武、焦作，至博爱县境内的月山车站，最后与太焦线、焦柳线和侯月线连接，全长 79.817km，沿途经 11 个车站。新月线、新菏线，贯通东西，是山西、豫北能源基地连接华东沿海工业区的主要通道。连接太(原)焦(作)、侯(马)月(山)和焦(作)柳(州)三线，是晋煤南运、西煤东运的重要通道之一。2010 年 10 月 8 日，太原铁路局累计完成煤炭运输突破 3 亿吨，较上年同期同比增运 5470.2 万 t，增幅达 22.3%，其比重也占到全局货运总量的 80%。基于此，我们可以发现，虽然山西的二氧化碳排放量位居前列并且对当地环境产生了不可逆的破坏结果，但其中外省的二次能源消费占到了较大比重。二次能源省际调配使得二次能源输入的省份获得了更为清洁的能源，却把二次能源生产过程中产生的 CO_2 留在了其生产省份。当按一次能源消费核算地区 CO_2 排放量时，交易到其他省份的二次能源仍按一次能源消费属地原则算作能源输出省份的 CO_2 排放，会夸大二次能源调出省份的能源消耗，增大其节能减排的负担。与此同时，还会减少能源调入省份的能源消耗，降低能源调入省份的节能减排压力。依照此方法所计算的 CO_2 排放量并不能反映真实的能源消耗和 CO_2 排放情况。因此，只按照 CO_2 排放量确定各个省份的承担责任是否公平，值得全社会与政策制定者深思。研究认为，改变从有形的 CO_2 排放"出口"处进行观察的传统思路，转向考察 CO_2 排放从"源头"到"出口"的流动与分布规律，考察二次能源省际调

[①] 根据《中国能源统计年鉴 2011》的分类方法，本节中二次能源指煤制品(含洗精煤、其他洗煤、型煤、焦炭、焦炉煤气、高炉煤气、转炉煤气、其他煤气)、石油制品(汽油、煤油、柴油、燃料油、液化石油气、炼厂干气、其他石油制品)、电力、热力。一次能源指原油、原煤、天然气、液化天然气。

配或基于终端能源消费重新核算各省份的 CO_2 排放量，可能会是分配"减排成本"更有效、更公平的方式。

最新出现的网络碳排放流理论为电力系统低碳发展的研究带来了新的思路和方法。该理论将网络流的概念引入到对 CO_2 排放的分析之中，将碳排放视为依附于潮流而存在的虚拟网络流，通过潮流计算和电力系统碳排放流计算相结合，提出碳排放流的基本计算方法。该思想揭示了隐含在能量流中的 CO_2 排放流特征与本质规律，使电力系统中的碳排放量与碳排放强度不仅可以从发电环节进行统计，还可以从用电环节根据电力消费进行统计和核算，而这两者通过电网的碳排放流关联起来。

本章根据网络碳排放流理论，基于能源终端消费和省际二次能源交易重新估算了中国各省份 CO_2 排放量。本节认为，在计算碳排放量时，不仅仅应该考虑生产者，同时也应该考虑消费者。在分配各省减排任务时，可以将能源输出省份向能源输入省份调配的二次能源在生产和最终消费过程中产生的 CO_2 排放量计为能源输入省份的隐含 CO_2 排放量，而不应该直接计算 CO_2 排放量。在二次能源生产使用过程中，热力消费具有明显的就近消费特征，通常情况下不存在省际交易的情况，因此二次能源的省际交易主要考虑发电、炼焦、炼油三大能源生产过程及其制品。其中，电力生产存在独特的技术经济特征。中国有五大发电集团，分别是中国华能集团有限公司、中国大唐集团有限公司、中国华电集团有限公司、中国国电集团有限公司和国家电力投资集团有限公司。五大发电集团都坚持以电为主，其供电范围辐射多个省市。国家电网有限公司经营区域覆盖 26 个省(区、市)，覆盖国土面积的 88% 以上，供电服务人口超过 11 亿人；中国电力建设集团有限公司由原中国水利水电建设集团公司、中国水电工程顾问集团公司和国家电网公司、中国南方电网有限责任公司 14 个省(区、市)(河北、吉林、上海、福建、江西、山东、河南、湖北、海南、重庆、四川、贵州、青海和宁夏)电网企业所属的 13 家勘测设计企业、26 家电力施工企业、19 家装备制造企业改革重组而成。由此可见，区域电网覆盖多个省份，且存在区域电网之间的跨区电力交易，需要根据网络碳排放流理论发展出核算各省份电力消费 CO_2 排放量的新方法。近期国家能源局开始在网站上公布省间购售电和电力重点跨区通道交易数据，也为开展这一研究提供了基础。

第二节　基于二次能源交易的碳排放测算

一、CO_2 排放量计算方法和碳排放系数

本章使用《中国能源统计年鉴 2011》中提供的 2010 年全国能源平衡表(实物量)测算各省份化石能源消费所产生的 CO_2 排放量。在能源平衡表中，能源消费总量分为三部分，即能源终端消费量、能源加工转换损失量和能源损失量。公式如下：

能源消费总量=能源终端消费量+能源加工转换损失量+能源损失量

本节测算各省份 CO_2 排放量采用的能源消费数据为能源终端消费量和损失量之和。能源损失量是指一定时期内能源在输送、分配、存储过程中发生的损失和由客观原因造成的各种损失量。以电力为例，在全国电力平衡表中 2010 年全国电力终端消费量为 39366.3

亿 kW·h，输配电损失量为 2568.2 亿 kW·h，网损占电力消费总量的 65%左右。这部分电力输送过程中损失的电能与电力终端消费一起构成了各省份电力消费数据，根据这一电力消费数据，本节将各电网电力生产化石能源燃烧对应的 CO_2 排放量分摊到各省份，作为电力消费隐含的 CO_2 排放量。

按照《中国能源统计年鉴 2011》能源平衡表中的分类，本节测算各省份化石能源消费 CO_2 排放量使用的一次能源和二次能源品种包括原煤、洗精煤、其他洗煤、型煤、焦炭、焦炉煤气、高炉煤气、转炉煤气、其他煤气、原油、汽油、煤油、柴油、燃料油、液化石油气、炼厂干气、天然气、液化天然气、热力、电力共 20 个能源品种。不包括能源平衡表中的煤矸石、其他石油制品、其他焦化产品和其他能源。

根据 IPCC 提出的方法，地区能源消费 CO_2 排放总量可以根据一次能源和二次能源消费导致的 CO_2 排放量加总而得。具体的计算公式如下：

$$T_{co_2}^a = \sum_{i=1}^n T_{co_2,i}^a = \sum_{i=1}^n E_i \times NCV_i \times CEF_i \times COF_i \times (44/12) \tag{5.4}$$

其中，$T_{co_2}^a$ 为地区能源消费 CO_2 排放总量；i 代表不同的能源品种；E 为某能源品种消费量；NCV_i 为某能源品种净发热值，本节采用《中国能源统计年鉴 2011》中提供的某能源品种平均低位发热量；CEF_i 为 IPCC 提供的碳排放系数，其中，原煤的碳排放系数 IPCC 没有报告，本节按 IPCC 提供的烟煤和无烟煤碳排放系数的加权平均（80%和 20%）作为中国原煤的碳排放系数；COF_i 是碳氧化因子（煤炭为 0.99，其余能源品种为 1）；44 和 12 分别为 CO_2 和 C 的相对分子质量。

二、考虑二次能源省际交易的 CO_2 排放量

国内二次能源生产主要包括发电、供热、炼焦、炼油四大能源产业。其中发电行业生产的二次能源有电力、热力；供热行业生产的二次能源则是热力；炼焦行业生产的二次能源则包括焦炭、焦炉煤气、其他煤气、其他焦化制品和热力；而炼油产业生产的二次能源包括汽油、煤油、柴油、燃烧油、液化石油气、炼厂干气、其他石油制品和热力。所以，可以将二次能源所产生的 CO_2 分类为发电产生、供热产生、炼焦产生和炼油产生。

炼油行业 CO_2 排放包括直接排放和间接排放。直接排放又分为燃料燃烧排放、工艺过程排放和逸散排放，间接排放是指外购的电、蒸汽等物料和能源产生过程中的排放。研究表明，汽油和柴油中的含硫量与 CO_2 的增加量呈非线性关系，硫含量越低，CO_2 的排放增加量越高，随着硫含量的降低，CO_2 排放量迅速增加。在炼厂工业中，典型炼厂的 CO_2 直接排放占总排放的 85%、间接排放占 15%左右。直接排放中，燃烧排放和工艺排放分别占 60%和 40%左右，工艺排放以催化剂烧焦排放为主，占总排放的 78%，制氢装置工艺排放大约占比 22%，典型炼厂包括间接排放在内的总的 CO_2 排放系数为 0.30 吨 CO_2/吨原油左右。本节将二次能源输出省份向二次能源输入省份调配的二次能源生产、运输和消费过程中产生的 CO_2 均计为二次能源终端消费地的 CO_2 排放量，而非二次能源生产地的 CO_2 排放。不考虑电力生产的省际二次能源交易所引起的 CO_2 排放增减变动量为

$$T_{co_2}^b = \sum_{i=1}^{n} T_{co_2,i}^b = \sum_{i=1}^{n} (I_{co_2,i} - O_{co_2,i}) \qquad (5.5)$$

式中，$T_{co_2}^b$ 为二次能源的省际交易所引起的某省份 CO_2 排放增减变动量；$I_{co_2,i}$ 指输入的二次能源在生产、运输过程的 CO_2 排放量；$O_{co_2,i}$ 指输出的二次能源在生产、运输过程的 CO_2 排放量；i 为存在省际交易的二次能源品种。

热力生产、消费的特征为就近供热。在长江沿岸夏热冬冷地区，也参照北方严寒地区建设燃煤热电联供系统和大型燃煤锅炉房集中供热。集中供热通常情况下不存在省际交易，也不会带来地区 CO_2 排放量的变化，可以直接采用本地区热力生产所使用的一次能源消耗 CO_2 排放量。电力生产具有独特的技术经济特征，存在各区域电网不同的水电、火电比例，以及不同的火电生产效率和火电碳排放系数，留待下一节在网络碳排放流理论基础上，单独讨论区域电网结构和省际电力交易对分省化石能源 CO_2 排放量的影响。因此可用式 (5.5) 直接处理的能源品种作为炼焦和炼油行业生产的各类二次能源品种。由于本节使用的能源平衡表只提供了各省份二次能源输入、输出数据，无法进一步考察跨省二次能源交易细节，特别是二次能源运输过程中的交通工具碳排放和运输遗撒，本节未将一次和二次能源运输过程中的 CO_2 排放计入能源终端消费省份。

考虑二次能源省际交易的 CO_2 排放量可由上述地区能源消费 CO_2 排放总量和二次能源的省际交易所引起的 CO_2 排放增减变动量加总而得，计算公式为

$$T_{co_2} = T_{co_2}^a + T_{co_2}^b + E_{co_2} \qquad (5.6)$$

其中，T_{co_2} 为考虑省际二次能源交易后的分省份化石能源 CO_2 排放量；$T_{co_2}^a$ 和 $T_{co_2}^b$ 为上文提到的地区能源消费 CO_2 排放总量和二次能源的省际交易所引起的某省份 CO_2 排放增减变动量；E_{co_2} 为考虑区域电网结构和省际电力交易后的电力消费 CO_2 排放量，将在下节中进行讨论。

第三节 基于电力消费终端的电力系统碳排放测算

在常见的基于一次能源消费的碳排放计算方法中，没有考虑电网的网络结构特征，仅仅将电力系统中的火力发电厂视为点排放源，不仅脱节于电力系统中的潮流计算，也不适合中国存在大规模电力跨区输送的国情。电力输送目前主要通过地上输送和地下输送两种方式。地上输送，主要指架空线路，一般通过立于地面的杆塔作为支持物，将导线用绝缘子悬架于杆塔上，实现电力传输。地下输送主要通过电缆输电系统和气体绝缘输电线路，电缆输电系统主要由电力电缆、电缆连接件组成。由于敷设简单且成本较低，国内外都主要采用架空线作为长距离输送电能的主要方式，但在发电站、变电站、化工企业、钢铁企业等某些特定环境中，或出于城市景观及节约土地的考虑，往往会选择地下输电方式输送电能。基于网络碳排放流理论在对机组-负荷碳流关联分析中提出的比例共享原则，即系统中存在负荷的节点，系统中所有机组的碳流注入对负荷碳流率的贡献比例与对流入该节点碳流率综合的贡献比例相等的基本思路，本章建立了将各电网中火电生产对应的 CO_2

排放量分摊到各省份,作为电力终端消费对应的 CO_2 排放量的方法。

一、区域电网结构与 CO_2 排放转移

自 2002 年实施电力体制改革以来,我国电网形成了区域电网、省级电网及独立电网构成的多层结构。被区域电网覆盖的省份的电力输入和输出先在区域电网内部进行省际调度,之后才进行跨区域电网调度。电力发展规划是以省域进行的,省域内的电力市场在没有特殊的情况下,基本是由本省的供电企业垄断。中国以省为实体的电网很大,而且每年以近 7000 万 kW 到 1 亿 kW 的装机规模的速度在递增。以省为实体的电网企业形成后,并不改变全国已有电网格局,已经建成的特高压交流和特高压直流将成为省际电力交换网络。省内的电网逐步实现强连接,省际根据具体情况可以实行强连接或弱连接,要因地制宜。电能输送距离的有限性决定了电网不可太大。输电网电压高低,决定输送电能距离的远近,电压越高输送距离越远,交流、直流都适用,从线路损失方面来看,如果不考虑两侧的交直流转换装置,鉴于直流的线路损耗小,直流的输送距离相比交流更远些,实际上交流的输送距离达到千公里已经不经济了。目前,国家电网有限公司经营的区域电网包括华东电网、华中电网、西北电网、东北电网、华北电网,中国南方电网有限责任经营南方区域电网。除个别省份存在多个省级电网,国家电网有限公司的省网公司经营范围与省级行政区划设置基本重合,为本节使用各省份能源平衡表中的电力数据考察省际 CO_2 排放转移提供了基础。

目前国内电力跨区域交易呈现由西向东输送,电源基地多分布在煤炭、水力资源相对丰富的中西部地区的总体趋势,响应国家西部大开发、西电东送战略,电力受端主要是京津冀鲁、江浙、珠海三角洲等东部发达地区。虽然省内交易某种程度上打破了当地电网的供电垄断,但因我国电力资源与电力消费地区分布不平衡"西部电多用电少、东部电少用电多",相对来讲供求主体选择权依旧有限、收益有限、资源优化配置的作用有限,而跨省跨区交易则是期望通过进一步扩大市场交易范围,利用市场手段实现更广阔的"电力资源共享,用电市场共享",从根本上促进电力资源大范围优化配置和清洁能源消纳。跨省跨区交易按交易双方可分为网间交易、厂间交易和厂端交易三种。其中,厂端交易按电力用户所属存量或增量不同,又可做专门区分。种类不同,其电价构成方式也不同。交易按交易方式可分为双边协商、集中竞价、挂牌、双向挂牌、直接交易等。大规模的电力调配不仅为东部经济发达地区的用能问题提供了解决方案,也将二次能源生产污染排放留在了西部落后地区。站在区域经济协调发展的角度,通过电力消费重新核算中国各省份 CO_2 排放量可以为中国经济的可持续发展提供重要的决策依据。

表 5-2 各省份 2009 年电力调配情况

省份	电力调入量/亿 kW	电力转移 CO_2 量/万 t	火力发电单位 CO_2 排放量/(t/万 kW)
广东	1044.1	7785.67	7.86
河北	631.85	4711.59	9.05
北京	512.59	3822.29	5.76

省份	电力调入量/亿 kW	电力转移 CO_2 量/万 t	火力发电单位 CO_2 排放量/(t/万 kW)
上海	370.68	2764.10	7.58
江苏	329.68	2458.37	7.93
辽宁	292.91	2184.18	9.94
浙江	220.73	1645.94	8.28
湖南	205.43	1531.86	9.03
天津	156.68	1168.34	9.53
重庆	103.02	768.20	9.48
江西	84.79	632.26	9.71
河南	13.39	99.85	9.54
甘肃	2.26	16.85	9.44
陕西	1.54	11.48	9.40
海南	0	0	6.76
山东	0	0	9.18
新疆	0	0	10.63
宁夏	-9.29	-90.97	10.34
青海	-42.27	-104.30	9.18
广西	-48.71	-186.36	8.82
福建	-35.79	-216.34	8.02
吉林	-35.46	-390.73	13.02
四川	-117.68	-425.87	11.14
黑龙江	-51.4	-526.95	10.81
云南	-256.49	-1451.02	12.09
湖北	-614.73	-1937.39	9.45
安徽	-376.27	-3277.79	8.85
贵州	-629.73	-4455.71	9.97
山西	-606.26	-5304.40	8.87
内蒙古	-962.02	-10704.72	12.03

注：该表不含港、澳、台及西藏的数据。

从表 5-2 中可以看出，我国因电力调出转移 CO_2 量最大的五个省份分别是：内蒙古、山西、贵州、安徽和湖北，其中内蒙古调出电力所产生的 CO_2 量超过 1 亿 t，远超过排名第二的山西。这五个省份电力调配引起的 CO_2 转移量占全国的 88.33%。电力调入量最大的五个省份依次是广东、河北、北京、上海和江苏。这五个省份电力调配所产生的 CO_2 转移量占全国的 72.77%，说明电力主要是由中西部五个省份向东部五个省份调配。

不同的火力发电企业在发电过程中的能源投入种类、能源转换效率各不相同，使得不同省份、不同区域电网的电力 CO_2 排放系数存在差异。火力发电的基本生产过程包括：燃料通过燃烧产生水蒸气，蒸汽压力带动汽轮机旋转，再带动发电机旋转，完成化学能—热能—机械能—电能的转化。按燃料分，火电厂可以分为：燃煤发电厂、燃气发电厂、余热发电厂、以垃圾及工业废料为燃料的多种发电厂。在各区域电网中，同时存在大量排放 CO_2 的火电企业和几乎没有 CO_2 排放的水电等清洁能源生产企业，不同的区域电网上网电量中的水电、火电比例各不相同，使得在不同的节点上输入同量电力所隐含的 CO_2 转移排放量也各不相同。例如，北京从山西(煤电为主)、湖北(水电比例较高)输入同量电力隐含的 CO_2 转移排放量就应有所不同。有必要基于网络碳排放流理论，发展新的基于区域电网结构的电力消费 CO_2 排放量计算方法来重新核算各省份 CO_2 排放量。

二、基于区域电网结构的电力终端消费 CO_2 排放量测算方法

电力系统具有独特的技术经济特征，发电、供电、用电瞬间同时完成，这导致很难区分输送到区域电网上用于省际交易的电力来源。本章基于碳排放流在电力网络中分布的特性和机理，视某一区域电网内的省际电力交易为一个整体，讨论其能源转换效率和排放系数，进而将电力省际交易中隐含的 CO_2 转移排放量按比例分摊到区域电网中的电力输入省份。而对电力输出省份则直接用电力消费量(等于电力生产量减去电力跨省交易量)中的火电消费量与该省份火电 CO_2 排放系数相乘直接得出电力消费 CO_2 排放量。

如果存在跨区域电网的电力交易，则需要先根据输出电网的火电碳排放系数和水电、火电比例核算由电力跨区域交易导致的隐含 CO_2 转移排放量，然后分摊到受端电网的各电力输入省份。以华北电网为例，华北电网作为受端电网，网内的电力消费市场北京、天津等省级电网，主要从华北电网内部的山西大规模输入电力，同时，蒙西电网和西北电网也是其购入电力的主要对象。因此本节在处理华北电网所辖各省份的真实火电消费 CO_2 排放量时，需要将华北电网内部电力省际交易和从蒙西电网、西北电网输入华北电网电力所隐含的 CO_2 排放量按比例分摊到电力输入省份。在这一计算过程中，各电网不同的火电碳排放系数和水电、火电比例被作为重要的参数。

类似于煤炭、成品油运输中的损失量，电力在传输过程中存在输配电损失的问题。网络碳排放流理论不仅能够用于确定隐含在电网结构中的 CO_2 排放流，而且能确定电力传输过程中由于输配电损失带来的 CO_2 排放。本节使用《中国能源统计年鉴 2011》中的全国电力平衡表和分省能源平衡表。其中，各省的电力消费量由终端消费量和输配电损失量两个部分组成，全国的电力生产量(可供量)与终端消费量和输配电损失量之和相等[①]。使用这一电力消费量分摊各省份 CO_2 排放量实际上已经将输配电损失带来的 CO_2 排放分摊到对应的省份。

测算各省份电力消费 CO_2 排放量的具体计算方法如下。

---

① 由于数据统计口径的问题，2010 年全国的电力可供量与电力消费量之间存在 2 亿 kW·h 的平衡差额。

1. 电力输出省份电力消费 CO_2 排放量

$$E_{co_2} = SCE_j \times P_j \times \frac{C_j}{T_j} \tag{5.7}$$

式 (5.7) 中，E_{co_2} 为省份 j 电力消费 CO_2 的排放量；SCE_j 为省份 j 的电力消费量 (终端消费量+输配电损失量)；P_j 为火电消费量在省份 j 的电力消费量中所占的比例，这一变量没有直接的统计数据，本节采用该省份火电生产量 T_j 与电力生产总量 E_j 之比作为火电在电力消费中占比的替代变量，即 $P_j = T_j / E_j$；C_j / T_j 为火电 CO_2 排放系数；C_j 为省份 j 火电生产一次能源投入 CO_2 排放总量。由于电力输出省份的电力消费量低于电力生产量，因此其考虑区域电网结构和省际电力交易后的电力消费 CO_2 排放量是火电生产一次能源投入 CO_2 排放总量的一部分。

2. 电力输入省份电力消费 CO_2 排放量

假设电力输入省份采取从区域电网中通过网调途径购入电力的方式[①]解决自身电力生产不足的问题，省份 j 从区域电网输入的火电消费量可表示为

$$\omega_j = MIE_j \times \frac{\sum_{j=1}^{n} P_j \times SOE_j}{\sum_{j=1}^{n} SOE_j} \tag{5.8}$$

式中，ω_j 为省份 j 从区域电网输入的火电消费量；n 为区域电网中省份的数量；MIE_j 为省份 j 的电力输入量；SOE_j 为区域电网中省份 j 的电力输出量，如果该省份为电力输入省，则 SOE_j 的取值为 0；$\dfrac{\sum_{j=1}^{n} P_j \times SOE_j}{\sum_{j=1}^{n} SOE_j}$ 表示整个区域电网省际交易电力中火电所占的比例，其中 P_j 含义与上式一致，即该省份火电生产量 T_j 与电力生产总量 E_j 之比作为火电在电力消费中占比的替代变量，即 $P_j = \dfrac{T_j}{E_j}$。

区域电网的火电 CO_2 排放系数 β 可表示为

$$\beta = \frac{\sum_{j=1}^{n} \frac{TC_j}{TP_j} \times SOE_j \times P_j}{\sum_{j=1}^{n} SOE_j \times P_j} \tag{5.9}$$

省份 j 从区域电网输入电力中的隐含 CO_2 排放量 r_j 由从区域电网输入的火电消费量与

[①] 目前存在少量不通过区域电网的点对网电力跨省交易的试点，如重庆市与贵州省合作建设的贵州习水二郎电厂一期(120万千瓦)直接向重庆电网供电。

区域电网的火电 CO_2 排放系数的乘积计算得出：

$$r_j = \omega_j \times \beta \tag{5.10}$$

则，电力输入省电力消费 CO_2 排放量 E_{co_2} 为

$$E_{co_2} = (SCE_j - MIE_j) \times P_j \times \frac{TC_j}{TP_j} + r_j \tag{5.11}$$

$$E_{co_2} = (SCE_j - MIE_j) \times P_j \times \frac{TC_j}{TP_j} + MIE_j \times \frac{\sum_{j=1}^{n} SOE_j \times P_j \times \frac{TC_j}{TP_j}}{\sum_{j=1}^{n} SOE_j} \tag{5.12}$$

3. 存在跨区域电网电力交易时的电力消费 CO_2 排放量

类似于电力输出省份，可以使用电力消费量直接核算向外输出电力的区域电网的电力消费 CO_2 排放量。从其他区域电网输入电力的区域电网中的电力输出省份，同样可以使用其电力消费量直接核算电力消费 CO_2 排放量。唯一需要处理的是需要从其他区域电网输入电力的区域电网中的电力输入省份。设该区域电网从其他区域电网 k 输入电力，则省份 j 从区域电网输入电力中的隐含 CO_2 排放量可重写为

$$r_j = MIE_j \times \frac{\sum_{j=1}^{n} SOE_j \times P_j \times \frac{TC_j}{TP_j} + \sum_{k=1}^{n} ROE_k \times \frac{\sum_{m=1}^{n} SOE_{m,k} \times P_{m,k} \times \frac{TC_{m,k}}{TP_{m,k}}}{\sum_{m=1}^{n} SOE_{m,k}}}{\sum_{j=1}^{n} SOE_j + \sum_{k=1}^{n} ROE_k} \tag{5.13}$$

式中，ROE_k 表示省份 j 所在区域电网从其他区域电网 k 的电力输入量；下标 m、k 指区域电网 k 中的第 m 个省份。在此基础上，可以继续使用式(5.7)计算电力输入省份电力消费 CO_2 排放量。

第四节　2010 年基于能源终端消费的省级碳排放测算

一、各省份 CO_2 排放量与省际二次能源交易带来的 CO_2 排放转移规模

本节使用《中国能源统计年鉴 2011》各省份能源平衡表(实物量)中提供的 2010 年能源生产和消费数据计算中国 2010 年化石能源消耗 CO_2 排放情况(表 5-3)。在不考虑省际二次能源交易的情况下，仅使用各省份一次能源和二次能源消费量测算的 2010 年全国化石能源消耗 CO_2 排放总量为 935484 万 t。考虑省际二次能源交易后，加上二次能源生产过程的 CO_2 排放量，2010 年全国化石能源消耗 CO_2 排放总量为 955859.89 万 t。

表 5-3　2010 年中国各省份化石能源消耗 CO_2 排放情况[①]

省份	不考虑省际二次能源交易的 CO_2 排放量/万 t	考虑省际二次能源交易的 CO_2 排放量/万 t	省际二次能源交易带来的 CO_2 排放转移规模/万 t	CO_2 排放转移规模占比/%
北京	11592.44	17752.24	6159.80	53.14
天津	15074.89	16346.58	1271.69	8.44
河北	75757.11	85671.91	9914.80	13.09
山西	46487.12	40707.30	−5779.82	−12.43
内蒙古	56000.69	44431.66	−11569.03	−20.66
辽宁	51913.74	58069.34	6155.60	11.86
吉林	23088.72	22508.01	−580.71	−2.52
黑龙江	24968.90	25106.33	137.43	0.55
上海	21601.59	24993.37	3391.78	15.70
江苏	63978.46	68029.01	4050.55	6.33
浙江	38623.91	41207.19	2583.28	6.69
安徽	29967.83	26710.86	−3256.97	−10.87
福建	21160.90	21549.82	388.92	1.84
江西	15209.76	15827.62	617.86	4.06
山东	87817.04	91862.21	4045.17	4.61
河南	56178.32	58625.42	2447.10	4.36
湖北	36889.03	35812.57	−1076.46	2.92
湖南	28861.51	30422.95	1561.44	5.41
广东	50497.48	56641.09	6143.61	12.17
广西	18385.32	18619.83	234.51	1.28
海南	2726.33	2876.36	150.03	5.50
重庆	14412.99	15408.26	995.27	6.91
四川	31151.18	31441.37	290.19	0.93
贵州	21919.12	17982.90	−3936.22	−17.96
云南	21103.16	19687.72	−1415.44	−6.71
陕西	23257.48	20947.31	−2310.17	−9.93
甘肃	14263.07	13879.25	−383.82	−2.69
青海	3308.45	3577.39	268.94	8.13
宁夏	10404.35	9888.83	−515.52	−4.95
新疆	18883.02	19275.19	392.17	2.08

[①]《中国能源统计年鉴 2011》未提供西藏自治区的能源平衡表，故本节未计算西藏自治区的 CO_2 排放量，且数据不包括港、澳、台地区。

省际二次能源交易带来的 CO_2 排放转移对部分省份的化石能源消费 CO_2 排放量带来了重大影响。其中，CO_2 排放量增加较大的二次能源输入省为河北 9914.80 万 t（CO_2 排放量增加了 13.09%）、北京 6159.80 万 t（CO_2 排放量增加了 53.14%）、辽宁 6155.60 万 t（CO_2 排放量增加了 11.86%）和广东 6143.61 万 t（CO_2 排放量增加了 12.17%）。这些省份主要集中在环渤海地区（京津冀辽）、长江三角洲地区（沪苏浙）和泛珠三角区域（粤湘赣闽桂）。这说明东部地区消耗了许多调入的二次能源，这些地区也应该承担提高能源利用效率和节约能源的责任。在考虑二次能源省际调配后，东南沿海地区 10 个省份（京、津、冀、辽、鲁、沪、苏、浙、闽、粤）的 CO_2 排放量占全国排放总量的 50.64%，大于其他省份排放量占全国排放总量的比重。较按照 IPCC 传统计算方法计算的比重上升了 3.6 个百分点，这说明经济发达地区消耗了大量二次能源。CO_2 排放量减少较大的二次能源输出省份为内蒙古 11569.03 万 t（CO_2 排放量减少了 20.66%）、山西 5779.82 万 t（CO_2 排放量减少了 12.43%）、贵州 3936.22 万 t（CO_2 排放量减少了 17.96%）和安徽 3256.97 万 t（CO_2 排放量减少了 10.87%）。

再以排放强度的角度分析，CO_2 排放强度是指各省份 CO_2 排放量除以各省份的生产总值比值。我国 CO_2 排放强度总体呈现中西部地区高、东部地区低的特点。造成该现象的原因为：东部一些经济发达省份在经济发展过程中着力发展高附加值、低能耗、低排放的技术密集型产业，而将高能耗、高排放、资源型密集型的产业逐步向中西部省份转移。例如，原位于北京的首钢集团是一家大型的钢铁制造企业，但因其污染严重、能源消耗量大、CO_2 排放强度高，于 2005 年开始陆续搬迁。至 2011 年首钢集团全部搬迁出京，在位于河北的新厂址开工生产。搬迁的结果是降低了北京的 CO_2 排放强度，同时提高了河北的 CO_2 排放强度。

二、省际电力交易带来的 CO_2 排放转移

电力是现代社会最为重要的能源品种之一，本书使用的新方法相较传统的 CO_2 排放量核算方法，将火电生产产生的 CO_2 排放计为电力消费地的 CO_2 排放。中国的省际电力交易是省际二次能源交易带来 CO_2 排放转移的主要原因，2010 年全国电力终端消费 CO_2 排放量达 349038.3 万吨，占全国化石能源消费 CO_2 排放总量的 36.5%，占二次能源消费 CO_2 排放量的 75.5%。2010 年中国各省份电力交易和电力消费 CO_2 排放情况如表 5-4 所示。

表 5-4　2010 年中国各省份电力交易和电力消费 CO_2 排放情况[①]

省份	电力输入量/(亿 kW·h)	省际电力交易带来的 CO_2 排放转移规模/万 t	电力终端消费 CO_2 排放量/万 t	省份	电力输入量/(亿 kW·h)	省际电力交易带来的 CO_2 排放转移规模/万 t	电力终端消费 CO_2 排放量/万 t
北京	554.88	5654.98	7641.4	河南	150.12	854.53	24395.6
天津	108.92	1104.69	6284.2	湖北	-599.19	-1748.44	6492.7
河北	668.50	6774.83	28891.3	湖南	134.11	935.75	8867.0
山西	-690.51	-7017.97	14835.3	广东	856.78	5783.26	27102.0

---

① 该表不含港、澳、台及西藏地区数据。

省份	电力输入量 /(亿 kW·h)	省际电力交易带来的 CO_2 排放转移规模 /万 t	电力终端消费 CO_2 排放量 /万 t	省份	电力输入量 /(亿 kW·h)	省际电力交易带来的 CO_2 排放转移规模 /万 t	电力终端消费 CO_2 排放量 /万 t
内蒙古	-1064.46	-12010.60	17340.6	广西	-39.00	-148.50	5425.6
辽宁	375.01	4181.61	19198.4	海南	-2.05	-15.69	1206.3
吉林	-81.25	-774.99	5503.3	重庆	141.45	929.71	4356.5
黑龙江	-32.93	-365.27	8393.8	四川	-154.86	-376.22	5466.5
上海	351.98	2472.31	10920.5	贵州	-550.12	-4210.20	6393.8
江苏	365.08	2495.33	31032.9	云南	-321.695	-1787.44	5502.6
浙江	253.42	1841.74	20063.4	陕西	-95.32	-1191.27	7614.5
安徽	-385.40	-3918.00	10939.4	甘肃	-70.08	-312.49	5171.3
福建	-41.24	-232.41	7498.4	青海	-6.7417	244.75	1266.9
江西	62.92	424.78	6095.6	宁夏	0	0	5563.0
山东	207.61	2103.96	34090.8	新疆	-3.1	-25.69	5484.7

从表 5-4 中可以发现，2010 年国内电力输出量靠前的几个省份依次为内蒙古、山西、湖北和贵州，电力输入量靠前的几个省份依次为广东、河北、北京和辽宁，这些省份由省际电力交易带来的 CO_2 排放转移规模也较大。

2010 年，中国经济发展相对落后的西部地区 11 个省份(四川、重庆、贵州、云南、陕西、甘肃、青海、宁夏、新疆、广西、内蒙古)累计电力输出量高达约 2150 亿 kW·h，考虑电力省际交易带来的 CO_2 排放转移，西部省份电力消费 CO_2 排放量减少了 22742.27 万吨。值得注意的是，西部地区内部的能源资源分布并不均衡，既存在内蒙古、贵州这类电力大规模输出省份，也有部分电力输入地区，例如 2010 年电力输入 141.45 亿 kW·h 的重庆市。

东部地区(北京、天津、河北、辽宁、上海、江苏、浙江、福建、山东、广东、海南)作为中国经济最发达的区域，同时也是电力大规模输入地区。2010 年东部地区累计电力输入约 3321 亿 kW·h，考虑电力省际交易带来的 CO_2 排放转移，东部省份电力消费 CO_2 排放量将增加 26281.18 万 t。

火电生产的效率是影响全国 CO_2 排放总量和地区分布的重要因素，目前国内火电生产效率和 CO_2 排放效率靠前的省份依次为北京、海南、江苏和广东，均集中在东部沿海发达地区，而效率靠后的省份为云南、内蒙古、吉林和辽宁，均为煤炭和火电生产大省份。大规模地从火电生产效率和 CO_2 排放效率低的地区向效率高的地区输送电力一方面带来了大量 CO_2 排放转移，使电力生产污染物排放留在了中西部经济欠发达地区，不利于地区经济的协调发展；另一方面，是从国家层面协调地区间的利益分配机制，促使东部沿海发达省份向中西部能源输出省份转移资金和技术，提高火电生产的效率，从全局上减少 CO_2 排放成为可能。

2020 年中国碳排放强度比 2015 年下降 18.8%，超额完成"十三五"约束性目标，比 2005 年下降 48.4%，超额完成了中国向国际社会承诺的到 2020 年下降 40%~45% 的目标，累计少排放 CO_2 约 58 亿 t，基本扭转了 CO_2 排放快速增长的局面。

第三部分
收入分配与空气污染相互关系的实证研究

第六章　不同维度下的收入差距与空气污染研究

本章是本书实证研究部分的重点内容,是基于收入分配的不同维度开展的收入差距与空气污染相互关系的实证研究。其中,第一节是基于泰尔指数衡量的区域收入差距大小与空气污染关系的实证研究;第二节结合环境库兹涅茨曲线假说理论,在区域收入差距的问题上首先就区位分布开展了更深入的研究,并从城市的角度,分析了区域经济集中度对该区域内的大城市与小城市的雾霾污染影响是否存在差异;第三节从城乡收入差距的角度,研究了收入分配差距对空气污染的影响;第四节扩大样本年限进一步验证了城乡收入差距与空气污染的关系,同时还探讨了模型的内生性问题;第五节基于加权的城乡收入差距对收入差距与工业废气排放的关系进行了实证研究,并对其影响机制的中介效应进行了检验。

第一节　基于泰尔指数的区域收入差距与空气污染

第四章的混合策略博弈分析表明,当区域收入差距较大时,居民不愿意接受环保政策,导致施行区域环保政策成本增加,难以实现有意义的污染控制和环境保护。为了更好地验证上述博弈分析的结果,本节选取 2014~2016 年中国 113 个地级及以上城市的相关数据,实证验证区域收入差距与环境质量之间的关系。

首先,本节建立了如下基准回归模型:

$$\text{Eq}_{it} - \alpha_0 + \alpha_1 \ln(q_{it}) + \alpha_2 \text{CityChracteristic}_{it} + \text{固定效应} + \varepsilon_{it} \tag{6.1}$$

式中, α_0 为截距项, Eq_{it} 指的是第 i 个城市第 t 年的环境质量指标(本节中使用的指标包括 $PM_{2.5}$、SO_2、NO_2 和 CO); $\ln(q_{it})$ 为第 i 个城市在第 t 年的收入差距指数(采用泰尔指数等指标来衡量区域收入差距); α_1 是本节的核心参数,其衡量了区域收入差距对环境质量的影响,因此,如果 α_1 在控制了一组城市特征变量后仍然显著为正,那么区域收入不均等的扩大会导致环境质量的恶化,反之亦然; $\text{CityChracteristic}_{it}$ 用于表征不同城市的差异性; ε_{it} 是误差项。此外,还控制了城市和时间的固定效应,进一步减轻了变量缺失的误差。同时,综合考虑区域环境质量的恶化,可能通过减缓城市经济增长速度和增加对环境污染控制的投资,导致更广泛的区域收入不均等这一内生性问题,选取了"人均卫生支出"作为内生变量(泰尔指数、区域收入不均等指数)的工具变量。图 6-1 展示了人均卫生支出(Hea[①])与区域收入不均等指数的相关关系。

---

① Hea 为自定义变量。

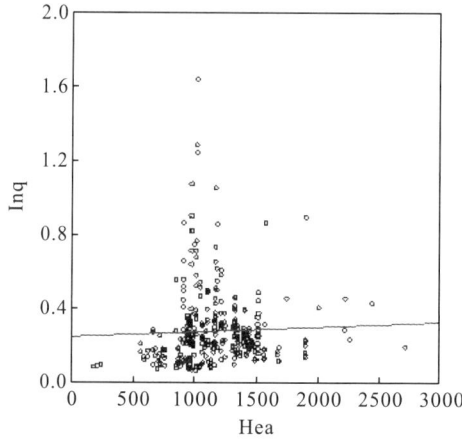

图 6-1　人均卫生支出与区域收入不均等指数的相关关系

因此，为定量研究区域收入差距对区域环境质量的影响，下面采用两阶段最小二乘法（two stage least squares，2SLS）回归模型进行分析：

$$\text{Inq}_{it} = \beta_1 \text{Hea}_{it} + \beta_2 \text{CityChracteristic}_{it} + 固定效应 + u_{it}$$
$$\text{Eq}_{it} = \gamma_0 + \gamma_1 \text{Inq}_{it} + \gamma_2 \text{CityChracteristic}_{it} + 固定效应 + \tau_{it} \tag{6.2}$$

其中，α_0 为截距项；β_1 和 γ_1 是本节的核心参数，分别衡量了区域人均卫生支出不同和收入差距对环境质量的影响，因此，如果其在控制了一组城市特征变量后仍然显著为正，那么区域收入不均等的扩大会导致环境质量的恶化，反之亦然；β_2 和 γ_2 为表示城市差异性的变量 City Chracteristicit 的参数，u_{it} 和 τ_{it} 为误差项。

如表 6-1 所示，第一行为被解释变量，包括 $PM_{2.5}$、SO_2、NO_2、CO 及其回归后的 P 值，第一列为解释变量，包括截距 C、收入不均水平 The、第二产业占比 Ind、城市绿色覆盖率 Gre 及区域的环境投资 Ei。控制一系列城市特征变量后，通过具有固定效应的实证检验得到基准回归结果，选取"人均卫生支出"作为区域差距的工具变量，得到 2SLS 回归结果。

表 6-1　回归结果（泰尔指数）

解释变量	$PM_{2.5}$	P	SO_2	P	NO_2	P	CO	P
C	48.257	0.000	17.758	0.002	36.427	0.000	1.751	0.000
The	−10.515	0.397	42.249	0.000	25.146	0.000	−1.157	0.042
Ind	0.117	0.205	0.096	0.251	−0.096	0.059	−0.006	0.141
Gre	0.042	0.694	−0.032	0.739	0.095	0.115	0.003	0.438
Ei	1.967	0.164	8.746	0.000	0.563	0.471	0.453	0.000

表 6-1 结果表明，泰尔指数与 $PM_{2.5}$、SO_2 和 CO 的浓度呈显著负相关关系，而第二产业占比、该市的绿色覆盖率以及区域的环境治理投资总额并未显示出显著相关性。该实证检验结果表明，收入差距越大的地区，部分地区的收入差距越大，收入集中度越高。区域收入集中度越高，污染物排放越少，环境质量越好。区域收入分配越集中，集中度越高，越有利于改善环境质量。当区域收入分配存在差距时，收入集中在部分城市，说明城镇化

水平较高，泰尔指数与城镇化水平呈正相关。随着城市化进程的推进，农村劳动力进入城市将进一步缩小城乡收入差距。因此，城镇化水平与城乡收入差距呈负相关。研究还发现，泰尔指数与城乡收入差距呈负相关关系。因此，泰尔指数越大，越有利于缩小城乡收入差距，收入差距越小，越有利于控制环境污染，提高环境质量。表 6-2 展示了对区域不均等与环境污染关系的回归结果。

表 6-2　回归结果（区域差距指数）

解释变量	PM$_{2.5}$	P	SO$_2$	P	NO$_2$	P	CO	P
C	54.109	0.000	40.005	0.000	22.796	0.000	2.397	0.000
The	−46.205	0.08	−177.948	0.000	108.289	0.000	−5.1	0.000
Ind	0.059	0.557	−0.124	0.247	0.038	0.555	−0.012	0.009
Gre	−0.006	0.957	−0.219	0.075	0.209	0.005	−0.001	0.779
Ei	2.48	0.091	10.698	0.000	−0.632	0.511	0.51	0.000

表 6-2 结果表明，区域差距指数与 PM$_{2.5}$、SO$_2$、NO$_2$、CO 浓度呈显著正相关关系。区域差距指数直接反映了区域收入分配的程度。区域内差距指数越大，区域收入分配越不平衡。区域内差距指数与环境指标之间存在正相关关系，表明区域收入差距越大，污染物排放量越大，环境质量越差。区域差距增大意味着地方政府在环境治理方面的成本更高。在收入差距较大的地区，高收入居民更愿意支持环保政策，而低收入居民则不愿意，这是因为环境为不同收入的居民提供了不同的边际效用。由于低收入居民的边际效用较低，他们不太可能接受环保政策，这直接导致环保政策成本增加，使得地方政府难以实现有意义的污染控制和环保。反之，在收入差距较小的地区，居民对环保政策的接受意愿较强；因此，环保政策可以以较低的成本实现。

基于上述的结果，我们可以推测城市移民对减少污染产生积极的影响。如果农民从农村搬到城市，这将增加收入的流动性，减小收入差距的情况，促进社会更加平等，并使社区更有可能接受环保政策。另一种可能的解释是，由于技术进步，现代城市生活方式更加可持续。

第二节　区域经济集中度与空气污染关系的深入讨论

本节通过构建回归模型分析区域经济集中程度对雾霾污染的影响并对环境库兹涅茨曲线（EKC）进行检验，分析经济发展与雾霾污染之间的关系。本节的分析思路是，首先从省级区域整体的角度，探究区域整体雾霾污染程度与区域发展不平衡的关系并对 EKC 进行检验，并在此基础上将中国各省份划分为东、西、中、东北四个区域，分区域探究雾霾污染与经济集中的关系。然后从城市的角度，分析区域经济集中对该区域内的大城市与小城市的雾霾污染影响是否存在差异，同时分析城市发展是否存在 EKC 效应。

一、变量选取与说明

1. 样本期限和地区

本节以全国各省级行政区及其下属城市作为研究对象，考虑数据的可得性、完整性及一致性，选取 2007～2016 年的共计十年的数据进行实证研究。样本地区范围为 27 个省级行政区。省级行政区样本中，省级行政区来自西部的有 9 个、东部 8 个、中部 6 个以及东北 4 个，包括 21 个省、3 个自治区与 3 个直辖市。

2. 被解释变量

雾霾污染是本章的被解释变量。在选取雾霾污染程度指标方面，本节采用的是雾霾污染的元凶——$PM_{2.5}$ 的年均浓度来表示一座城市雾霾污染程度。国内对于空气污染研究的指标大多选用 SO_2、CO_2、CO、TSP（总悬浮颗粒，total suspended particulate）、API（空气污染指数，air pollution index）以及 PM_{10} 等常规雾霾污染物的指标，相关统计资料较为完善和齐全，获取难度较低。对于本节选取的 $PM_{2.5}$ 浓度的相关研究和数据收集在我国起步较晚，近几年才初有规模，数据资料较少且不齐全，多有缺失，$PM_{2.5}$ 浓度数据的获取是本研究的一大难题。哥伦比亚大学国际地球科学信息网络中心（Center for International Earth Science Information Network，CIESIN）对全球 $PM_{2.5}$ 浓度进行了长期的卫星监测，并将监测得到的栅格数据转化为全球 $PM_{2.5}$ 浓度年均数值地图。本节利用 CIESIN 公布的卫星监测 $PM_{2.5}$ 年均浓度栅格数据，在 ArcGIS（地理信息系统软件）上进行数据解析并获得 $PM_{2.5}$ 浓度数据。利用该地图获取雾霾数据的做法在经济学研究中得到了广泛认可和使用。由于卫星监测受气象因素的影响及地面监测是点监测，地面监测值与利用 ArcGIS 提取的数据值会有所偏差。但由于卫星监测是对于某一区域的面监测，监测结果更能反映区域 $PM_{2.5}$ 浓度整体情况与变化趋势。

3. 解释变量

（1）人均生产总值（Income）。在前面的文献综述中提到，环境质量与经济发展水平是存在一定的关系的。本节选用人均生产总值作为描述区域经济发展水平的指标。

（2）泰尔指数（I）。区域经济发展差距是影响环境质量的重要变量，这一点在多项研究中得到证实。本节研究的区域发展差距可以理解为城市与城市之间的经济发展水平的差异。对区域内经济差距的测度主要有基尼系数法、洛伦兹曲线法、熵值指数法、泰尔指数法等，其中泰尔指数法用来衡量个人之间或者地区间收入差距的指标并广泛运用于区域经济发展研究中分析区域发展不均衡问题，泰尔指数可在一定程度上反映区域经济集中程度，其值越高，区域经济中心化越强。泰尔指数具有可分解的性质，当将样本分为多个组时，泰尔指数可以分别度量组间差距与组内差距对总差距的贡献。其具体计算步骤如下。

假设 n 个城市被分成了 L 个组，其中第 K 组命名为 g_K，第 K 组 g_K 包含城市数为 n_K，X_K 与 X_{K_i} 分别表示第 K 组总的生产总值与该组中第 i 个城市的生产总值。Y_K 与 Y_{K_i} 分别表示第 K 组总的经济份额与该组中第 i 个城市所占该组的经济份额，即有

$$Y_K = \frac{X_K}{\sum_{K=1}^{L} X_K}$$

$$Y_{K_i} = \frac{X_{K_i}}{X_K}$$

$$(6.3)$$

分别记组间差距与组内差距为 T_b 与 T_w，由此泰尔指数可以被分解为

$$I = T_b + T_w = \sum_{K=1}^{L} Y_K \ln\left(\frac{Y_K}{n_K / n}\right) + \sum_{i=1}^{n_K} Y_{K_i} \ln\left(\frac{Y_{K_i}}{1 / n_K}\right) \tag{6.4}$$

其中：

$$T_b = \sum_{K=1}^{L} Y_K \ln\left(\frac{Y_K}{n_K / n}\right) \tag{6.5}$$

$$T_w = \sum_{i=1}^{n_K} Y_{K_i} \ln\left(\frac{Y_{K_i}}{1 / n_K}\right) \tag{6.6}$$

本节为描述中国各省级行政区内城市之间的发展差距，选取式(6.5)中 T_b 作为测量工具并利用地区生产总值和常住人口总数计算泰尔指数。

二、数据来源和描述性统计表

本节样本数据时间跨度为 1998～2016 年，除 $PM_{2.5}$ 浓度来自 CIESIN 数据库，其他数据均来自公开数据库，包括《中国统计年鉴》、EPS 数据库及各地统计年鉴等。样本地区为 27 个省级行政区中的 316 个市(地区、州、盟)。其中省级行政区样本中，省级行政区来自西部的有 10 个、东部 8 个、中部 6 个以及东北 3 个(包括 21 个省、3 个自治区与 3 个直辖市，未包含海南、西藏、青海、上海、香港、澳门及台湾)。表 6-3 报告了本章中各变量的描述性统计。

表 6-3　变量描述性统计

变量	度量指标	单位	来源	平均	中位数	标准差	观测数
$PM_{2.5}$(省)	省年均 $PM_{2.5}$ 浓度	$\mu g/m^3$	CIESIN	33.11703	30.85071	16.34577	270
$PM_{2.5}$(市)	市年均 $PM_{2.5}$ 浓度	$\mu g/m^3$	CIESIN	34.43356	32.14296	17.54307	3160
Income(省)	省人均生产总值	元	国家统计局	39814.7	35138.5	21557.34	270
Income(市)	市人均生产总值	元	EPS 数据库	37978.98	29855	27835.7	3160
I	泰尔指数	—	各地统计年鉴	0.138209	0.120997	0.074267	270

三、模型设定

首先构建区域整体污染与人均生产总值和泰尔指数的关系分析模型。EKC 表明经济发展对环境质量的影响是呈阶段性的。为了能让这种阶段性的影响关系在模型中得到检验，本节将人均生产总值对数一次项与对数二次项同时作为变量引入模型当中。基于现有文献，分析一个区域内收入差距对区域整体 $PM_{2.5}$ 浓度的影响，本节建立如下基础计量模型：

$$\ln\left(\mathrm{PM}_{2.5jt}\right) = \beta_0 + \beta_1 \ln\left(\mathrm{Income}_{jt}\right) + \beta_2 \ln\left(\mathrm{Income}_{jt}\right)^2 + \beta_3 \ln\left(I_{jt}\right) + \varepsilon_{jt} \tag{6.7}$$

式中，j 表示省份；t 表示年份；$\mathrm{PM}_{2.5jt}$ 为区域内 j 省第 t 年的雾霾污染程度；Income_{jt} 为 j 省第 t 年的人均生产总值，I_{jt} 是 j 省第 t 年的泰尔指数；ε_{jt} 为随机误差项。

在回归结果中，如果 β_2 未通过显著性检验即 EKC 效应不存在，本节将在基础计量模型的基础上建立修改模型进一步探究 $\mathrm{PM}_{2.5}$ 浓度与人均生产总值和泰尔指数的关系。修改模型形式如下：

$$\ln\left(\mathrm{PM}_{2.5jt}\right) = \beta_0 + \beta_1 \ln\left(\mathrm{Income}_{jt}\right) + \beta_2 \ln\left(I_{jt}\right) + \varepsilon_{jt} \tag{6.8}$$

考虑到中国国土广袤，区域与区域之间在政治、经济、社会和自然等方面存在一定的差异，区域内的收入差距对于雾霾污染的影响可能存在区域性的差异。故本节将各省份划分为四个大区，即东部、东北部、西部与中部，进一步探讨 $\mathrm{PM}_{2.5}$ 浓度与泰尔指数的关系是否存在区域异质性。

表 6-4　大区划分

大区	省(区、市)	大区	省(区、市)	大区	省(区、市)
东部	北京市	东北部	吉林省	西部	新疆维吾尔自治区
东部	福建省	东北部	辽宁省	西部	云南省
东部	广东省	西部	甘肃省	西部	重庆市
东部	河北省	西部	广西壮族自治区	中部	安徽省
东部	江苏省	西部	贵州省	中部	河南省
东部	山东省	西部	内蒙古自治区	中部	湖北省
东部	天津市	西部	宁夏回族自治区	中部	湖南省
东部	浙江省	西部	陕西省	中部	江西省
东北部	黑龙江省	西部	四川省	中部	山西省

注：不含西藏、青海、海南、上海、香港、澳门及台湾等地区。

前面探究的是区域收入差距对区域整体雾霾污染状况的影响，但区域发展不平衡对大小城市的影响是可能存在差异的。因此本章将所有城市划分为大城市和小城市两组来分析区域收入差距对区域各城市雾霾污染的影响。将所有城市按照是否属于直辖市、省会、副省级城市和计划单列市划分为大城市与小城市两组。大城市所包含的城市见表 6-5。

表 6-5　大城市列表

序号	区域	城市	序号	区域	城市	序号	区域	城市
1	东北部	哈尔滨市	12	东部	济南市	23	西部	西安市
2	东北部	长春市	13	东部	青岛市	24	西部	成都市
3	东北部	大连市	14	东部	天津市	25	西部	昆明市
4	东北部	沈阳市	15	东部	杭州市	26	西部	乌鲁木齐市
5	东部	北京市	16	东部	宁波市	27	中部	合肥市
6	东部	福州市	17	西部	重庆市	28	中部	郑州市
7	东部	厦门市	18	西部	兰州市	29	中部	武汉市

续表

序号	区域	城市	序号	区域	城市	序号	区域	城市
8	东部	广州市	19	西部	南宁市	30	中部	长沙市
9	东部	深圳市	20	西部	贵阳市	31	中部	南昌市
10	东部	石家庄市	21	西部	呼和浩特市	32	中部	太原市
11	东部	南京市	22	西部	银川市	—	—	—

注：不含西藏、青海、海南、上海、香港、澳门及台湾等地区。

为分析一个区域内整体收入差距的程度对区域内大小城市雾霾污染的影响是否存在异质性，在原有基础模型上，本节建立如下基础计量模型：

$$\ln\left(\mathrm{PM}_{2.5jit}\right) = \beta_0 + \beta_1 \ln\left(\mathrm{Income}_{jit}\right) + \beta_2 \ln\left(\mathrm{Income}_{jit}\right)^2 + \beta_3 \ln\left(I_{jit}\right) + \varepsilon_{jit} \quad (6.9)$$

式中，j 表示省份，i 表示城市，t 表示年份，$\mathrm{PM}_{2.5jit}$ 为 j 省 i 市 t 年的雾霾污染程度；Income_{jit} 为 j 省 i 市 t 年的人均生产总值；I_{jit} 是描述城市 i 所处的省份 jt 年的泰尔指数；ε_{jit} 为随机误差项。本节利用该模型分析人均生产总值和泰尔指数与区域内城市 $\mathrm{PM}_{2.5}$ 浓度的具体关系。同样地，如果 EKC 的特征无法在回归结果中体现，本节将进一步利用修改模型进行分析，修改模型形式如下。

$$\ln\left(\mathrm{PM}_{2.5jit}\right) = \beta_0 + \beta_1 \ln\left(\mathrm{Income}_{jit}\right) + \beta_2 \ln\left(I_{jit}\right) + \varepsilon_{jit} \quad (6.10)$$

四、区域收入差距对雾霾污染的影响：区域整体分析

本节选用的是 2007~2016 年总计十年的面板数据进行回归分析。模型并未包含解释变量滞后项，为静态面板数据模型。静态模型通常包含三类，即混合模型、固定效应模型以及随机效应模型。我们需要借助 F 检验和(Hausman，豪斯曼)检验来选择使用何种效应模型。其中基础模型的检验结果如表 6-6 所示。

表 6-6 检验结果

检验方法	统计量	P
F 检验	283.0048	0.000
H 检验	5.7103	0.1266

检验结果显示，F 检验 P 值小于 0.01 原假设被推翻，而 H 检验 P 值大于 0.1，接受原假设，基于上述检验结果及判断，对于基础模型，我们选用个体随机效应模型进行回归分析，研究区域收入差距对区域整体雾霾污染的影响。其他模型采用同样的方法判断。

表 6-7 报告了对于区域经济集中与区域整体雾霾污染关系的分析结果。回归结果表明：

(1)对于区域整体雾霾污染而言，从全国来看，人均 GDP 与 $\mathrm{PM}_{2.5}$ 浓度之间不存在 EKC 效应而是存在负相关关系。区域异质性分析结果也进一步支持了该观点。

(2)泰尔指数与区域整体 $\mathrm{PM}_{2.5}$ 浓度的关系存在区域异质性，在东部省份与中部省份关系不显著，而在西部省份与东北部省份为显著负相关。具体结果如下。

表 6-7 区域整体回归结果

模型	未划分区域		划分区域							
	1.基础模型	2.修改模型	3.东部基础	4.东部修改	5.中部基础	6.中部修改	7.西部基础	8.西部修改	9.东北部基础	10.东北部修改
$\ln(\text{Income}_{jit})$	0.40	-0.10***	-1.65	-0.11***	-0.44	-0.12**	-0.35	-0.17***	1.90	-0.21***
$\ln(\text{Income}_{jit})^2$	0.01		0.07		0.02		0.009		0.09	
$\ln(I_{jit})$	-0.06	-0.001	0.002	-0.01	-0.09	-0.07	-0.18**	-0.18**	-0.18*	-0.20***
常数项	6.01***	4.41***	13.37**	5.07***	6.40	4.78**	5.18	4.42***	12.91	0.71

注：*、**、***分别表示在 10%、5%、1%的显著性水平下显著。

①全样本分析：列 1 结果显示人均生产总值的对数一次项和对数二次项与 PM$_{2.5}$浓度并未呈现显著的相关关系，即 PM$_{2.5}$浓度的 EKC 效应不存在。列 2 结果表明，在修改模型的框架下，收入水平与雾霾污染呈现出显著的负相关关系，具体表现为人均生产总值每上升 1%，全省平均 PM$_{2.5}$浓度下降 0.1%，说明经济发展将会有助于雾霾污染的降低，而泰尔系数的回归系数为-0.001，与 PM$_{2.5}$负相关，但未通过显著性检验。分析表明：从全国范围来看，EKC 假说不适用于省域雾霾污染，雾霾污染与收入水平之间存在负相关关系；泰尔指数与省域 PM$_{2.5}$浓度之间不存在显著关系。

②区域异质性分析：列 3、列 5、列 7 和列 9 的回归结果表明，在各个地区省域雾霾污染与收入水平之间不存在 EKC 效应，人均生产总值的对数二次项和一次项对应的回归系数未通过显著性检验。进一步利用修改模型分析，列 4、列 6、列 8 和列 10 的结果显示，PM$_{2.5}$浓度与人均生产总值负相关，并通过显著性检验，其中，西部和东北部地区最为明显，具体表现为人均生产总值每上升 1%，PM$_{2.5}$浓度就分别降低 0.17%和 0.21%，泰尔指数与 PM$_{2.5}$浓度的关系只在西部省份和东北部省份是显著负相关，而中部省份与东部省份的回归系数未通过显著性检验。因此，区域异质性分析结果表明：EKC 效应在各地区是不存在的，人均生产总值与 PM$_{2.5}$浓度负相关；泰尔指数与 PM$_{2.5}$浓度的关系存在区域异质性，在西部与东北部地区经济集中有助于降低雾霾污染，而在东部与中部地区这种关系并不显著。

五、区域经济发展不平衡对雾霾污染的影响：基于城市的估计

同样，在回归之前，利用 F 检验和 H 检验判断效应模型的选择。其中大城市基础模型的检验结果如表 6-8 所示。

表 6-8 检验结果

检验方法	统计量	P
F 检验	132.2746	0.0000
H 检验	3.8297	0.2805

检验结果显示，F 检验 P 值小于 0.01 原假设被推翻，但 H 检验 P 值大于 0.01，故即使在 10% 的显著性水平下仍然无法拒绝原假设，基于上述检验结果及判断，我们选用个体随机效应模型进行回归分析区域发展不平衡对区域内城市雾霾污染的影响。其他结果也采用同样的方法进行判断。

对于雾霾污染与收入差距的关系在大城市与小城市的异质性分析，我们首先分别对大城市与小城市进行全样本分析与区域异质性分析，然后再对比回归结果进行城市异质性分析。

表 6-9 与表 6-10 分别是小城市与大城市的全样本分析和区域异质性分析结果。回归结果表明：①在大城市与小城市，$PM_{2.5}$ 浓度的 EKC 效应都不存在，大多数表现为人均生产总值与 $PM_{2.5}$ 浓度负相关；②$PM_{2.5}$ 浓度与泰尔指数的关系存在区域异质性，在东部地区泰尔指数与大城市和小城市 $PM_{2.5}$ 浓度无显著关系，在中部地区泰尔指数与大城市 $PM_{2.5}$ 浓度无显著关系，而在其他情况为显著负相关。具体分析如下。

表 6-9　小城市回归结果

	全国		东部		中部		西部		东北部	
	1. 基础模型	2. 修改模型	3. 基础模型	4. 修改模型	5. 基础模型	6. 修改模型	7. 基础模型	8. 修改模型	9. 基础模型	10 修改模型
$\ln\left(\text{Income}_{jit}\right)$	-0.12	-0.12***	-0.46***	-0.13***	-0.90***	-0.16***	-0.29***	-0.12***	0.62	0.02
$\ln\left(\text{Income}_{jit}\right)^2$	-0.005		-0.02		-0.008***		0.01		-0.03***	
$\ln\left(I_{jit}\right)$	-0.09***	-0.09***	0.0008	0.003	-0.10***	-0.08***	-0.16***	-0.15***	-0.27***	-0.34***
常数项	4.36	4.37***	6.78***	5.04***	8.87***	5.13***	4.57	3.74***	-0.73	2.34***

注：*、**、***分别表示在 10%、5%、1% 的显著性水平下显著。

表 6-10　大城市回归结果

	全国		东部		中部		西部		东北部	
	1. 基础模型	2. 修改模型	3. 基础模型	4. 修改模型	5. 基础模型	6. 修改模型	7. 基础模型	8. 修改模型	9. 基础模型	10. 修改模型
$\ln\left(\text{Income}_{jit}\right)$	-0.14	-0.11***	1.44	-0.14***	0.31	-0.15***	-0.74	-0.18***	-6.07*	-0.03***
$\ln\left(\text{Income}_{jit}\right)^2$	-0.01		-0.07		-0.02		-0.03		-0.28*	
$\ln\left(I_{jit}\right)$	0.01	0.009	0.02	0.01	0.07	0.07	-0.15	-0.17*	0.12	-0.13***
常数项	3.44	4.81***	-3.47	5.29***	3.14	5.67***	7.80	4.81***	-29.82	3.11***

注：*、***分别表示在 10% 和 1% 的显著性水平下显著。

1. 大城市分析

由表 6-10 列 1 的结果显示人均生产总值的对数一次项与二次项回归系数未通过显著性检验，即对于大城市 EKC 假设不成立。进一步利用修改模型进行回归得到列 2 的结果：人均生产总值的上升有助于大城市 $PM_{2.5}$ 的降低，泰尔指数的回归系数为正但未通过显著性检验。

大城市区域异质性分析结果表明，对于东部、西部、中部和东北部等省份的大城市，$PM_{2.5}$ 浓度的 EKC 效应并不存在。从修改模型来看，各个地区人均生产总值的对数一次项回归系数为负且通过显著性检验，在东部与中部省份，泰尔指数的系数未通过显著性检验，而在西部与东北部省份，该变量系数为负且分别通过 10% 和 1% 的显著性检验。上述结果表明：①EKC 效应在大城市不存在，经济发展有助于 $PM_{2.5}$ 浓度的降低；②区域内经济集中对大城市雾霾污染影响存在区域性的差异，在东部与中部的省份，区域收入差距与大城市雾霾污染不存在显著关系。而在经济较不发达的西部与东北部省份，泰尔指数越高，区域经济中心化程度越高，大城市 $PM_{2.5}$ 浓度越低。

2. 小城市分析

由表 6-9 列 1 的小城市全样本分析结果表明：①人均生产总值的对数一次项与二次项对 $PM_{2.5}$ 浓度的回归系数未通过显著性检验，即 EKC 效应不存在；②区域整体经济集中对小城市的雾霾污染存在显著影响，具体表现为泰尔指数每上升 1%，小城市 $PM_{2.5}$ 浓度将降低 0.09%。

列 2 的修改模型全样本分析表明，人均生产总值和泰尔指数与小城市 $PM_{2.5}$ 浓度显著负相关。

小城市区域异质性分析结果显示：①对于东部、西部、中部和东北部等省份的小城市，$PM_{2.5}$ 浓度的 EKC 效应并不存在；②从修改模型来看，除东北部地区外，在各地区的小城市，人均生产总值与 $PM_{2.5}$ 浓度显著负相关；除东部地区外，泰尔指数与小城市 $PM_{2.5}$ 显著负相关。

上述回归结果表明：①$PM_{2.5}$ 浓度的 EKC 效应不存在于小城市，在东北部以外的区域，经济发展将会有助于降低 $PM_{2.5}$ 浓度，改善空气质量；②在经济较不发达地区如中部、西部与东北部，区域内泰尔指数增加，区域中心化加深，大城市首位度提高将有助于小城市空气质量的改善，但这一关系并未体现在东部地区。

对比大城市和小城市的分析结果，不难发现，一方面收入水平的提高有助于大城市和小城市雾霾污染的降低，另一方面在西部与东北部地区，泰尔指数与大城市 $PM_{2.5}$ 浓度显著负相关，在除了东部以外的地区，小城市的 $PM_{2.5}$ 浓度与所处区域泰尔指数显著负相关。因此，区域经济集中扩大整体上对空气质量改善是有利的，尤其是在西部和东北部经济较不发达地区加大经济集中度，加强建设区域经济中心有利于治理大城市与小城市雾霾污染。

第三节 城乡收入差距与空气污染的实证研究

在本节中我们将针对二氧化硫(SO_2)、二氧化氮(NO_2)、可吸入颗粒物(PM_{10})、一氧化碳(CO)、臭氧(O_3)、细颗粒物($PM_{2.5}$)等污染物与城乡收入差距进行实证检验。

一、回归模型建立

为了考察收入不均对空气质量的影响，本节构建如下基准回归模型：

$$AIR_{i,t} = \beta_0 + \beta_1 Inequality_{i,t} + \beta_2 X_{i,t} + \mu_i + \varepsilon_{i,t} \tag{6.11}$$

其中，$AIR_{i,t}$表示城市i在t年的空气质量情况。考虑到数据可得性及重要性，我们选取二氧化硫(SO_2)年平均浓度、二氧化氮(NO_2)年平均浓度、可吸入颗粒物(PM_{10})年平均浓度、一氧化碳(CO)日均值第 95 百分位浓度、臭氧(O_3)日最大 8 小时第 90 百分位浓度、细颗粒物($PM_{2.5}$)年平均浓度以及空气质量达到及好于二级的天数(good air quality days，GAQD) 7 个指标来衡量城市空气质量。数据来源于历年的《中国统计年鉴》。$ln(equality_{i,t})$表示城市i在t年的收入不均情况；$X_{i,t}$代表与城市空气质量相关的一系列控制变量。

二、数据选取及分析

1. 研究区域及时间范围

本节研究的地区对象为《国家环境保护"十一五"规划》提及的 113 座环保重点城市，时间范围为 2014～2016 年，总计三年。环保重点城市的具体名单如表 6-11 所示。绝大多数城市集中在腾冲漠河线以东,涵盖了我国大多数经济重要城市,集中了大量人口与工业,这些城市的环境质量能较好地反映与代表我国各地区环境现状。

表 6-11　研究城市列表

直辖市					
北京	天津	上海	重庆		
省会城市					
石家庄	太原	呼和浩特	沈阳	长春	哈尔滨
南京	杭州	合肥	福州	南昌	济南
郑州	武汉	长沙	广州	南宁	海口
成都	贵阳	昆明	拉萨	西安	兰州
西宁	银川	乌鲁木齐	—	—	—
计划单列市					
大连	青岛	宁波	厦门	深圳	
其他城市					
秦皇岛	唐山	保定	邯郸	长治	临汾
阳泉	大同	包头	赤峰	鞍山	抚顺
本溪	锦州	吉林	牡丹江	齐齐哈尔	大庆
苏州	南通	连云港	无锡	常州	扬州
徐州	温州	嘉兴	绍兴	台州	湖州
马鞍山	芜湖	泉州	九江	烟台	淄博
泰安	威海	枣庄	济宁	潍坊	日照
洛阳	安阳	焦作	开封	平顶山	荆州
宜昌	岳阳	湘潭	张家界	株洲	常德
湛江	珠海	汕头	佛山	中山	韶关
桂林	北海	三亚	柳州	绵阳	攀枝花
泸州	宜宾	遵义	曲靖	咸阳	延安
宝鸡	铜川	金昌	石嘴山	克拉玛依	—

2. 被解释变量

本章的被解释变量是各城市的空气质量,采用本节前面部分提及的 7 个指标作为空气质量的代理变量。各变量描述性统计结果如表 6-12 所示。

表 6-12 2014~2016 年 113 个环保重点城市空气质量情况描述性统计

空气质量指标	均值	中位数	标准差	最小值	最大值
SO_2 年平均浓度/$(\mu g/m^3)$	30.4	25.0	18.1	5(海口,2015)	123(淄博,2014)
NO_2 年平均浓度/$(\mu g/m^3)$	37.8	38.0	10.5	13(北海,2016)	67(淄博,2014)
PM_{10} 年平均浓度/$(\mu g/m^3)$	97.9	94.0	32.2	39(湛江,2016)	224(保定,2014)
CO 日均值第 95 百分位浓度/$(\mu g/m^3)$	2.2	1.8	0.9	0.9(海口,2014,2015,2016;厦门,2015,2016;泸州,2015,2016)	5.8(保定,2015)
O_3 日最大 8 小时第 90 百分位浓度/$(\mu g/m^3)$	142.1	142.0	25.7	69(合肥,2014)	209(潍坊,2014)
$PM_{2.5}$ 年平均浓度/$(\mu g/m^3)$	57.5	57.0	18.6	21(海口,2016)	129(保定,2014)
空气质量达到及好于二级的天数/天	251	250	61.9	79(保定,2014)	394(南昌,2014)

表 6-12 中,$PM_{2.5}$ 浓度选取的是国家环保部门在环保重点城市开展的地面监测数据。与目前在中国雾霾问题研究中被大量使用的卫星空间观测数据(van Donkelaar et al.,2015)相比,该数据具有以下优势和不足:地面监测数据可以获得不同类型空气污染物的观测数据,从而获得空气污染物结构变化的信息;但是目前公布和使用的卫星空间观测数据存在一定的时滞。从污染地域分布来看,我国北方地区空气污染情况相较于南方地区更为严重,同时内陆空气质量普遍好于沿海地区。

3. 解释变量

收入差距是本节的核心解释变量,探究收入差距对空气质量的影响。本章使用城乡收入差距来衡量城市的收入分配状况。城市所在省的城乡收入差距(urban-rural inequality,URI),用城镇居民人均可支配收入与农村居民人均可支配收入之比来衡量。数据来源于历年《中国统计年鉴》和《中国城市统计年鉴》。

4. 控制变量

控制变量是指除了解释变量外,对被解释变量有显著影响的变量。本章控制变量包括衡量城市经济发展水平的 2014 年不变价计算的人均地区生产总值(per capita gross reginal production,PCGRP)、市辖区人口密度(density of population,DP);衡量污染来源的第二产业占地区生产总值之比(secondary industries proportion,SIP)、单位面积煤炭消费量(省级指标,coal consumption,CC)、工业 SO_2 处理率(industrial SO_2 disposal rate,ISDR);衡量公共服务水平的城市建成区绿化覆盖率(greening rate,GR)、每千人医生数(doctors per thousand people,DTP);衡量产业结构的金融发展水平(financial development,FD)、房地产发展程度(real estate development,RED)。2014 年、2015 年分省煤炭消费量来源于《中国能源统计年鉴》，2016 年分省煤炭消费量来源于各省统计年鉴，其余数据均来源于历年的《中国城市统计年鉴》。

三、回归结果分析

空气质量与城乡差距的固定效应的回归结果计算如表 6-13。

表 6-13　空气质量与城乡差距的固定效应模型估计结果

	变量	SO₂	NO₂	PM₁₀	CO	O₃	PM₂.₅	GAQD
收入不均	城乡收入差距 $URI_{i,t}$	44.366*** (16.067)	3.315 (8.162)	49.524** (23.522)	1.356* (0.765)	-1.228 (32.281)	45.826*** (14.623)	-51.888 (59.264)
社会发展市辖区	人均地区生产总值 $\ln(PCGRP_{i,t})$	-2.313 (4.735)	1.991 (2.405)	-8.236 (6.931)	-0.030 (0.225)	7.442 (9.512)	-0.252 (4.309)	19.005 (17.463)
	人口密度 $\ln(DP_{i,t})$	1.235 (2.848)	0.969 (1.447)	8.530** (4.169)	0.021 (0.136)	-1.649 (5.722)	3.450 (2.592)	14.860 (10.504)
污染来源	第二产业占地区生产总值之比 $SIP_{i,t}$	98.052*** (20.423)	26.308** (10.375)	188.499*** (29.899)	3.050*** (0.972)	-126.862*** (41.031)	87.736*** (18.586)	-299.930*** (75.329)
	煤炭消费量 $\ln(CC_{i,t})$	1.735 (7.555)	9.219** (3.838)	26.596** (11.061)	0.476 (0.360)	15.369 (15.179)	19.267*** (6.876)	-52.351* (27.868)
	工业 SO₂ 处理率 $ISDR_{i,t}$	-13.002*** (4.433)	-1.310 (2.252)	-25.404*** (6.490)	-0.277 (0.211)	13.985 (8.907)	-18.329*** (4.035)	41.099** (16.353)
公共服务	绿化覆盖率 $GR_{i,t}$	19.261 (12.438)	3.148 (6.318)	25.113 (18.209)	0.306 (0.592)	-2.925 (24.989)	17.995 (11.320)	-54.467 (45.877)
	每千人医生数 $DTP_{i,t}$	2.022** (0.798)	-0.459 (0.405)	3.278** (1.168)	-0.0003 (0.038)	-3.872** (1.603)	0.824 (0.681)	-4.616 (2.943)
产业结构	金融发展水平 $\ln(FD_{i,t})$	-2.809 (3.739)	-0.678 (1.899)	3.024 (5.473)	-0.194 (0.178)	17.426** (7.511)	1.399 (3.274)	25.945* (13.789)
	房地产发展程度 $RED_{i,t}$	9.500 (8.612)	-4.250 (4.375)	3.741 (12.609)	-0.199 (0.410)	-0.199 (0.410)	-0.811 (7.556)	-29.314 (31.767)
	截距项	-98.721*** (87.675)	-63.568 (44.538)	-300.992** (128.356)	-3.359 (4.174)	-166.190 (176.147)	492.956*** (91.914)	703.422** (323.388)
	城市固定效应	Yes	Yes	Yes	Yes	Yes	Yes	Yes
	样本容量	333	333	333	333	333	333	333
	Adjusted R^2	0.858	0.892	0.904	0.873	0.721	0.888	0.837
	H 检验	34.1***	26.4***	42.6***	22.4***	31.3***	52.6***	39.2***

注：①、②、③、⑥指其年年均浓度，④指其日均值第 95 百分位浓度，⑤指其日最大 8 小时第 90 百分位浓度。标准差为括号内的估计值。上标*、**和***分别表示在 10%、5%和 1%的显著性水平下显著，Yes 表示加入了城市固定效应。

回归结果表明，城乡收入差距与细颗粒物 PM₂.₅ 年平均浓度、二氧化硫(SO₂)年平均浓度、可吸入颗粒物(PM₁₀)年平均浓度、一氧化碳(CO)日均值第 95 百分位浓度呈正相关关系。即城乡收入差距的扩大将会进一步导致空气环境的恶化，这说明在污染治理这一问题上，由于不同的居民群体对环境的边际效用不同，低收入群体的环境边际效用较低，因此，在收入差距较大的地区，低收入群体选择接受环保政策的意愿很弱，这将会增加地方政府开展环境污染治理工作的难度，提升环保治理的成本，从而造成地区很难实现有意义的污染治理、环境保护，不利于地区环境质量的改善。相反，在收入差距较小的地区，不同收入群体之间的环境边际效用差距较小，高低收入群体选择接受环保政策的概率相差不大，低收入群体选择接受环保政策的意愿相对较强，不同收入居民群体比较容易达成共识，可以以较低的成本实现环境保护。回归结果也表明产业结构与污染显著负相关。对于所有污染指标，第二产业占地区生产总值之比的回归系数为正，且在10%及其以上的水平上显著，说明我国以第二产业为主导的产业结构加剧了雾霾污染，其原因在于我国工业发展依赖于过度消耗能源资源，尤其是依赖不可再生的矿石资源来换取传统高耗能高污染行业的快速发展，产业结构以粗放落后型为主，经济发展效率低下、资源能源的投入产出比较低。同时，工业二氧化硫处理率对SO_2、PM_{10}及$PM_{2.5}$的回归系数显著为负，说明在工业上从源头治理污染是有益于环境改善的。

第四节　空气污染与城乡收入差距关系的进一步探索

本节基于2014～2016年的统计数据对空气污染与收入差距的关系进行了初步的实证研究探索。在本节中，我们扩大了样本年限，同时探讨了研究的内生性问题。

一、模型设定与变量选取

模型设定采用以下的形式：

$$AIR_{i,t} = \beta_0 + \beta_1 URI_{k,t} + \beta_2 X_{i,t} + \mu_i + \varepsilon_{i,t} \tag{6.12}$$

其中，i、k和t分别表示城市、省份和年份；μ_i为单个固定效应的控制；$\varepsilon_{i,t}$是随机误差项。$AIR_{i,t}$是第t年城市i的空气质量，通过以下七个指标进行测量：SO_2年平均浓度、NO_2年平均浓度、PM_{10}年平均浓度、CO日均值第95百分位浓度、O_3日最大8小时第90百分位浓度、$PM_{2.5}$的年平均浓度以及空气质量达到或好于二级的天数。我们还使用了卫星观测的$PM_{2.5}$年平均浓度作为稳健性检验。

$URI_{k,t}$是k省在t年中的城乡不均衡水平，是k省i市收入不平等的省级指标。由于城乡收入不平等在中国整体区域收入不均衡构成占比达70%以上（Wei and Wu，2001；Yao et al.，2005；Wan et al.，2006），故使用城乡收入比作为收入不平等的代理变量。

以2014年为基期，衡量城市经济发展水平的有不变价计算的人均地区生产总值（PCGRP）、市辖区人口密度（DP）、使用第二产业占地区生产总值之比衡量的产业结构（SIP）、单位面积煤炭消费量（CC）、城市建成区绿化覆盖率（GR）、使用人均金融机构贷款额衡量的金融发展水平（FD）。

二、样本和数据

基于前面提到的113个重点环保城市空气质量数据，将数据扩展到2014～2018年后，空气质量指标汇总统计见表6-14。环境监测报告显示，海口是我国空气质量最好的城市，而保定、淄博是近年来大气污染最严重的城市。表6-14还报告了单位根测试结果，以验证 0 阶单整，并对 5 年的面板数据运用了 t-bar 统计量的 IPS（Im-Pesaram-Shin）检验和 z 统计量的假设检验（hypothesis testing，HT）。检验结果表明，本节的实证研究不受单位根的影响。

表 6-14　2014～2016 年 113 个环保重点城市空气质量情况描述性统计

空气质量指标	均值	中位数	标准差	最小值	最大值	单位根检验	
						IPS t-bar	HT z-statistic
SO_2 年平均浓度 /（μg/m³）	25.5	21.0	16.6	5（海口，2015，2018）	123（淄博，2014）	-1.681	1.408
NO_2 年平均浓度 /（μg/m³）	37.3	37.0	10.3	12（海口，2017）	67（淄博，2014）	-2.201[***]	-2.252[**]
PM_{10} 年平均浓度 /（μg/m³）	90.9	86.0	30.5	35（海口，2016）	224（保定，2014）	-2.002[***]	-4.069[***]
CO 日均值第 95 百分位浓度/（μg/m³）	1.99	1.7	0.85	0.8（海口，2017，2018；厦门，2017；泉州，2018）	5.8（保定，2015）	-1.629	-8.863[**]
O_3 日最大 8 小时第 90 百分位浓度/（μg/m³）	149.8	149.0	27.2	69（合肥，2014）	218（保定，2017）	-2.281[***]	-4.512[***]
$PM_{2.5}$ 年平均浓度 /（μg/m³）	52.0	52.0	17.8	18（海口，2018）	129（保定，2014）	-2.117[***]	-3.793[***]
空气质量达到及好于二级的天数/天	258	260	61.3	79（保定，2014）	366（攀枝花，2016）	-2.332[***]	-7.844[***]

注：**、***分别表示在 5%和 1%的显著性水平下显著。

控制变量之间的相关矩阵和方差膨胀因子（variance inflation factor，VIF）如表 6-15 所示。由于控制变量之间的相关系数相对不大，且所有的方差膨胀因子都小于 10，这表明我们的回归不会受到多重共线性的影响。控制变量之间共线性诊断的条件指数报告见表 6-16。

表 6-15　控制变量之间的相关矩阵和方差膨胀因子

变量	$URI_{i,t}$	$\ln(PCGRP_{i,t})$	$\ln(DP_{i,t})$	$SIP_{i,t}$	$\ln(CC_{i,t})$	$GR_{i,t}$	$\ln(FD_{i,t})$
$URI_{i,t}$	1						
$\ln(PCGRP_{i,t})$	-0.124	1					
$\ln(DP_{i,t})$	-0.276	0.137	1				
$SIP_{i,t}$	0.107	0.148	-0.187	1			
$\ln(CC_{i,t})$	-0.464	0.067	0.303	-0.092	1		
$GR_{i,t}$	-0.094	0.208	0.113	-0.049	0.162	1	
$\ln(FD_{i,t})$	-0.123	0.655	0.359	-0.327	0.037	0.165	1
VIF	1.325	2.516	1.334	1.547	1.384	1.076	2.930

表 6-16　控制变量之间的共线性诊断

	特征值	条件指数	变异构成						
			常量	$URI_{i,t}$	$\ln(PCGRP_{i,t})$	$\ln(DP_{i,t})$	$SIP_{i,t}$	$\ln(CC_{i,t})$	$GR_{i,t}$	$\ln(FD_{i,t})$
1	7.893	1.000	0.00	0.00	0.00	0.00	0.00	0.00	0.00	0.00
2	0.053	12.187	0.00	0.00	0.00	0.01	0.52	0.02	0.01	0.00

续表

	特征值	条件指数	变异构成							
			常量	$URI_{i,t}$	$\ln(PCGRP_{i,t})$	$\ln(DP_{i,t})$	$SIP_{i,t}$	$\ln(CC_{i,t})$	$GR_{i,t}$	$\ln(FD_{i,t})$
3	0.025	17.827	0.00	0.19	0.00	0.01	0.08	0.26	0.00	0.00
4	0.012	25.830	0.00	0.02	0.00	0.16	0.00	0.01	0.82	0.00
5	0.010	27.755	0.00	0.20	0.00	0.38	0.03	0.51	0.05	0.00
6	0.005	38.380	0.01	0.33	0.02	0.38	0.00	0.05	0.12	0.06
7	0.001	86.937	0.66	0.22	0.00	0.00	0.12	0.15	0.01	0.33
8	0.000	137.694	0.32	0.04	0.97	0.07	0.24	0.00	0.01	0.60

三、回归结果分析

通过 H 检验证实固定效应模型优于随机效应模型。模型调整后的 R^2 表现出较好的拟合度，具体估计结果见表 6-17。

表 6-17　空气污染与收入不平等的回归分析

变量		SO_2[①]	NO_2[②]	PM_{10}[③]	CO[④]	O_3[⑤]	$PM_{2.5}$[⑥]		GAQD
							地面监测	卫星观测	
收入不平等	$URI_{i,t}$	65.885*** (14.431)	2.906 (6.128)	52.685*** (19.252)	1.936*** (0.553)	-61.216** (26.815)	47.220*** (12.195)	68.540*** (9.718)	-61.609 (41.796)
社会发展	$\ln(PCGRP_{i,t})$	10.560** (4.686)	3.290* (1.990)	16.755*** (6.252)	0.482*** (0.179)	-2.992 (8.708)	11.884*** (3.960)	6.066* (3.156)	-37.253*** (13.573)
	$\ln(DP_{i,t})$	1.585 (2.096)	-0.493 (0.890)	5.506** (2.797)	0.032 (0.080)	2.195 (3.895)	4.332** (1.771)	0.587 (1.412)	0.998 (6.071)
污染来源	$SIP_{i,t}$	0.871*** (0.142)	0.155*** (0.060)	1.461*** (0.190)	0.025*** (0.005)	-1.600*** (0.264)	0.770*** (0.120)	0.494*** (0.096)	-2.094*** (0.412)
	$\ln(CC_{i,t})$	-3.509 (5.472)	5.218** (2.324)	13.351* (7.301)	0.389* (0.210)	15.615 (10.169)	15.820*** (4.625)	4.219 (3.685)	-36.993** (15.850)
公共服务	$GR_{i,t}$	0.185 (0.130)	0.093* (0.055)	0.293* (0.174)	0.004 (0.005)	0.067 (0.242)	0.143 (0.110)	-0.093 (0.088)	-0.663** (0.378)
产业结构	$\ln(FD_{i,t})$	-16.192*** (3.495)	-2.081 (1.484)	-27.751*** (4.663)	-0.747*** (0.134)	25.445*** (6.494)	-18.755*** (2.954)	-14.110*** (2.353)	27.366*** (10.122)
截距项		-108.324* (59.421)	-25.602 (25.233)	-116.844 (79.275)	-3.819* (2.276)	-3.984 (110.416)	-160.914*** (50.217)	-87.387** (40.015)	881.058*** (172.104)
城市固定效应		Yes	Yes	Yes	Yes	Yes	Yes	Yes	Yes
样本容量		535	535	535	535	535	535	535	535
Adjusted R^2		0.716	0.866	0.854	0.842	0.642	0.823	0.846	0.826

注：①、②、③、⑥指其年年均浓度，④指其日均值第 95 百分位浓度，⑤指其日最大 8 小时第 90 百分位浓度。标准差为括号内的估计值。*、**和***分别表示在 10%、5%和 1%的显著性水平下显著，Yes 表示加入了城市固定效应。

尽管空气污染的来源和决定因素存在差异，但除了 O_3 日最大 8 小时第 90 百分位浓度（中国城市的 O_3 污染主要与机动车尾气产生的高温和光化学烟雾有关，这与其他典型的空气污染物有较大差异）（表 6-17），SO_2、PM_{10}、$PM_{2.5}$ 的年平均浓度和 CO 日均值第 95 百分位浓度都与城乡收入差距变量（$URI_{i,t}$）显著正相关。实证结果验证了收入不平等的扩大会加剧空气污染严重程度。

本书的研究结果还显示了人均生产总值（$PCGRP_{i,t}$）和城市人口密度（$DP_{i,t}$）对中国城市大气污染的影响。从地面监测和卫星观测来看，大部分空气质量指标与人均生产总值存在显著的正相关关系，包括 SO_2、NO_2、PM_{10}、$PM_{2.5}$ 的年平均浓度和 CO 日均值第 95 百分位浓度。空气污染反向指标 GAQD 与人均生产总值存在显著的负相关关系。因此，当前的经济增长正在加剧中国环境污染的严重程度。城市人口密度的系数在 PM_{10} 与 $PM_{2.5}$ 地面监测的回归中均显著。因此，即使在控制收入差距和人均生产总值等其他因素的情况下，雾霾与城市人口密度也存在正相关关系。从大气污染来源中选取的变量在实证模型中对城市空气质量表现出较强的解释力。第二产业比重较大的城市和广泛使用煤炭的城市，空气污染严重。此外，金融发展可以减少空气污染。然而，以城市建成区绿地覆盖率为代理变量的公共服务对空气污染没有显著影响。

因此，可以总结得出两个结论：

结论 1：从地面监测和卫星观测结果来看，城乡收入差距加剧了以 $PM_{2.5}$ 年平均浓度衡量的空气污染。

结论 2：城乡收入不平等与 SO_2 年平均浓度、NO_2 年平均浓度、PM_{10} 年平均浓度、CO 日均值第 95 百分位浓度呈正相关。

四、内生性检验

空气污染可能会加剧收入差距（Liu et al.，2020）。因此，我们必须考察模型中纳入收入不平等是否会产生内生性问题。换言之，空气污染与收入差距之间的因果关系可能是双向的。

2SLS 可以用于解决内生性问题。而 2SLS 估计的精度取决于工具变量的适当性。我们用城镇化率作为 $URI_{i,t}$ 的工具变量，本书定义城镇化率为城镇人口/总人口比率。模型的被解释变量涉及城市空气污染，理论上与城镇化率没有相关性。城乡不平等是推动城乡迁移的重要因素。城镇化率与城乡收入不平等之间存在密切的关系，因此城镇化率可以作为城乡收入不平等的外生工具变量。表 6-18 报告了 2SLS 回归的结果，识别不足检验、弱识别检验和过度识别检验表明，我们选取的工具变量是有效的，实证结果在使用工具变量和 2SLS 估计时是稳健的。

表 6-18　空气污染与收入差距的 2SLS 回归分析

	变量	SO_2	NO_2	PM_{10}	CO	O_3	$PM_{2.5}$ 地面鉴测	$PM_{2.5}$ 卫星观测	GAQD
收入不平等	$URI_{i,t}$	30.127*** (8.460)	13.042** (5.181)	97.159*** (19.136)	1.784*** (0.449)	-22.270* (12.854)	45.952*** (10.883)	36.448*** (9.540)	-157.248*** (36.858)
社会发展	总值 $\ln(PCGRP_{i,t})$	-10.413*** (2.443)	-3.288** (1.496)	-17.598*** (5.527)	-0.581*** (0.130)	3.825 (3.713)	-8.072*** (3.143)	-0.337 (2.756)	16.526 (10.646)
	$\ln(DP_{i,t})$	0.215 (1.059)	3.471*** (0.648)	10.803*** (2.395)	0.126** (0.056)	1.842 (1.609)	9.262*** (1.362)	10.334*** (1.194)	-23.313*** (4.613)

续表

变量		SO₂	NO₂	PM₁₀	CO	O₃	PM₂.₅		GAQD
							地面鉴测	卫星观测	
污染源	SIP_{i,t}	0.256*** (0.077)	0.039 (0.047)	0.389** (0.175)	-0.001 (0.004)	-0.078 (0.118)	0.199** (0.100)	0.066 (0.087)	-0.368 (0.337)
	ln(CC_{i,t})	9.658*** (1.285)	4.942*** (0.787)	21.420*** (2.908)	0.360*** (0.068)	10.712*** (1.953)	10.538*** (1.654)	9.410*** (1.450)	-44.104*** (5.601)
公共服务	GR_{i,t}	0.035 (0.142)	-0.142* (0.087)	-0.411 (0.320)	0.003 (0.008)	0.098 (0.215)	-0.129 (0.182)	-0.104 (0.160)	0.524 (0.617)
产业结构	ln(FD_{i,t})	1.562 (1.692)	5.020*** (1.036)	0.348 (3.827)	-0.009 (0.090)	-0.732 (2.571)	-3.437 (2.177)	-5.672*** (1.908)	6.663 (7.372)
截距		-31.346 (40.304)	-69.704*** (24.682)	-180.246** (91.169)	0.788 (2.139)	86.987 (61.241)	-71.011 (51.849)	-113.085** (45.452)	844.158*** (175.601)
城市固定效应		Yes	Yes	Yes	Yes	Yes	Yes	Yes	Yes
样本容量		535	535	535	535	535	535	535	535
R²		0.747	0.941	0.871	0.861	0.977	0.877	0.856	0.935
IV					城镇化率				
识别不足检验 t (p-value)					48.434*** (0.000)				
弱识别检验					52.459***				
过度识别检验					0.000				

注：标准差为括号内的估计值。上标*、**和***分别表示在 10%、5% 和 1% 的显著性水平下显著。Yes 表示模型加入了城市固定效应。

第五节　加权城乡收入差距与废气排放的实证及机制研究

一、变量选取与模型设定

1. 计量模型建立

为了检验收入差距对于大气污染的影响，本节将计量模型初步设为

$$\ln(\text{gas}_{it}) = \alpha_0 + \alpha_1 \ln g_{i,t} + \alpha_2 \ln(X_{i,t}) + \alpha_3 \ln(\text{IV}_{i,t}) + \mu_i + v_t + \varepsilon_{i,t} \tag{6.13}$$

其中，i 表示不同的省份；t 代表年份；gas 代表大气污染的程度，在本模型中使用工业废气排放量来衡量（单位：亿标 m³），之后将对这一指标进行人均值（工业废气排放量/总人口数，使用 gasP 表示）的稳健性检验；X 表示一些会影响到大气污染程度的控制变量，用以保证估计的一致性，本模型中使用的控制变量主要包括城市化率、能源结构、政府干预程度、治理废气项目完成投资、产业结构等；IV 代表工具变量，用来解决遗漏变量造成的内生性，本模型中使用的工具变量包括失业率以及从初中到高中的有效升学率；μ_i 为地区层面的固定效应变量；v_t 为时间的固定效应变量，对于是否一定需要选择固定效应模型而非随机效应模型，后面将通过稳健的豪斯曼检验予以论证。

2. 变量选取

(1)大气污染程度(gas)。本模型选择了工业废气排放量作为衡量大气污染程度的指标。

(2)收入差距(g_w)。当前中国国内收入差距的主要表现形式是城乡收入差距,因此本模型在王凯风(2018)的基础上进一步改进,采用加权后的城镇居民人均可支配收入与乡村居民人均可支配收入的比值来作为衡量收入差距的具体指标,计算公式为

$$g\_w = \frac{w_c c_c}{w_v c_v} \tag{6.14}$$

其中, g_w 代表城乡加权收入比值; w_c、 w_v 分别是城镇与农村居民可支配收入的权重,其数值等价于每一个区域城乡人口占总人口的比例; c_c、 c_v 分别代表城镇与农村居民的人均可支配收入。

(3)城市化率(cir)。本模型中,该数值等价于城镇居民人数与总人数之比。

(4)能源结构(coal)。本模型中,能源结构使用煤炭的消耗量占全年能源消耗总量之比来表示。

(5)政府干预程度(gr)。本模型使用政府购买的总量占地区生产总值的比值表示政府干预的程度,并初步预测政府干预程度与大气环境的质量正相关。

(6)治理废气项目完成投资(ain)。单位为万元。

(7)产业结构(sec)。本模型中的产业结构指的是第二产业在整体产业中的比例。

(8)失业率(un)。这里的失业率指的是城镇登记失业率。

(9)升学率(edu)。该变量指的是从初中到高中的有效升学率,计算方法是高中的毕业生人数与初中的毕业生人数之比。

以上工具变量均满足排他性约束,可以看作是合格的工具变量。

3. 以人均生产总值作为中介变量的作用机制

除上述影响过程之外,刘一伟和汪润泉(2017)通过研究得出结论,认为收入差距的扩大客观上会导致贫困问题的多发,而居民的贫困会相应减少地方政府与低收入个体对大气环境保护的关注,进而导致大气污染的加剧。即收入差距导致大气污染的传导路径还可能是借助于人均生产总值这么一个中介变量来发挥作用的。

综上所述,从收入差距到大气污染,可能存在如图6-2所示的传导机制。

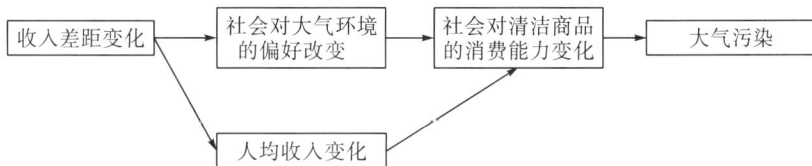

图6-2　收入差距对大气污染的可能传导路径

为此,下面建立对应的计量模型,并通过具体的实证分析加以验证。

第一部分考察不考虑中介变量时收入差距对大气环境的影响:

$$\ln(\text{gas}_{i,t}) = \alpha_0 + \alpha_1 \ln(g_{i,t}) + \alpha_2 \ln(X_{i,t}) + \alpha_3 \ln(\text{IV}_{i,t}) + \mu_i + v_t + \varepsilon_{i,t} \tag{6.15}$$

第二部分考察收入差距对于中介变量的作用效果:

$$\text{med}_{i,t} = \beta_0 + \beta_1 \ln(g_{i,t}) + \beta_2 \ln(X_{i,t}) + \beta_3 \ln(\text{IV}_{i,t}) + \mu_i + v_t + \varepsilon_{i,t} \tag{6.16}$$

最后一部分同时考察收入差距与中介变量对于大气环境的影响:

$$\ln(\text{gas}_{i,t}) = \gamma_0 + \gamma_1 \ln(g_{i,t}) + \gamma_2 \ln(X_{i,t}) + \gamma_3 \ln(\text{IV}_{i,t}) + \gamma_4 \text{med}_{i,t} + \mu_i + v_t + \varepsilon_{i,t} \tag{6.17}$$

二、收入分配对大气污染治理的实证结果

1. 数据选取

本节选用了全国 30 个省级行政单位在 2004～2015 年的面板数据,共 360 个观测对象进行实证分析,其中 30 个省级行政单位不包括西藏自治区(较多数据缺失)和香港、澳门、台湾,所有的数据均来源于 EPS 数据库以及国家统计局网站,在模型中对所有的非比值型变量都进行了取对数处理。模型中使用的变量的描述性统计如表 6-19 所示。

表 6-19　各变量的描述性统计

变量名称	中位数	均值	标准差	最小值	最大值
$\ln(\text{gas})$	9.46	9.39	0.85	6.45	11.28
un	3.7	3.6	0.67	1.2	6.5
cir	0.48	0.51	0.14	0.14	0.9
coal	0.9	0.96	0.37	0.17	2.03
g_w	2.72	3.8	3.52	0.38	20.14
gr	0.14	0.15	0.04	0.08	0.3
edu	0.46	0.47	0.14	0.16	0.93
ain	11.12	11.05	1.22	4.94	14.06
sec	0.49	0.47	0.08	0.2	0.66

注:所有的非比值型变量都进行了取对数处理。

为使结果更加清晰直观,我们作出收入差距 g_w 与大气污染排放对数值的变量 $\ln(\text{gas})$ 的散点图,如图 6-3 所示。

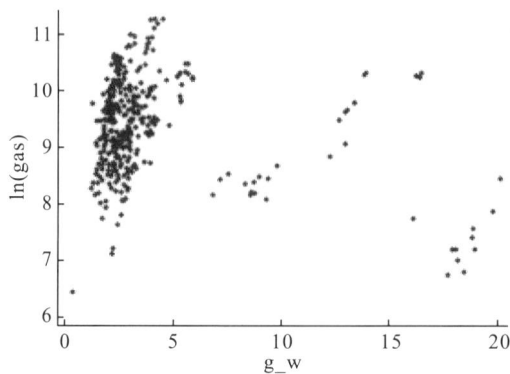

图 6-3　收入差距与大气污染物排放对数的散点图

　　图 6-3 中横轴为收入差距，纵轴为大气污染程度。可以看到，数据中存在 34 个离群值，为了使得结果更加精确可信，需要对离群值进行处理，进而得到如图 6-4 所示的散点图与拟合直线。

　　需要说明的是，处理掉的 34 个离群值中，包含北京市和海南省 11 年的数据以及安徽省全部 12 年数据。这说明以上三个地区的收入差距显著高于全国水平，同时呈现的趋势也与全国水平不一致。造成这一现象的原因可能有以下几种：①这三个地区存在着一些特有的或我们尚未观察到的特性，造成其在收入差距对大气污染的作用效果方面与全国水平有较大差异；②这三个地区由于历史原因，收入差距大幅高于全国平均水平，而本节所探讨的作用机制仅在收入分配处于一定范围内时才可以保证足够有效；③这三个地区在统计城乡居民收入时的标准与其他地区可能存在差别，以至于表现出较大的集体误差。因此，去除这 34 个离群值，可以保证本节的实证结果在一定范围内有着更高的可信度与说服力。

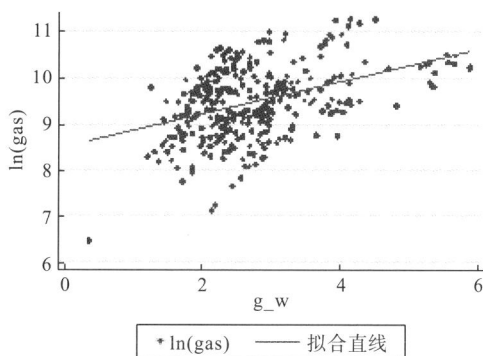

图 6-4　去除离群值后收入差距与大气污染物排放对数的散点图及拟合直线

　　在运用计量模型进行实证分析的过程中，内生性产生的影响不容忽视，过高的内生性将导致模型估计的不一致，使得模型的结论缺乏可信度。因此，本节选取了异方差稳健的 DWH（Dubin-Wu-Hausman，杜宾-吴-豪斯曼）检验对解释变量进行了内生性检验（图 6-5）：

Tests of endogeneity
HO: variables are exogenous

Durbin （score）chi2（1）	= 35.5634	(p = 0.0000)
Wu-Hausman F(1,352)	= 35.5848	(p = 0.0000)

图 6-5　DWH 检验结果

　　可以看到的是，模型的解释变量具有较强的内生性，因此需要通过工具变量解决内生性问题。

　　2. 内生性处理

　　本章选择失业率 un 以及从初中到高中的升学率 edu 作为工具变量，表 6-20 为工具变量有效性的回归结果。

表 6-20　检验工具变量有效性的回归结果

变量	(1)	(2)	(3)	(4)
	OLS_no_g	OLS	2SLS	LIML
ln(gas)	0.117***	0.0900**	0.0588	0.0584
	(0.0323)	(0.0303)	(0.0401)	(0.0403)
cir	0.780**	0.403	−0.0344	−0.0401
	(0.283)	(0.242)	(0.316)	(0.318)
coal	0.427***	0.270**	0.0880	0.0856
	(0.0783)	(0.0841)	(0.154)	(0.155)
gr	−7.214***	−8.435***	−9.854***	−9.872***
	(1.158)	(0.971)	(1.009)	(1.012)
sec	2.046*	2.126**	2.220***	2.221***
	(0.797)	(0.653)	(0.639)	(0.640)
g_w		0.357***	0.771***	0.776***
		(0.0352)	(0.124)	(0.126)
cons	7.413***	7.203***	6.959***	6.956***
	(0.685)	(0.556)	(0.588)	(0.590)
un			−0.36***	−0.36***
			(0.925)	(0.093)
edu			2.76***	2.76***
			(0.568)	(0.568)
N	326	326	326	326

注：上标*、**和***分别表示在 5%、1%和 0.1%的显著性水平下显著。

表 6-20 中，列(1)是没有将解释变量纳入计量模型中时，对模型进行普通最小二乘法 (ordinary least squares，OLS)回归得到的实证结果，其目的是检验所选取的控制变量与被解释变量是否具有足够的相关性。从结果中我们可以看到，所有的控制变量加上常数项均在至少 5%的显著性水平下显著，因此可以认为这些控制变量的选取本身是合格的；列(2)是将解释变量放到模型中进行完整的 OLS 回归得到的实证结果，结果表明在对这一面板模型进行混合回归时，解释变量在 0.1%的显著性水平下显著不为 0，可以认为对被解释变量有一定的解释力；列(3)是将失业率 un 与升学率 edu 作为工具变量加入模型，使用 2SLS 进行回归。解释变量与控制变量汇报的是第二阶段的结果，而两个工具变量汇报的是第一阶段的结果。第一阶段回归是用内生解释变量对工具变量进行回归，可以看到在两个工具变量的回归结果中，升学率 edu 与失业率 un 均满足在 0.1%的显著性水平下显著，满足一个理想的工具变量需要具备的条件。为了检验升学率 edu 与失业率 un 是否为弱工具变量，列(4)使用了对弱工具变量更加不敏感的有限信息最大似然估计法(maximum likelihood estimation method)进行回归，并将回归结果与列(4)中的结果进行对比，发现变量的回归系数与标准差基本上不存在差异，因此排除了升学率 edu 与失业率 un 是弱工具变

量的可能性。

综上所述，在初始选择的两个工具变量：失业率 un 与升学率 edu 中，两者均通过了关于工具变量有效性的检验，可以用于后续的计量研究。

3. 计量方法选取

在使用面板数据进行回归分析时，主要有混合回归、个体固定效应、时间固定效应、随机效应几种计量方法可供选择。下面针对这些方法分别进行对比研究，以确定出最合适的方法，见表 6-21。

表 6-21　选择计量方法的回归结果

变量	(1)	(2)	(3)	(4)	(5)
	OLS	FE_r	FE	RE_r	RE
ln(gas)	0.149**	−0.0766**	−0.0766***	−0.0464	−0.0464**
	(0.0560)	(0.0316)	(0.0222)	(0.0334)	(0.0235)
cir	−0.421	1.613	1.613***	1.290*	1.290***
	(0.854)	(1.145)	(0.293)	(0.681)	(0.297)
coal	0.243	0.510*	0.510***	0.558***	0.558***
	(0.185)	(0.258)	(0.135)	(0.206)	(0.125)
gr	−7.709***	−2.385*	−2.385***	−3.377***	−3.377***
	(2.136)	(1.238)	(0.769)	(1.289)	(0.792)
sec	1.358	0.974*	0.974***	1.410**	1.410***
	(1.042)	(0.488)	(0.367)	(0.577)	(0.387)
g_w	0.294***	0.380***	0.380***	0.402***	0.402***
	(0.0934)	(0.111)	(0.0470)	(0.0901)	(0.0437)
un	−0.213	−0.136	−0.136***	−0.110	−0.110**
	(0.143)	(0.117)	(0.0505)	(0.109)	(0.0512)
edu	1.136**	0.470*	0.470**	0.636**	0.636***
	(0.537)	(0.250)	(0.207)	(0.290)	(0.221)
cons	7.689***	8.124***	8.124***	7.536***	7.536***
	(1.241)	(1.139)	(0.462)	(1.060)	(0.458)
N	326	326	326	326	326

结合上述结果，我们又进行了 F 检验、LM 检验以及 H 检验，通过依次拒绝混合回归、个体随机效应模型以及随机效应，最终选择个体固定效应模型进行实证分析。然后通过逐步增加变量的方法来验证模型的稳健性，结果如表 6-22。

表 6-22　基准回归结果

	(1)	(2)	(3)
	ERI	IV	COU
g_w	0.755***	0.426***	0.380***
	(0.0393)	(0.0508)	(0.0470)
un		-0.269***	-0.136***
		(0.0530)	(0.0505)
edu		1.187***	0.470**
		(0.203)	(0.207)
lngas			-0.0766***
			(0.0222)
cir			1.613***
			(0.293)
coal			0.510***
			(0.135)
gr			-2.385***
			(0.769)
sec			0.974***
			(0.367)
cons	7.378***	8.734***	8.124***
	(0.110)	(0.268)	(0.462)
N	326	326	326

表 6-22 的(1)～(3)列分别是仅将收入差距这一解释变量纳入模型、添加了升学率与失业率作为工具变量以及完整的计量模型使用固定效应模型的回归结果。由于第(1)列的解释变量具有较强的内生性,回归系数不是一致估计,因此这一数据并不能作为验证理论的依据。第(2)列数据内生性已经得到了有效解决,且两个变量均保持高度显著。第(3)列数据中可见引入的控制变量也帮助解释了一大部分大气环境的变化原因,使得这一结果更加具有可信度。

因此,根据该结果可以得到以下结论:城乡居民收入之比与大气污染物排放均值呈正相关,前者每增大 10%,后者会相应增加 3.8%;大气污染的投资与大气污染物的排放均值成反比,大气污染的投资每提高 10%,后者就会相应减少 0.766%;城镇化率与大气污染,前者提高 10%,大气污染平均会加剧 16.13%;而煤炭消耗在能源总能耗中降低 10%将导致大气环境平均改善 5.1%;政府购买的比例每提高 10%,大气污染均值就会减轻 23.85%。除此之外,还可以看到,在所有的回归结果中,关键解释变量 g_w 的系数总是正的,这意味着较大的收入差距会使得大气污染程度增加,结合之前利用博弈模型进行的分析,收入差距的增大降低了低收入群体对于清洁产品的需求,增大了高收入群体的需求,但由于需求函数是一个凸函数,因此整体上使得环境更差。

4. 中介效应检验的实证结果

这部分同样使用了 2004～2015 年全国 30 个省级行政单位的面板数据,分别对以上三个模型进行中介效应回归,结果如表 6-23。

表 6-23　中介效应检验的回归结果

	(1)	(2)	(3)
	lgas	lpgdp	lgas
ln(gas)	-0.0766***	-0.0487***	-0.0266
	(0.0222)	(0.0129)	(0.0184)
un	-0.136***	-0.190***	0.0586
	(0.0505)	(0.0292)	(0.0436)
cir	1.613***	1.280***	0.301
	(0.293)	(0.170)	(0.259)
coal	0.510***	0.0370	0.472***
	(0.135)	(0.0779)	(0.109)
gr	-2.385***	-1.628***	-0.716
	(0.769)	(0.445)	(0.635)
edu	0.470**	0.731***	-0.278
	(0.207)	(0.120)	(0.177)
sec	0.974***	0.250	0.717**
	(0.367)	(0.212)	(0.297)
g_w	0.380***	0.270***	0.103**
	(0.0470)	(0.0272)	(0.0439)
lpgdp			1.025***
			(0.0821)
cons	8.124***	0.929***	7.171***
	(0.462)	(0.267)	(0.380)
N	326	326	326

注:上标*、**和***分别表示在 10%、5%和 1%的置信水平显著。

表 6-23 中(1)～(3)列结果分别是对模型(6.15)、(6.16)、(6.17)的回归结果。其中,第(3)列结果显示解释变量与中介变量显著性较高。lpgdp 的系数表明,人均生产总值的提高也会加剧大气污染的程度,这也可归因于政府对于经济发展与环境保护的相对性偏好差异。利用上述数据可以进一步计算出中介效应为 0.277,这也就意味着收入差距每增加 10%,大气污染的程度平均会加剧 3.8%,但是其中有 2.77%是通过人均生产总值这一中介变量发挥作用的,说明通过人均生产总值发挥作用的这一条传导路径是真实存在的。

综上所述,收入差距对大气环境的影响过程包含至少两条路径:一是收入差距的变化本身会引起不同收入水平群体对清洁型产品的需求改变,进而作用到大气环境上;另一路径就是收入差距的变化首先影响人均生产总值,再通过人均生产总值作用到大气环境。

第七章　空间溢出效应下收入差距与空气污染相互关系研究

本章是基于空气污染的空间溢出效应下，收入差距与空气污染的相互关系的实证研究。各种污染形式的自然属性是本章研究应当考虑的问题，空气污染的空间扩散特性决定了在实证研究中，讨论空间溢出效应很有必要。本章包含收入分配的区域不均维度和以教育不平等为表征的收入差距两个方面。其中，第一节是 2007～2016 年中国 27 个省份以 $PM_{2.5}$ 表征的雾霾污染的空间溢出效应测度；第二节是将考察期限扩展到 2000～2016 年，基于地理距离和地理经济距离的两种空间权重的雾霾污染空间溢出效应测度；第三节是基于第一节污染空间溢出效应测度的收入差距与空气污染关系的实证研究；第四节是基于第二节的教育水平差距与空气污染关系的实证研究。

第一节　基于 2007～2016 年数据的雾霾空间溢出效应的测度

本节以哥伦比亚大学社会经济数据和应用中心公布的、基于卫星监测的全球 $PM_{2.5}$ 年平均浓度值的栅格数据作为考察雾霾的源数据，利用 ArcGIS 软件将其读取为 2007～2016 年中国省域年均 $PM_{2.5}$ 浓度具体数值。卫星监测数据属于面源数据，且该数据对中国的雾霾污染趋势判断基本一致，可以看作雾霾污染问题的可靠数据来源。

为了检验雾霾污染的空间溢出效应，需要关注相邻地域间的相关性问题，本章采用全局 Moran'I 指数来判断地区间 $PM_{2.5}$ 浓度是否相关。空间自相关指数是从空间截面的角度来度量某种经济变量值在相邻区域之间的相似性或差异性。全局 Moran'I 指数是由 Moran（莫兰）于 1950 年提出的空间相关指数，该指数在数学意义上对地理学第一定律进行了解释：任何事物间均存在相关性，距离近的事物比距离远的事物相关性要高。计算全局 Moran'I 指数的公式为

$$I = \frac{\sum_{i=1}^{n}\sum_{j=1}^{n} w_{ij}(x_{it}-\bar{x})(x_{jt}-\bar{x})}{s_t^2 \sum_{i=1}^{n}\sum_{j=1}^{n} w_{ij}} \tag{7.1}$$

其中，x_{it} 是 t 时期区域 i 的 $PM_{2.5}$ 浓度观测值；$s_t^2 = \dfrac{\sum_{j=1}^{n}(x_{it}-\bar{x})^2}{n}$，代表 t 时期观测值的方差；n 是地域空间中的观测总数。上式中 w_{ij} 是空间地理位置的权重矩阵元素，对空间截面中区域之间相邻距离的度量方法是空间相关指数计算的关键，本节主要用地理临近标准

来构造空间权重矩阵。

$$\mathbf{w}_{ij} = \begin{cases} 1, & \text{区域}i\text{与区域}j\text{相邻} \\ 0, & \text{区域}i\text{与区域}j\text{不相邻} \end{cases} \tag{7.2}$$

在空间地理位置的权重矩阵设定公式(7.2)中，区域 i 与区域 j 相邻是指只要两个区域有共同的区域或交点，都算作是相邻。

Moran'I 指数的取值范围是(-1，1)，该值为正时，数值越大，代表 PM$_{2.5}$ 浓度的空间正相关性越强，样本的空间特征越集聚；该值为负时，数值越小，代表 PM$_{2.5}$ 浓度的空间负相关性越强，样本的空间特征越分散；该值为 0 时则表明样本无空间相关性。

经过计算可知，2007～2016 年中国 27 个省份 PM$_{2.5}$ 全局 Moran'I 指数如表 7-1 所示。

表 7-1　2007～2016 年中国 27 个省份 PM$_{2.5}$ 全局 Moran'I 指数

年份	Moran'I	sd(I)	Z	P
2007	0.3961	0.4335	3.8022	0.00007171
2008	0.3820	0.4396	3.8515	0.00005870
2009	0.3781	0.4504	3.9390	0.00004091
2010	0.3724	0.4187	3.6835	0.00011503
2011	0.3715	0.4390	3.8466	0.00005988
2012	0.3763	0.4362	3.8238	0.00006571
2013	0.4011	0.4585	4.0039	0.00003115
2014	0.3868	0.4393	3.8488	0.00005935
2015	0.4406	0.5078	4.4013	0.00000538
2016	0.4592	0.5221	4.5161	0.00000538

由表 7-1 可以看出，全局 Moran'I 指数通过显著性水平 1%的检验，且都为正值并呈现出整体不断上升的趋势。中国 PM$_{2.5}$ 浓度呈现出较为显著的正向空间性，即一个区域 PM$_{2.5}$ 浓度较高时，其相邻地区的 PM$_{2.5}$ 也处于较高水平；反之，当区域的 PM$_{2.5}$ 浓度较低时，其相邻地区的 PM$_{2.5}$ 浓度也不会太高。2016 年 Moran'I 指数上升到 0.4592，处于较高水平，说明中国 PM$_{2.5}$ 浓度的正向空间性不断加强。

2007 年、2013 年、2016 年中国各地区 PM$_{2.5}$ 浓度的 Moran'I 指数散点图如图 7-1 所示。

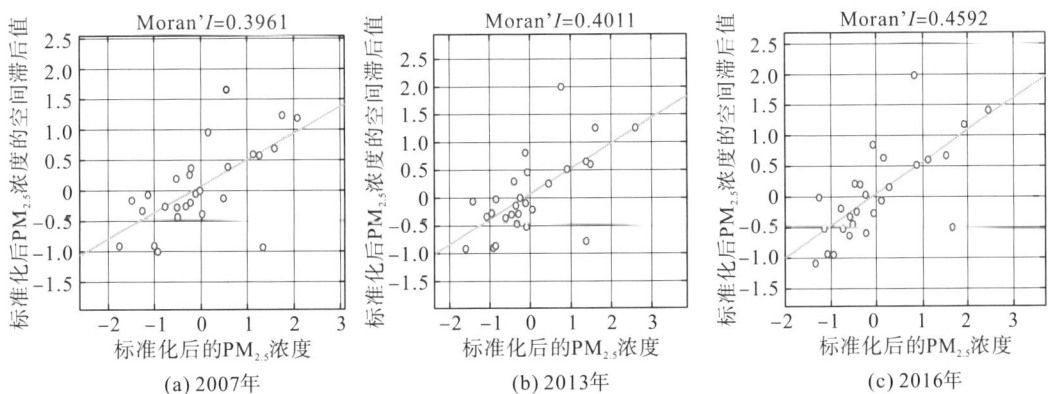

图 7-1　2007 年、2013 年、2016 年中国各地区 PM$_{2.5}$ 浓度的 Moran'I 指数散点图

图 7-1 中整个坐标系分为四部分，其中第一象限内的观测区域 PM$_{2.5}$ 浓度较高，同时被高 PM$_{2.5}$ 浓度的区域所包围，地区间的雾霾污染呈现出高-高型；第三象限正好相反，观测区域和相邻区域都是较低的 PM$_{2.5}$，呈现出低-低型。二、四象限中的观测区域代表空间负相关性，在全国的 PM$_{2.5}$ 浓度呈现出整体的正向空间相关性的条件下，仅有 3～4 个观测区域处于空间负相关，散点图直观上表明中国 PM$_{2.5}$ 浓度存在全局空间正自相关性。

由表 7-2 可以看出，北京和河北两个地区从 2007 年一直到 2016 年都是高-高型雾霾污染聚集区，其他的高雾霾污染地区主要集中在江苏、山东、天津、辽宁、湖北等地，这与我国雾霾污染现状保持一致，高污染地区主要集中在京津冀、长三角地区，局域空间污染集聚效应明显。在 2011 年和 2013 年，中国整体的雾霾污染状况较为稳定，江苏、辽宁、浙江等地污染有所好转。

表 7-2　中国部分高-高型雾霾污染省(市)

年份	省(市)
2007	北京市 河北省 江苏省 山东省 天津市 安徽省 河南省 湖北省
2008	北京市 河北省 江苏省 山东省 天津市 浙江省 辽宁省 安徽省 河南省 湖北省
2009	北京市 河北省 江苏省 山东省 天津市 辽宁省 安徽省 河南省 湖北省
2010	北京市 河北省 江苏省 山东省 天津市 辽宁省 安徽省 河南省 湖北省
2011	北京市 河北省 山东省 天津市 安徽省 河南省 湖北省
2012	北京市 河北省 江苏省 山东省 天津市 安徽省 河南省 湖北省
2013	北京市 河北省 山东省 天津市 安徽省 河南省 湖北省
2014	北京市 河北省 江苏省 山东省 天津市 安徽省 河南省 湖北省
2015	北京市 河北省 山东省 天津市 辽宁省 安徽省 河南省 湖北省
2016	北京市 河北省 山东省 天津市 辽宁省 安徽省 河南省 湖北省

另外，从表 7-2 还可以看出，雾霾污染严重的高-高型地区，区域经济都处于发展较快的阶段，那么如何通过研究污染的空间相关效应以及和各区域经济发展联系起来，解释雾霾污染的影响因素，并提出相应的解决办法，是本章接下来要研究的主要问题。

第二节　扩展期限的基于两种空间权重的空间溢出效应测度

作为环境质量的替代指标，PM$_{2.5}$ 在地理距离上显示出显著的相关性，因此本节依然首先构建基于地理距离的空间权重矩阵 **Wd**。公式定义如下：

$$\mathbf{Wd}_{ij} = \begin{cases} 1/d_{ij}, i \neq j \\ 0, i = j \end{cases} \tag{7.3}$$

其中，d_{ij} 代表省份 i 和 j 之间的地理距离。

另一方面，PM$_{2.5}$ 除了具有基于地理距离的空间溢出效应之外，有学者认为 PM$_{2.5}$ 与经济发展水平也密切相关。为了精确研究 PM$_{2.5}$ 的空间溢出效应，并获得更客观的教育不平等对环境质量的估计结果，本章将区域经济发展水平引入空间权重矩阵中，构建了基于地理经济距离的空间权重矩阵 **Wdj**。地理经济距离空间权重矩阵不仅可以考虑地理距离的影响，还可以反映出经济因素具有区域溢出效应和辐射效应的事实。因此，它可以更客观地反映出横截面单元之间的空间相关程度。具体公式如下：

$$\mathbf{Wdj}_{ij} = \begin{cases} \mathbf{Wd}_{ij} \cdot \dfrac{1}{y_i - y_j}, i \neq j \\ 0, i = j \end{cases} \tag{7.4}$$

其中，y_i、y_j 分别代表省份 i 和 j 的实际人均生产总值。

基于上述部分构建的空间权重矩阵，本章使用 ESDA 中的全局和局部空间相关性指标来检验 PM$_{2.5}$ 的空间溢出效应。如图 7-2 所示，在空间权重 **Wd** 和 **Wdj** 下，Moran'I 指数均大于 0（约为 0.2），且所有年份的 Moran'I 指数均在 5%显著性水平下显著，这表明 PM$_{2.5}$ 具有高-高型集聚和低-低型集聚的特征。同时，可以发现相较于基于地理距离的空间权重，基于地理经济距离空间权重下的 Moran'I 指数波动较大，这一现象符合客观认知事实。

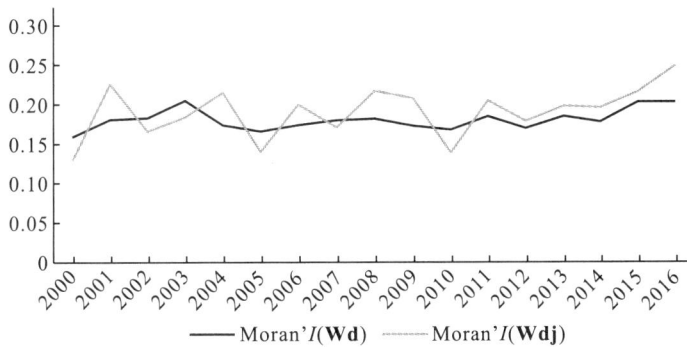

图 7-2 基于地理距离和地理经济距离的两种空间权重下 2000～2016 年 Moran'I 指数值

为了更清晰地说明 PM$_{2.5}$ 的空间相关性，本节还给出了样本开始和结束年份各省份 PM$_{2.5}$ 浓度分布的散点图（图 7-3 和图 7-4）。横轴是标准化的 PM$_{2.5}$ 浓度值，纵轴是 PM$_{2.5}$ 浓度值的空间滞后值。该图说明大多数省份位于第一和第三象限，进一步表明 PM$_{2.5}$ 具有正向的空间溢出效应。

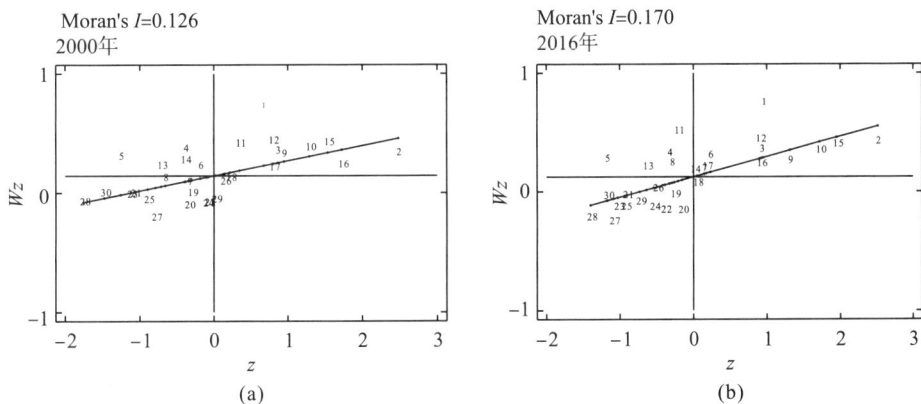

图 7-3 2000 年和 2016 年地理距离空间权重下的 Moran'I 散点图

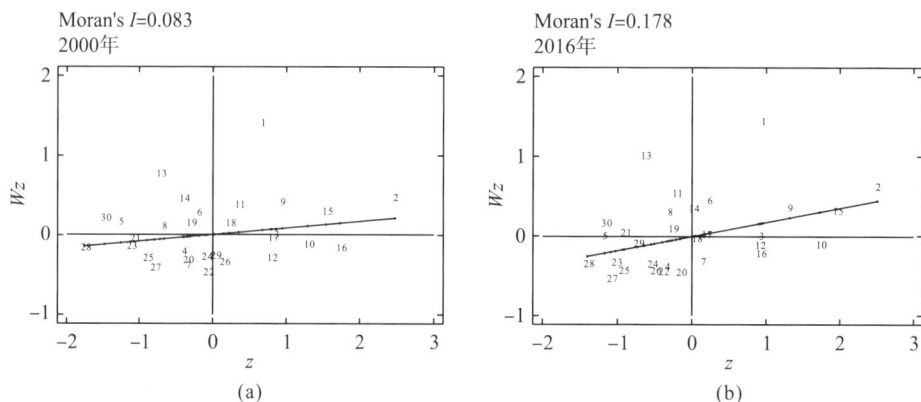

図 7-4　2000 年和 2016 年地理经济距离空间权重下的 Moran'I 散点图

第三节　空间溢出效应下的收入差距与空气污染

一、雾霾污染影响因素的实证研究

1. 计量模型设定

空间计量经济学由美国经济学家 Paelinck（佩林克）和 Klaassen（克拉森）首次提出，Anselin（1988）对空间经济计量学进行了系统的研究，并将其定义为“在区域科学模型的统计分析中，研究由空间引起的各种特性的一系列方法”。早期的经济空间计量模型研究成果，主要是 Anselin（1988）提出的空间计量模型，后来被广泛应用到经济与环境关系的研究中。

在空间横截面数据模型中，根据模型解释变量、被解释变量以及误差项的假设条件，空间相关性主要体现在两个方面，一是在回归模型中引入空间滞后相关变量，即形成空间滞后模型（spatial lag model，SLM）；二是在回归模型中加入残差结构特殊形式，即形成空间误差模型（spatial error model，SEM）。这里提到的空间滞后，可以理解为邻近观测单元上某一随机变量的加权平均，或作为一个空间平滑滤波器，即空间计量模型不仅考虑传统计量经济学所关注的变量间因果关系，更将邻近观测样本的影响考虑在内，因此其结果比传统计量实证方法更具可靠性。

现有研究已将空间计量方法用于与经济地理、雾霾污染相关的问题。侯志强（2018）利用中国 30 个省份 2001～2015 年的面板数据，在空间滞后模型和空间误差模型基础上，采用 Elhorst（2003）提出的极大似然估计方法（maximum likelihood estimate method），研究交通基础设施变量对区域旅游经济的增长效应，最终证明东部、西部、中部三个地区交通基础设施的空间溢出效应对该区域旅游经济增长的贡献均明显大于直接效应，占总效应的3/4 左右。邵帅等（2016）在讨论影响雾霾污染的关键因素时，根据 Elhorst（2012）的研究讨论了雾霾污染的时间滞后效应、空间滞后效应和时空滞后效应，在四重空间权重矩阵下，发现雾霾污染与经济增长存在典型的倒 U 形相关关系，其明确给出了雾霾污染频发的根本原因，对治霾政策讨论具有指导意义。

本章借助动态空间面板数据模型的思想，综合考虑前人的研究成果，探索中国雾霾污染的影响因素。计量模型设定如下：

$$\mathrm{PM}_{it} = E_{it} + S_{jt} - S_{it} \tag{7.5}$$

在考虑雾霾污染的空间扩散效应时，如公式(7.5)所示，将某个地区的雾霾污染来源分解为三个部分。其中，E_{it} 是第 i 个地区 $\mathrm{PM}_{2.5}$ 的实际污染物产生量；S_{jt} 表示本地 $\mathrm{PM}_{2.5}$ 污染中来自其他地区 j 的量；S_{it} 表示本地区 i 产生的 $\mathrm{PM}_{2.5}$ 扩散到其他地区的量，对本地区的雾霾污染并不构成实际影响；t 是年份。式(7.5)中 $S_{jt} - S_{it}$ 体现了空间效应的依存关系，当采用静态面板数据时，$S_{jt} - S_{it} = \rho \sum_j w_{ij} \mathrm{PM}_{jt}$；空间误差特征为 $S_{jt} - S_{it} = \mu_{it} = \lambda \sum_j w_{ij} \mu_{it} + \varepsilon_{it}$，含义为误差项中也存在空间依赖。考虑到地区的雾霾污染受社会、经济、政治等因素的影响，定义本区域 $\mathrm{PM}_{2.5}$ 产生量 E_{it} 的函数表达式：$E_{it} = f(X_{it}) = \alpha X_{it} + u_{it}$，在空间依赖特征和空间误差特征下，空间滞后模型和空间误差模型分别如下：

$$\mathbf{PM}_{it} = \alpha \boldsymbol{X}_{it} + \rho \sum_j w_{ij} \mathbf{PM}_{jt} + u_{it} \tag{7.6}$$

$$\mathbf{PM}_{it} = \beta \boldsymbol{X}_{it} + u_{it} = \lambda \sum_j w_{ij} \mu_{it} + \varepsilon_{it} \tag{7.7}$$

其中，$\boldsymbol{X}_{it}$ 代表影响雾霾污染的影响因素所组成的向量；$\sum_j w_{ij} \mathbf{PM}_{jt}$ 为空间向量，体现与 i 地区相邻的 j 地区雾霾污染情况；$\boldsymbol{\alpha}$ 和 $\boldsymbol{\beta}$ 为影响因素对应的系数向量；ρ 为空间变量的系数变量，反映当期空间滞后的相邻地区雾霾污染对本地区雾霾污染的影响状况；λ 为空间误差系数。

2. 数据说明和变量描述

关于雾霾污染的数据，本章选取造成雾霾污染的元凶 $\mathrm{PM}_{2.5}$ 浓度作为主要分析对象，选取了 2007～2016 年的时间跨度，对现有文献研究雾霾污染的影响进行了补充。本章选取了收入差距、经济增长、人口密度、产业结构、能源结构、技术水平和电力消费 7 个度量指标，来表示式(7.6)、式(7.7)右边的影响因素向量 $\boldsymbol{X}_{it}$。

其中，收入差距是一个重要指标。我国区域间发展不平衡的情况较为明显，降低了中国新型城镇化的建设质量。清华大学中国经济社会数据研究中心 2019 年 4 月发布《清华大学中国平衡发展指数报告(2019)》显示，2011～2017 年，我国发展不平衡导致的发展损失依然处于较高区间，年均发展损失在 16% 左右。

区域发展不平衡和收入差距的度量指标有很多，本章选用泰尔指数来衡量地区间的收入差距。泰尔指数作为衡量地区发展不平衡的指标，通过对区域内经济的聚集程度来描述该区域发展的不均衡程度。目前国内对于泰尔指数的研究较少，且大都存在于局部范围内。为了研究全国整体收入差距情况，本章首先计算了全国各个省份泰尔指数的结果，通过结果研究对雾霾污染的影响。由于泰尔指数具有可分解性质，故可分别度量地区间差距和地区内差距对总差距的贡献。泰尔指数的具体计算方法如下：

$$Y_K = \frac{X_K}{\sum_{K=1}^L X_K} \tag{7.8}$$

$$Y_{K_i} = \frac{X_{K_i}}{X_K} \tag{7.9}$$

其中，Y_K 与 Y_{K_i} 分别表示第 K 地区总的经济份额与该组中第 i 个人所占该地区的经济份额；X_K 与 X_{K_i} 表示第 K 地区总的经济收入和该地区中第 i 个人的收入；L 表示研究的地区总数。记地区间差距为 T_b，地区内收入差距为 T_w，则总差距 T 有

$$T = T_b + T_w \tag{7.10}$$

其中，$T_b = \sum_{K=1}^{L} Y_K \ln\left(\frac{Y_K}{n_K/n}\right)$，$T_w = \sum_{i=1}^{n_K} Y_{K_i} \ln\left(\frac{Y_{K_i}}{1/n_K}\right)$，$n_K$ 表示第 K 地区的总人数。本章选用区域间的收入差距 T_b 来测量地区间收入差距对雾霾污染的影响。

被解释变量和核心解释变量的数据说明和变量描述如表 7-3 所示。

表 7-3　数据说明与变量描述

变量名称	度量指标	单位	原始数据来源
$PM_{2.5}$	$PM_{2.5}$ 浓度	$\mu g/m^3$	——
经济集中度 (Theil)	泰尔指数	—	本章计算得出
经济增长 (gdp)	人均实际生产总值	元	《中国统计年鉴》
人口密度 (pop)	单位面积人口数	人	《中国统计年鉴》
产业结构 (sec)	第二产业占生产总值比重	%	EPS 数据库
能源结构 (coal)	煤炭消费量	万吨标准煤	《中国能源统计年鉴》
技术水平 (rd)	地区研发从业人员占总就业人口比重	%	《中国统计年鉴》
电力消费 (elec)	电力消费量	亿 kW·h	国家统计局

本次数据样本由 2007～2016 年中国 27 个省级行政区的面板数据组成，由于数据缺失等，西藏、新疆、青海、宁夏、香港、澳门以及台湾未被纳入本部分的实证研究。

3. 模型估计及讨论

参照式 (7.6)、式 (7.7)，可将模型转化为具体的空间数据面板模型进行估计。在进行模型的参数估计前，需要在式 (7.6) 的空间滞后模型和式 (7.7) 的空间误差模型中进行选择。Anselin (2005) 研究了截面数据模型选择的方法。根据其方法，第一步先借助 Moran'I 指数判断是否需要引入空间数据模型，再观察 LM-lag、LM-error，LM-lag 检验空间滞后模型，LM-error 检验空间误差模型，若均通过检验，则进一步根据 (Robust) LM 检验结果进行判断。本章空间相关性的诊断结果如表 7-4 所示。

表 7-4　空间相关性诊断结果

LM-lag	(Robust) LM-lag	LM-error	(Robust) LM-error
129.167***	2.752*	128.215***	1.8
0.000	0.097	0.000	0.18

注：***、*分别表示通过 1% 和 10% 显著性水平下的显著性检验。

　　由表 7-1 的 Moran'I 指数计算结果可知，面板数据之间存在着显著的空间相关性，基本面板数据模型不再适用，需要引入空间面板数据模型。从表 7-4 中可以看出，LM-lag 和（Robust）LM-error 均通过了 1%水平下的显著性检验，进一步观察（Robust）LM 检验，（Robust）LM-error 未通过检验，故本章选择空间滞后面板数据模型。由于本章所使用数据是信息量更大的面板数据，在 LM 检验的初步筛选后，下文还将根据具体模型的估计参数作进一步分析。

　　在考虑个体固定效应和个体随机效应的情况下，本章通过 H 检验，即一种用于检验一个回归系数的两种估计量差异显著性的检验方法，在 5%的显著性水平下拒绝随机效应的原假设，分别接受空间滞后面板的固定效应模型和空间误差面板的随机效应模型。本节采用极大似然估计方法，对基本面板数据模型和空间面板数据模型进行估计，各影响因素的计量结果如表 7-5 所示。

表 7-5　回归结果的 3 种估计结果

变量	基本面板数据模型		空间滞后面板数据模型		空间误差面板数据模型	
	模型 1 固定效应	模型 2 随机效应	模型 3 固定效应	模型 4 随机效应	模型 5 固定效应	模型 6 随机效应
C		14.308[*]		10.978		9.634
		(0.058)		(0.147)		(0.194)
Theil	−16.111[*]	−48.389[***]	−17.400[**]	−47.445[***]		−56.171[***]
	(0.095)	(0.000)	(0.022)	(0.000)		(0.000)
gdp	−0.000[***]	−0.000[***]	−0.000[**]	−0.000[***]	−0.000[**]	−0.000[***]
	(0.001)	(0.000)	(0.018)	(0.000)	(0.011)	(0.000)
pop	0.012	0.052[***]	0.012	0.049[***]	0.011	0.053[***]
	(0.173)	(0.000)	(0.104)	(0.000)	(0.218)	(0.000)
sec	0.174[***]	0.410[***]	−0.113[**]	0.426[***]	−0.083	0.636[***]
	(0.007)	(0.001)	(0.027)	(0.001)	(0.154)	(0.000)
coal	0.000	0.000[***]	0.000	0.000[***]	0.0002[**]	0.000
	(0.401)	(0.000)	(0.127)	(0.004)	(0.023)	(0.771)
rd	−44.590	−60.047	−60.563	−63.822	−91.528	−47.668
	(0.651)	(0.514)	(0.436)	(0.479)	(0.255)	(0.588)
elec	−0.001	−0.004[***]	−0.001	−0.004[***]	0.001	−0.002
	(0.215)	(0.000)	(0.365)	(0.000)	(0.349)	(0.018)
ρ			0.655[***]	0.110		
			(0.000)	(0.132)		
λ					0.675[***]	0.511[***]
					(0.000)	(0.000)
Adjusted R^2	0.962	0.618	0.978	0.617	0.960	0.561
Log Likelihood	690.654	1001.6	633.556	1000.847	633.433	992.694

　　注：***、**和*分别表示通过 1%、5%和 10%显著性水平下的显著性检验。

从表 7-5 中可以看出，模型 6 的参数显著性水平和对数似然值都要优于模型 3，但 Anselin（2005）的选择机制判断空间滞后模型更为优越，故本章选择模型 3 和模型 6 共同进行实证研究。

4. 模型结果分析

在 1%的显著性水平下，从模型 3 可知，$\rho>0$，而从模型 6 可知，$\lambda>0$，可以说明雾霾污染呈现出显著的空间溢出效应。从模型 3 来看，相邻地区 PM$_{2.5}$ 每增加 1%，会引起该地区的 PM$_{2.5}$ 增加 0.655%，空间溢出效应较为明显。

1）经济集中度与雾霾污染

由表 7-5 中的模型 3 和模型 6 可知，地区经济的聚集程度大，雾霾污染就会相应地减轻。具体体现为地区的经济集中度每上升 1%，PM$_{2.5}$ 浓度就会相应下降 17.4%和 56.17%。

由表 7-2 可知，中国的高雾霾污染省份主要集中在中部偏北地区，而在经济较为集中的沿海一带，雾霾污染程度较轻。这与空间计量模型中代表泰尔指数的系数估计结果相符。中国正处在一个快速的城市化进程，产业集聚的步伐加快。总体来看，市场经济发达、市场机制健全的地方，产业集群更加容易出现。由于具有良好的区位条件、经济基础和资源禀赋等，沿海地区经济在改革开放过程中率先得到发展，专业镇、专业村不断涌现，块状经济十分活跃，形成各种产业集群。在一定程度上，产业集聚带来了规模经济效应，规模经济是指产出水平比要素投入的增长幅度大的现象，具体可能表现为沿海地区生产一定产品所需能源原材料消耗的减少。产业集中有利于降低 PM$_{2.5}$ 浓度，这一结果对有效治理雾霾污染具有重要的启示意义。

2019 年，新华社报道称，我国新一代人工智能产业蓝图初步显现，以京津冀、长三角、粤港澳为代表的三大人工智能产业集聚区初步形成，人工智能企业总数占全国的 86%。据新华社另一篇报道，近五年来，从"拉企业转移"到"引产业聚集"，河北省承接北汽福田、北京威克多等一批制造业疏解大项目；廊坊、保定、石家庄、沧州等地利用现有商贸物流产业基础和交通优势，积极承接北京区域性批发市场转移，产业在承接中成群聚集。新的产业集聚格局可能会带来雾霾治理的新机遇。

2）经济增长与雾霾污染

在表 7-5 的模型 3 和模型 6 中，人均生产总值与地区 PM$_{2.5}$ 浓度分别在 5%和 1%的显著性水平下呈负相关。

在关于经济增长与雾霾污染的研究中，大多数文献都会提到环境库兹涅茨曲线。在经济发展的前期阶段，经济的增长以破坏环境为代价，经济的增长伴随着环境污染的加重；在经济发展的后期，随着产业技术的完备，人均生产总值的增加可能会促使环境污染减轻。在本章的测量结果中，人均生产总值与 PM$_{2.5}$ 浓度呈负相关关系，说明此时中国的经济发展已不再以加重污染为代价，但由于两者之间的负相关程度分别仅为 0.0001%和 0.0003%，也就意味着中国在经济转型带来的经济增长和污染治理之间，还有一定的进步空间。

3）第二产业占比和雾霾污染

表 7-5 的模型 6 中，第二产业占生产总值比重的估计系数在 1%的显著性水平下显著为正，当第二产业占比增加 1%，地区的 PM$_{2.5}$ 浓度加重 0.636%。在模型 3 中，5%的显著

性水平下第二产业占比系数呈现出较不明显的负相关关系，这与预期中高耗能产业占生产总值比重越大对该地区的雾霾污染越严重的情况并不一致，一种可能的原因是固定效应模型将某些不随时间发生变化的变量排除在外了。综合考虑各因素后，本章采用模型 6 的估计结果进行分析。

在以往中国粗放式的发展方式中，第二产业在生产总值中所占的比重较大(2007 年占比 50.1%)，一直以来以工业化和重工业为主的产业结构加重了雾霾污染的程度，两者之间的正相关关系给空气污染的治理带来了一定的启示意义。一些学者的研究结果与本章的相一致，例如马丽梅和张晓(2014)通过建立空间环境库兹涅茨曲线回归模型，发现污染水平与产业结构息息相关，并指出从长期看，改变能源消费结构与优化产业结构是治理雾霾的关键。

二、雾霾污染影响因素的直接效应和空间溢出效应

由表 7-5 中的 ρ 和 λ 估计值可知地区间的雾霾污染存在着显著的空间溢出效应。地区的 $PM_{2.5}$ 浓度不仅受该地区自身的空气污染排放的影响，还会因为相邻地区的 $PM_{2.5}$ 浓度的大小发生改变。在这种情况下，各影响因素的变化不仅会直接引起本地区雾霾污染的变化，同时也会对邻近地区的雾霾污染情况产生影响，并通过循环反馈作用反过来影响到本地区或其他地区。在式(7.6)的空间滞后面板数据模型中，影响因素的空间溢出效应(影响因素变动对其他地区雾霾污染的影响)表示为

$$\alpha_j \sum_{q=1}^{\infty} \rho^q = \frac{\alpha_j \rho}{1-\rho} \tag{7.11}$$

其中，q 为第 i 区域向外相邻地区的个数，总效应为直接效应(影响因素变动对本地区雾霾污染的总体影响)与空间溢出效应的总和：

$$\alpha_j + \alpha_j \sum_{q=1}^{\infty} \rho^q = \frac{\alpha_j}{1-\rho} \tag{7.12}$$

通过式(7.11)和式(7.12)，可以判断不同影响因素下对不同地区 $PM_{2.5}$ 浓度的直接效应、空间溢出效应和总效应。其主要影响因素的计算结果见表 7-6。

表 7-6　$PM_{2.5}$ 浓度主要影响因素的总效应、直接效应和空间溢出效应

变量	总效应		直接效应			空间溢出效应		
	系数	P 值	系数	P 值	占总效应比	系数	P 值	占总效应比
Theil	−51.653	0.046	−19.811	0.034	38.3%	−31.842	0.061	61.7%
gdp	−0.0002	0.025	−0.0001	0.019	50.0%	−0.0001	0.035	50.0%
sec	−0.332	0.049	−0.128	0.041	38.6%	−0.204	0.064	61.4%

从表 7-6 可知，雾霾污染的主要影响因素均呈现出空间溢出效应大于直接效应的现象。根据表格中的数据，人均实际生产总值的空间溢出效应和直接效应各占 50%，泰尔指数和

第二产业占比的空间溢出效应均占总效应的 3/5 左右，其中泰尔指数的空间溢出效应占比是最高的。泰尔指数的空间溢出效应系数为负值，表明相邻地区的经济集中对该地区的雾霾污染是有抑制效用的，该地区和相邻地区产业集聚减轻了 $PM_{2.5}$ 浓度。

第二产业占比的空间溢出效应系数同样为负值，这可能是本地区的高污染产业转移到相邻地区，导致转出地区的第二产业比重增加，但是使得该地区雾霾污染减轻，从而空间溢出效应系数为负。但该做法可能会导致转入地区的雾霾污染加重。环境规制更严格的发达地区通过产业转移的方式换取的环境质量改善很可能仅仅是短期的，从长期看，邻近地区的产业转移对于污染的根治作用甚微。

其中，第二产业占比的三个效应系数均表现出负值，在该地区和全国的工业产业占生产总值比重越高，对 $PM_{2.5}$ 浓度越有抑制作用，这与我们熟悉的认知并不相同。在本节的模型设计中可能还有一些未被考虑到的因素，无法将误差降到最低。

三、36 个重点监测城市回归结果对比分析

本章另外分析了国内 36 个环境重点监测城市 2013～2016 年的 $PM_{2.5}$ 浓度与各影响因素之间的关系，与本章前文 27 个省份 2007～2016 年的分析结果进行对比。基于前文对省际雾霾污染情况的分析方法，采用中国环境监测总站的 $PM_{2.5}$ 浓度数据来衡量城市雾霾污染情况，将各重点城市统计年鉴的人均生产总值、人口密度、第二产业占生产总值比重、原煤消耗量、地区研发从业人员占总就业人口比重和电力消费量作为影响因素，研究各影响因素对城市 $PM_{2.5}$ 浓度的影响。

研究结果发现，经济增长与第二产业占比在 5%的显著性水平下与该城市的 $PM_{2.5}$ 浓度负相关，与省级研究结果一致。原煤消耗量与地区研发从业人员占总就业人口比重在 1%的显著性水平下与该重点城市的 $PM_{2.5}$ 浓度正相关，比省级研究结果更为显著。在重点城市的实证结果中，ρ 和 λ 值均在 1%的显著性水平下表示重点城市的 $PM_{2.5}$ 浓度具有显著的空间溢出效应，但由于监测的重点城市在地理位置上不相邻且相隔较远，故探究两个城市之间的直接效应和间接效应意义不大。

第四节　教育水平差距与雾霾污染关系的实证研究

一、模型设定与变量选取

本研究采用模型 (7.13) 考察教育水平差距与环境质量之间的影响关系：
$$\ln(PM_{2.5it}) = \beta_0 + \beta_1 A_{it} + \beta_2 X_{it} + \mu_{it} \tag{7.13}$$
其中，自变量 A_{it} 代表教育基尼系数、教育不平等标准差、城乡教育水平差距大小，i 代表第 i 个省，t 代表第 t 年；X_{it} 代表一组其他可能影响区域环境质量的控制变量；μ_{it} 是误差项。因为每个省之间有较大个体差异，且大多变量有固定的时间趋势，本节使用固定效应模型来消除个体效应和时间效应的影响，更客观地估计教育水平差距与环境质量之间的因果关系。

　　PM$_{2.5}$浓度由于其强烈的空间扩散而在空间上具有依赖性，即一个地区的污染物不仅与当地的排放有关，还将受到邻近地区的影响。为了解决这个问题，并更精确地估计教育不平等对环境质量的影响关系，本节在进一步考虑空间溢出效应下，采用空间自回归模型进行分析。模型如下：

$$\ln(\mathrm{PM}_{2.5it}) = \rho \boldsymbol{W} \ln(\mathrm{PM}_{2.5it}) + \beta_1 A_{it} + \beta_2 X_{it} + \mu_{it} \tag{7.14}$$

模型(7.14)中，$\boldsymbol{W}$代表空间权重矩阵；ρ是空间权重系数，其他变量与模型(7.13)保持一致。同样地，仍然使用时间个体双固定的空间自回归模型来估计参数。

　　本节选取教育基尼系数(gini_edu)、教育标准差(sd)和城乡居民受教育程度之比(ineqcx)三个指标来衡量教育水平差距程度。本节使用 Thomas 等(2003)改进的公式，并基于历年的《中国人口统计年鉴》中 6 岁以上人口的受教育程度数据估算了 2000~2016 年中国 30 个省份的教育基尼系数，并以此为基础计算了教育标准差。计算公式如下：

$$\mathrm{gini\_edu} = \frac{1}{\mu} \sum_{i=2}^{n} \sum_{j=1}^{i-1} p_i \left| y_i - y_j \right| p_j \tag{7.15}$$

$$\mu = \sum_{i=1}^{n} p_i y_i \tag{7.16}$$

$$\mathrm{sd} = \sqrt{\sum_{i=1}^{n} p_i (y_i - \mu)^2} \tag{7.17}$$

其中，gini_edu 是教育基尼系数；sd 是教育标准差；μ是平均受教育年限；p_i和p_j是受教育程度为y_i和y_j年相对应的人口份额；n是教育的类别数量，本节根据人口的教育程度将其分为五类：不识字($y_1 = 0$)，小学($y_2 = 6$)，初中($y_3 = 9$)，高中[包括中专($y_4 = 12$)]和大学[包括大专和研究生($y_5 = 16$)]。另一方面，城乡发展不平衡是我国由来已久的问题。在采用教育基尼系数和教育标准差从整体上衡量教育水平差距的基础上，本节还选取城乡居民受教育年限之比(ineqcx)来衡量教育在不同群体中的不平衡情况。

　　本节选取环境质量为被解释变量，并以 PM$_{2.5}$年平均浓度作为环境质量的反指标，即PM$_{2.5}$浓度越高，环境质量越差。同时，为了与教育水平差距进行比较，从更多角度对教育问题和环境问题进行思考，本节引入了衡量教育投入水平的区域教育经费投入(fund_edu)、衡量区域基础教育水平的每百人高中班级的拥有数量(class_high)和衡量总体水平的整体受教育程度(ay_edu)来说明区域教育水平对环境质量的影响。控制变量选取第二产业占比(indus)、城镇化水平(urban)、利用外资(fdi)、科技财政支出(exp_steh)等影响环境质量的常见因素，实际专利授权数则用于表示地区技术水平(tech)，作为教育水平差距与环境质量之间产生联系的路径变量进行实证检验。

　　表 7-7 给出了上述变量的描述性统计特征。为了缓解异方差问题，对部分变量取了对数，并且对所有以货币表示的变量以 2000 年为基础进行了平减处理。从表中可以看出，教育的基尼系数在 0.17~0.39 波动，这表明中国各省之间的教育水平差距较大。以城乡居民受教育年限比值衡量的教育不平等程度在 1.08~1.81 波动，且均值为 1.33，表明我国城乡二元结构下教育水平差距较大。

表 7-7　描述性统计

变量	样本数	平均值	标准差	最小值	最大值
$\ln(PM_{2.5})$	510	3.25	0.63	0.85	4.42
gini_edu	510	0.23	0.04	0.17	0.39
Sd	510	3.65	0.29	3.05	4.57
Ineqcx	480	1.33	0.10	1.08	1.81
$\ln(ay\_edu)$	510	2.13	0.12	1.79	2.51
$\ln(urban)$	510	3.85	0.31	3.14	4.54
$\ln(indus)$	510	3.83	0.20	2.96	4.12
$\ln(fdi)$	510	7.33	1.41	3.87	10.42
$\ln(exp\_steh)$	510	4.59	1.52	0.65	8.36
$\ln(tech)$	510	8.64	1.66	4.25	12.51
$\ln(fund\_edu)$	510	5.54	0.88	2.55	7.57
class_high	510	3.21	0.70	1.12	5.09

二、教育水平差距与雾霾污染关系的实证研究结果

表 7-8 显示了教育水平差距对环境质量的回归结果。第(1)列是教育基尼系数对环境质量的回归结果。第(2)列是添加相应控制变量后的回归结果。第(3)列将教育的时滞视为人力资本积累的方式，估计了滞后一期的教育基尼系数对环境质量的影响关系。第(4)列是教育标准差的回归结果。第(5)列是城乡教育水平差距对环境质量的回归结果。我们发现，整体的教育水平差距大小和代表特定群体的教育水平差距大小均对环境质量产生负向影响，即随着教育水平差距的加大，环境质量恶化，符合本节的理论预期。这一结论可能的解释包括以下几方面：首先，教育影响居民的环境意识，教育水平差距可能会对居民环境行为产生影响，进而影响环境质量；其次，教育水平差距导致人力资本积累失衡，最终导致收入差距，进而加剧了环境污染；再次，教育水平差距可能不利于科技创新，进而恶化环境质量；最后，教育水平差距可能通过抑制产业结构升级影响环境质量。

表 7-8　教育水平差距面板回归结果

	(1)	(2)	(3)	(4)	(5)
gini_edu	1.79***	1.02*			
	(3.73)	(1.82)			
$\ln(gini\_edu)$			1.29**		
			(2.56)		
sd				0.09*	
				(1.85)	
ineqcx					0.22**
					(2.47)

	(1)	(2)	(3)	(4)	(5)
ln(ay_edu)		-0.49**	-0.52**	-0.79***	-0.78***
		(-2.00)	(-2.36)	(-3.71)	(-3.79)
ln(urban)		-0.14***	-0.13***	-0.14***	-0.13***
		(-3.19)	(-2.59)	(-3.22)	(-2.66)
ln(fdi)		-0.03*	-0.03*	-0.03*	-0.03
		(-1.69)	(-1.71)	(-1.72)	(-1.57)
ln(exp_steh)		0.01	-0.02	0.01	-0.02
		(0.33)	(-0.86)	(0.46)	(-0.83)
ln(indus)		-0.01	-0.04	-0.02	-0.02
		(-0.20)	(-0.76)	(-0.31)	(-0.39)
时间	控制	控制	控制	控制	控制
个体	控制	控制	控制	控制	控制
cons	2.42***	4.37***	4.73***	4.94***	5.18***
	(20.47)	(7.29)	(8.95)	(10.75)	(11.30)
N	510	510	480	510	480
adj. R^2	0.58	0.59	0.42	0.59	0.42
H 检验	10.02***	15.83**	36.62***	19.30***	40.39***

注：*、**、***分别表示在10%、5%、1%显著性水平下显著。

表 7-9 显示了考虑到 $PM_{2.5}$ 的空间溢出特征后，教育水平差距对环境质量的回归结果。第(1)列和第(2)列分别是地理距离空间权重和地理经济距离空间权重下教育基尼系数对环境质量的回归结果。第(3)列和第(4)列是两种空间权重下教育标准差的回归结果。第(5)列和第(6)列分别是两种权重下城乡教育水平差距的回归结果。可以发现，在考虑了空间溢出效应之后，三个变量所表示的教育水平差距均对环境质量具有显著的负面影响。另一方面，对比两种空间权重下三个教育水平差距指标对环境质量影响系数的大小，可以发现与地理空间权重相比，在考虑了经济因素的地理经济空间权重下，教育水平差距对环境质量的影响更大。这表明，除了地理距离的空间溢出外，经济的空间相关性也是 $PM_{2.5}$ 空间溢出特征的一个重要方面。以上结果证实，教育水平差距的加大会对环境质量产生负向影响，且不同教育水平差距的指标均表现出此结果，证明该结论具有稳健性。

表 7-9　空间溢出效应下教育水平差距回归结果

	(1)	(2)	(3)	(4)	(5)	(6)
	Wd	**Wdj**	**Wd**	**Wdj**	**Wd**	**WdJ**
Main						
gini_edu	0.73	0.97*				
	(1.45)	(1.85)				
sd			0.07*	0.09*		
			(1.66)	(1.93)		

续表

	(1)	(2)	(3)	(4)	(5)	(6)
ineqcx					0.17^{**}	0.19^{**}
					(2.22)	(2.24)
$\ln(\text{ay\_edu})$	-0.49^{**}	-0.47^{**}	-0.71^{***}	-0.75^{***}	-0.70^{***}	-0.71^{***}
	(−2.23)	(−2.01)	(−3.73)	(−3.75)	(−3.94)	(−3.75)
$\ln(\text{czh})$	-0.14^{***}	-0.15^{***}	-0.14^{***}	-0.15^{***}	-0.12^{***}	-0.13^{***}
	(−3.51)	(−3.55)	(−3.53)	(−3.58)	(−2.92)	(−3.01)
$\ln(\text{fdi})$	−0.03	−0.03	−0.03	−0.03	−0.02	−0.02
	(−1.49)	(−1.53)	(−1.54)	(−1.56)	(−1.45)	(−1.26)
$\ln(\text{exp\_steh})$	0.01	0.01	0.01	0.01	−0.01	−0.02
	(0.61)	(0.40)	(0.70)	(0.53)	(−0.75)	(−0.89)
$\ln(\text{indus})$	0.02	0.01	0.01	0.00	0.01	−0.00
	(0.32)	(0.13)	(0.23)	(0.02)	(0.11)	(−0.01)
ρ	0.65^{***}	0.26^{***}	0.65^{***}	0.26^{***}	0.73^{***}	0.33^{***}
	(8.50)	(3.17)	(8.54)	(3.20)	(11.62)	(4.18)
λ	0.01^{***}	0.01^{***}	0.01^{***}	0.01^{***}	0.01^{***}	0.01^{***}
	(15.68)	(15.88)	(15.68)	(15.88)	(15.16)	(15.34)
N	510	510	510	510	480	480
adj. R^2	0.15	0.12	0.15	0.12	0.08	0.05
H 检验	62.82^{***}	285.3^{***}	75.68^{***}	383.8^{***}	121.2^{***}	46.15^{***}

注：*、**、***分别表示在 10%、5%、1%的显著性水平下显著。

表 7-10 显示了直接效应和间接效应的结果。可以发现，在一定显著性水平下，教育水平差距对本地环境质量有显著负向作用，即教育水平差距越大，环境质量越差。间接效应不显著，证明本地教育不平等对相邻地区的环境质量没有影响，本地教育水平差距只对本地环境质量产生负向影响。

表 7-10 直接效应和间接效应分解

	直接效应		间接效应	
	Wd	**Wdj**	**Wd**	**Wdj**
gini_edu	0.79	1.00^{*}	1.51	0.35
	(1.45)	(1.83)	(1.11)	(1.32)
sd	0.08^{*}	0.09^{*}	0.15	0.03
	(1.65)	(1.91)	(1.20)	(1.35)
ineqcx	0.19^{**}	0.19^{**}	0.52	0.10
	(2.18)	(2.22)	(1.39)	(1.64)

注：*、**分别表示在 10%和 5%的显著性水平下显著。

三、异质性分析与路径分析

考虑到样本之间存在异质性的可能，本节根据国家地理系统的分类标准将 30 个样本省份分为东部、中部和西部三个部分，来检验基于地理异质性的结果，结果如表 7-11 所示。为了节省篇幅，正文同样只展示主要解释变量部分。我们发现，教育水平差距对东部和中部地区的环境质量有负面影响，但在东部地区不显著。可能的原因是东部地区更高水平的经济和技术发展掩盖了教育水平差距对环境质量的影响。教育水平差距对中国西部地区环境质量的影响是正向的。这种异常现象可能是由中国区域发展失衡造成的。西部部分地区经济发展水平乃至教育总体水平较为落后，在低水平上的教育平等并不有利于环境，而此时局部地区教育水平的发展上升虽然短期内使教育均衡性降低，但对环境是有利的。三个教育不平等指标回归结果均保持一致，证明该结论具有一定的稳健性。

表 7-11　异质性分析

	(1)	(2)	(3)	(4)	(5)	(6)	(7)	(8)	(9)
	东部	中部	西部	东部	中部	西部	东部	中部	西部
gini_edu	0.76	1.24***	−0.99**						
	(1.61)	(2.62)	(−2.29)						
sd				0.01	0.11***	−0.03			
				(0.33)	(2.64)	(−0.85)			
ineqcx							0.04	0.24***	−0.06
							(0.63)	(3.58)	(−1.08)
N	204	153	153	204	153	153	192	144	144
adj. R^2	0.27	0.16	0.06	0.27	0.16	0.05	0.18	0.14	0.03

注：**、***分别表示在 5%和 1%的显著性水平下显著。

考虑到教育水平差距对环境污染的影响路径，本节对潜在的路径机制做了一些分析。教育作为人力资本的积累方式，是创新的重要决定因素之一，技术、能源等方面的创新对环境污染有积极的治理作用，因此本节认为教育水平差距可能会对地区技术创新水平产生负向影响，进而影响地区环境质量。本节构建下述模型检验教育水平差距对地区技术创新水平的影响：

$$\ln(\text{tech}_{it}) = \alpha_1 + \alpha_2 A_{it} + \alpha_3 X_{it} + \mu_{it} \tag{7.18}$$

其中，tech_{it} 代表地区技术创新水平，其他变量与前述含义保持一致。

本部分探讨了教育水平差距对地区技术水平的影响，结果如表 7-12 所示，基于篇幅问题只体现主要变量回归结果。可以发现，在教育基尼系数和城乡教育水平差距的回归结果中，随着水平差距的加大，地区技术水平下降，以教育标准差表示的教育不平等虽然对技术进步水平影响为正向但不显著，说明教育水平差距大小可以通过抑制地区技术水平进步进而对环境质量产生负向影响。

表 7-12　路径分析

	(1)	(2)	(3)
	ln(tech)	ln(tech)	ln(tech)
gini_edu	-2.19**		
	(-2.01)		
sd		0.04	
		(0.36)	
ineqcx			-0.35*
			(-1.68)
N	510	510	480
adj. R^2	0.94	0.94	0.95
H 检验	90.63***	172.76***	107.55***

注：*、**、***分别表示在10%、5%、1%的显著性水平下显著。

四、地区教育水平对环境质量的影响

在这一部分中，本节估计区域教育水平对环境质量的影响，以从不同角度考察它们之间的关系。同时控制个体效应和时间效应，模型构建如下：

$$\ln(PM_{2.5it}) = \alpha_1 + \alpha_2 B_{it} + \alpha_3 X_{it} + \mu_{it} \tag{7.19}$$

其中，B_{it}代表平均受教育年限（ay_edu）、教育经费（fund_edu）、高中班级每百人拥有数量（class_high）。其他变量与前述模型保持一致。

在本节中，报告了从不同方面衡量的地区教育水平对空气质量的影响结果。结果如表7-13所示。第(1)列显示教育经费支出对环境质量的回归结果，地区教育经费支出越高，代表教育条件越好，对环境质量有正向影响作用。第(2)列是每百人高中班级拥有量对环境质量的回归结果显示地区高中教育资源对环境质量有较为显著的正向影响关系。在第(3)列中估算了平均受教育年限对空气质量的影响，发现随着居民平均受教育年限的增加，区域环境质量也逐渐改善，即平均受教育年限每增加1%，$PM_{2.5}$浓度就会降低0.73%，这在一定程度上证实了教育水平与环境质量之间的正相关关系。

表 7-13　地区教育水平回归

	(1)	(2)	(3)
	ln(PM₂.₅)	ln(PM₂.₅)	ln(PM₂.₅)
ln(fund_edu)	-0.11**		
	(-2.32)		
class_high		-0.02	
		(-1.64)	
ln(ay_edu)			-0.73***
			(-3.44)
N	510	510	510
adj. R^2	0.59	0.58	0.59
H 检验	14.48**	26.91***	16.21***

注：**、***分别表示在5%和1%的显著性水平下显著。

第八章　关于影响空气污染的典型重要影响因素的深入研究

　　本章是关于影响空气污染的典型重要影响因素的深入研究,包括对于能源消费、环境规制以及作为收入分配长效制度的最低工资水平等因素的实证研究,是对本书研究主线内容的重要补充和创新拓展。其中,第一节是能源消费结构中占重要地位的煤炭消费对于空气污染的影响研究;第二节是基于双重差分法的环境规制对于重要消费品价格影响的实证研究,主要关注的是在居民消费中占重要地位且对居民恩格尔系数有重要影响的猪肉消费;第三节是环境规制对于空气污染影响的实证研究;第四节是最低工资与企业资本密集度和经济演化效率关系的研究,研究了收入分配对微观经济体的影响,为收入分配相关的政策建议编写提供了重要支撑。

第一节　能源消费与空气污染的实证研究

一、研究设计

　　目前,大量的化学、医学文献探究了能源使用对污染物排放的贡献,以及环境污染对人类健康的损害,但这些研究大多集中于个体和微观层面,较少从系统的角度关注煤炭使用对地区整体环境质量的影响,也不能从宏观维度对环境污染带来的公共健康损失进行定量评估。随着中国空气质量数据的日益完备,一些研究文献开始从宏观统计数据出发,使用定量实证研究方法分别讨论能源使用与空气污染、空气污染与公共健康两组变量之间的相互关系。本节在上述研究基础之上,使用包含多种空气污染物指标的中国城市空气质量监测数据,考虑关键变量之间的相互影响和内生性,构建面板数据联立方程组模型将煤炭使用、空气污染与公共健康纳入统一的经济学分析框架中,对三者间的关系进行系统估计。

　　联立方程组模型是描述经济变量间联立依存性的方程体系。单一方程模型一般描述的是单向因果关系,即解释变量引起被解释变量变化。但当两个变量之间存在双向因果关系时,用单一方程模型就不能完整地描述两个变量之间的关系,这时就应该引入联立方程组模型,正如本节所研究的问题情况。

　　基于文献中对能源使用与空气污染、空气污染与公共健康两组变量关系的已有研究成果,结合 2014 年开始公布的包含 $PM_{2.5}$ 年平均浓度等关键空气污染指标的中国环保重点城市空气质量数据,以及其他可获得的中国城市级别统计数据,本节构建从煤炭使用到空气污染再到公共健康的因果逻辑链,使用面板数据联立方程模型对三者之间的系统性关系进行估计。

$$\ln(\text{mor}_{i,t}) = \beta_0 + \beta_1 \ln(\text{air}_{i,t}) + \beta_2 \ln(\text{gdp}_{i,t-1}) + \beta_3 \text{gdppc}_{i,t} + \beta_4 \text{doctor}_{i,t} + u_i + v_t + \varepsilon_{i,t} \tag{8.1}$$

$$\ln(\text{air}_{i,t}) = \beta_0 + \beta_1 \ln(\text{coal}_{i,t}) + \beta_2 \ln(\text{gdp}_{i,t-1}) + \tilde{\omega}_i + \varphi_t + \delta_{i,t} \tag{8.2}$$

$$\ln(\text{coal}_{i,t}) = \beta_0 + \beta_1 \ln(\text{industry}_{i,t}) + \beta_2 \ln(\text{gdp}_{i,t-1}) + \kappa_i + \varphi_t + \pi_{i,t} \tag{8.3}$$

式中，$i = 1, \cdots, N$ 代表不同的城市；$t = 1, \cdots, T$ 代表不同的年份；$u_i, \tilde{\omega}_i, \kappa_i$ 为与第 i 个城市特征相关的误差项；v_t, φ_t 为与第 t 年特征相关的误差项；$\varepsilon_{i,t}, \delta_{i,t}, \pi_{i,t}$ 为随机误差项。

式 (8.1) 用以估计空气污染与公共健康风险之间的关系。被解释变量 $\text{mor}_{i,t}$ 表示对应城市当年的人口总死亡率，用以评价公共健康风险。核心解释变量为空气质量 $\text{air}_{i,t}$，用 SO_2、PM_{10} 和 $PM_{2.5}$ 三种空气污染物年平均浓度指标表示。控制变量为会影响公共健康水平的经济发展水平和公共卫生投入水平。用 $\text{gdppc}_{i,t}$ 表示经不变价处理之后的人均生产总值，衡量经济发展水平。$\text{doctor}_{i,t}$ 表示各市每千人拥有医生数，包含执业医师和执业助理医师，衡量公共卫生投入水平。为了消除可能存在的异方差的影响，上述变量均采用自然对数形式。

式 (8.2) 用以估计煤炭使用量与空气污染之间的关系。被解释变量为空气污染情况 $\text{air}_{i,t}$，核心解释变量为煤炭使用量 $\text{coal}_{i,t}$。控制变量 $\text{gdp}_{i,t-1}$ 为经不变价处理后的地区生产总值的滞后一期值，反映前一期的经济规模通过促进当期的环保产业和清洁技术的研发和投资，进而对空气污染产生的抑制作用。

式 (8.3) 用以解释各城市煤炭使用量的影响因素。变量 $\text{industry}_{i,t}$ 表示工业化水平，用城市工业增加值占生产总值的比重来衡量，$\text{gdp}_{i,t-1}$ 表示地区生产总值。各城市的煤炭资源禀赋情况和煤炭运输基础设施在本节的样本期间内假设不变，可以用 κ_i 代表的不随时间变化的个体固定效应纳入模型中予以控制。

为了区分个体固定效应、时间固定效应、个体随机效应、时间随机效应四种面板数据模型形式，本节首先对式 (8.1) 和式 (8.2) 进行了单方程的估计。个体固定效应模型的特点是截距项包括了随解释变量个体变化，但不随时间变化的难以观测的变量的影响；时间固定效应模型相反，截距项包括的影响随时间变化而不随个体变化；随机效应模型则是在截距项中加入了分布与解释变量无关的随机误差项。在进行单方程估计时，通过引入 H 检验在相应的固定效应模型和随机效应模型之间进行选择。对固定效应模型进行估计时通过引入表示个体差异和时间差异的虚拟变量来实现。但当模型中引入过多的虚拟变量时会改变解释变量中离群数据的位置，可能造成较高拟合优度的假象，本节使用方差膨胀因子 VIF 检验对估计结果的有效性进行评估，以选择合适的面板数据模型设定。

直接使用单方程模型对式 (8.1) 和式 (8.2) 进行估计面临变量内生性问题的困扰，空气质量受到煤炭使用量的影响，同时煤炭使用量在本节的联立方程组模型中也是内生的。因此，本节使用式 (8.3) 中外生的工业化水平和各市地区生产总值作为煤炭使用的工具变量，运用三阶段最小二乘法 (three stage least squares method，3SLS) 对由式 (8.1)、式 (8.2) 和式 (8.3) 组成的联立方程组模型进行系统估计。

在对联立方程组模型进行估计之前，需要对其联立性进行检验，即需要对模型中内生变量的内生性进行检验。本节模型中解释变量的内生性主要表现在遗漏变量带来的问题，例如，除了空气污染外，陈辉等 (1999) 研究发现天气条件会对人口死亡率产生影响，而天气条件又会同时影响到空气污染；又如，煤炭分质分级利用技术在提高煤炭利用效率降低煤炭使用量的同时，也会减少煤炭使用本身排放的污染物。本节使用 H 检验来检验联立方程组模型的联立性和遗漏变量问题的严重程度，并通过 2SLS 来实现 H 检验：第一阶段是对内生解释变量的诱导型方程做回归并得到该方程回归后的残差；第二阶段是把内生解释变量的估计值和残差代入原模型中做回归，并根据残差回归系数的显著性来判断是否存在内生性，如果残差回归系数显著，就认为存在内生性，即联立方程组模型联立性成立，需要使用 3SLS 对由式(8.1)、式(8.2)和式(8.3)组成的联立方程组模型进行系统估计。

二、数据说明

本节使用历年《中国统计年鉴》公布的环保重点城市空气质量情况涉及的空气污染物年平均浓度作为核心变量，研究煤炭使用对中国城市空气污染的影响，以及空气污染带来的公共健康风险。2014～2016 年 113 个环保重点城市空气质量情况如表 8-1 所示。

表 8-1　2014～2016 年 113 个环保重点城市空气质量情况描述性统计

空气质量指标	均值	中位数	标准差	最小值	最大值
SO_2 年平均浓度/($\mu g/m^3$)	30.4	25.0	18.1	5(海口，2015)	123(淄博，2014)
NO_2 年平均浓度/($\mu g/m^3$)	37.8	38.0	10.5	13(北海，2016)	67(淄博，2014)
PM_{10} 年平均浓度/($\mu g/m^3$)	97.9	94.0	32.2	39(湛江，2016)	224(保定，2014)
CO 日均值第 95 百分位浓度/($\mu g/m^3$)	2.2	1.8	0.9	0.9(海口，2014、2015、2016；厦门，2015、2016；泸州，2015、2016)	5.8(保定，2015)
O_3 日最大 8 小时第 90 百分位浓度/($\mu g/m^3$)	142.1	142.0	25.7	69(合肥，2014)	209(潍坊，2014)
$PM_{2.5}$ 年平均浓度/($\mu g/m^3$)	57.5	57.0	18.6	21(海口，2016)	129(保定，2014)
空气质量达到及好于二级的天数	251	250	61.9	79(保定，2014)	366(攀枝花，2016)

根据相关医学文献的研究发现，本节的空气污染变量选取与公共健康风险相关度高的 SO_2、PM_{10} 和 $PM_{2.5}$ 年平均浓度三项指标。2014 年之前国家环保局报告的主要城市空气质量指标只包含省会城市和直辖市，且没有监测细微颗粒物 $PM_{2.5}$ 的浓度，因此，本节使用 28 个省会城市和直辖市 2003～2016 年的面板数据对煤炭使用、空气污染和公共健康之间的关系进行定量实证研究时，空气污染变量采用 SO_2、PM_{10} 年平均浓度两项指标进行衡量。由于各城市煤炭使用量数据不全，本节使用能够获得煤炭使用量的 60 个城市 2014～2016 年的面板数据对结果进行稳健性检验，空气污染变量采用 SO_2、PM_{10} 和 $PM_{2.5}$ 年平均浓度三项指标进行衡量。为了避免 SO_2、PM_{10} 和 $PM_{2.5}$ 年平均浓度之间的相关性带来估计偏误，本节对上述几种空气污染物年平均浓度变量逐一回归，而不是在方程中同时包含这三种空气污染物年平均浓度变量。空气污染以外的其他变量，包括各城市地区生产总值、人均地区生产总值、煤炭使用量、工业增加值占生产总值的比重、人口总死亡率和每千人拥有医生数来源于历年《中国城市统计年鉴》和各城市统计年鉴。变量的描述性统计如表 8-2 所示。

表 8-2   变量描述性统计值

变量	符号	均值	标准差	最大值	最小值
SO_2 年平均浓度/$(\mu g/m^3)$	SO_2	42.03	21.81	116	5
PM_{10} 年平均浓度/$(\mu g/m^3)$	PM_{10}	102.31	29.31	199	30
$PM_{2.5}$ 年平均浓度/$(\mu g/m^3)$	$PM_{2.5}$	61.70	18.02	115	21
地区生产总值/亿元	gdp	4668.14	4712.27	28178.65	201.59
人均地区生产总值/元	gdppc	54803.74	30832.93	157985	8176
煤炭使用量/万 t	coal	1878.45	1793.85	11616.8	0.61
工业增加值占生产总值的比重/%	industry	36	9	58	11
人口总死亡率/‰	mor	5.39	1.55	12.34	1.07
每千人拥有医生数/人	doctor	2.73	0.82	5.38	1.31

注：表中数据为变量的绝对数值，在回归分析中使用了变量的自然对数值。表中地区生产总值和人均地区生产总值为当年价格，在回归分析中使用生产总值平减指数折算为 2003 年不变价。

三、模型形式选择与检验

本节首先对式(8.1)和式(8.2)代表的煤炭使用量与空气污染，以及空气污染与公共健康风险之间的关系进行单方程估计，以使用 H 检验在个体固定效应、时间固定效应、个体随机效应、时间随机效应四种面板数据模型形式中进行选择。以 28 个城市 2003～2016 年的面板数据对式(8.1)的估计结果为例，当以 SO_2 年平均浓度作为核心解释变量纳入回归时，个体随机效应和时间随机效应模型设定下 H 检验值分别为 7.55 和 8.24，相应的 P 值为 0.05 和 0.04；当以 PM_{10} 年平均浓度作为核心解释变量纳入回归时，个体随机效应和时间随机效应模型设定情境下 H 检验值分别为 9.87 和 6.55，相应的 P 值分别为 0.01 和 0.08，可见在 10%的显著性水平下应该建立个体固定效应模型或时间固定效应模型。但当建立个体固定效应模型时，无论是以 SO_2 年平均浓度还是以 PM_{10} 平均浓度作为解释变量纳入回归，$\ln(doctor_{i,t})$ 的方差膨胀因子分别为 11.28 和 11.23，均大于 10，说明个体固定效应模型会面临比较严重的多重共线性问题，导致估计结果不可靠。

针对 60 个城市 2014～2016 年的面板数据以及式(8.2)估计的 H 检验和方差膨胀因子检验结果与之类似。因此单方程模型估计结果显示最合理的模型设定为时间固定效应模型，对应的联立方程组模型 3SLS 估计也将采用时间固定效应模型，用以衡量影响到所有样本且随时间变化的不可观测的异质性，比如经济周期、宏观经济政策、人口老龄化程度等，基于时间固定效应的联立方程组模型形式如下：

$$\ln(mor_{i,t}) = \beta_0 + \beta_1 \ln(air_{i,t}) + \beta_2 \ln(gdp_{i,t-1}) + \varphi_t + \varepsilon_{it} \tag{8.4}$$

$$\ln(air_{i,t}) = \beta_0 + \beta_1 \ln(coal_{i,t}) + \beta_2 \ln(gdp_{i,t-1}) + \varphi_t + \delta_{it} \tag{8.5}$$

$$\ln(coal_{i,t}) = \beta_0 + \beta_1 \ln(industry_{i,t}) + \beta_2 \ln(gdp_{i,t-1}) + \varphi_t + \pi_{it} \tag{8.6}$$

对由式(8.4)、式(8.5)和式(8.6)组成的面板数据联立方程组模型，采用普通最小二乘法(ordinary least squares，OLS)、广义最小二乘法(generalized least squares，GLS)和广义矩估计法(generalized method of moment,GMM)等单方程估计方法都会由于忽略了变量内生性带来的影响,而使估计结果产生偏误。由于式(8.4)、式(8.5)和式(8.6)均为过度识别,可以采用 2SLS 或者 3SLS 进行估计。3SLS 由于将 2SLS 和似不相关回归(seemingly unrelated regression,SUR)结合在一起,考虑了模型系统中不同结构方程随机误差项之间的相关性,所以比 2SLS 估计更有效。基于此,本节采用 3SLS 对上述面板数据联立方程组模型进行估计。

对于本节所建立的联立方程组模型,$air_{i,t}$ 和 $coal_{i,t}$ 是从煤炭使用到空气污染再到公共健康因果逻辑链上的关键内生变量,需要对模型的联立性进行检验。以 $air_{i,t}$ 作为内生变量,式(8.5)和式(8.4)构成的模型为例,将式(8.5)作为式(8.4)的诱导方程进行 2SLS 估计。第一阶段首先对空气污染物 SO_2 和 PM_{10} 年平均浓度的决定因素式(8.5)进行 OLS 估计,得到式(8.5)回归估计后的残差项。第二阶段把内生解释变量空气污染物 SO_2 和 PM_{10} 年平均浓度变量的估计值和残差代入式(8.4)中进行回归分析,并根据残差回归系数的显著性来判断空气污染物 SO_2 和 PM_{10} 年平均浓度变量是否存在内生性。如果残差回归系数显著,就认为存在内生性,即联立方程组模型联立性成立。同理,将式(8.6)作为式(8.5)的诱导方程进行 2SLS 估计,可以对煤炭使用 $coal_{i,t}$ 的内生性进行检验。通过对 28 个城市 2003~2016 年面板数据和 60 个城市 2014~2016 年面板数据进行联立性检验,表明本节构建的面板数据联立方程组模型设定合理。

四、28 个城市 2003~2016 年面板数据的实证结果

针对 SO_2、PM_{10} 年平均浓度两项空气污染指标 28 个城市 2003~2016 年面板数据,使用式(8.4)、式(8.5)和式(8.6)所示的联立方程组模型进行 3SLS 估计,估计结果如表 8-3 所示。

表 8-3 28 个城市 2003~2016 年面板数据联立方程组模型估计结果

解释变量	SO_2 年平均浓度			PM_{10} 年平均浓度		
	$\ln(\text{mor})$	$\ln(SO_2)$	$\ln(\text{coal})$	$\ln(\text{mor})$	$\ln(PM_{10})$	$\ln(\text{coal})$
$\ln(SO_2)$	0.127*** (0.000)					
$\ln(PM_{10})$				0.222*** (0.000)		
$\ln(\text{gdppc})$	0.353*** (0.000)			0.336*** (0.000)		
$\ln(\text{doctor})$	−0.242*** (0.000)			−0.215*** (0.001)		
$\ln(\text{coal})$		0.285*** (0.000)			0.137*** (0.000)	
$\ln(\text{gdp}_{i,t-1})$		−0.167*** (0.000)			−0.031* (0.056)	
$\ln(\text{industry})$			2.545*** (0.000)			2.551*** (0.000)
$\ln(\text{gdp}_{i,t})$			0.567*** (0.000)			0.555*** (0.000)

解释变量	SO$_2$年平均浓度			PM$_{10}$年平均浓度		
	$\ln(\text{mor})$	$\ln(\text{SO}_2)$	$\ln(\text{coal})$	$\ln(\text{mor})$	$\ln(\text{PM}_{10})$	$\ln(\text{coal})$
截距项	-2.109^{***}	3.147^{***}	5.321^{***}	-2.506^{***}	3.991^{***}	5.416^{***}
	(0.000)	(0.000)	(0.000)	(0.000)	(0.000)	(0.000)
R^2	0.198	0.563	0.379	0.181	0.422	0.379
观测数	353	353	353	353	353	353

注：括号内数为相应的 P 值，*、***分别表示在 10%、1%的显著性水平下显著。

表 8-3 中对式(8.5)空气污染与煤炭使用关系的估计结果显示，解释变量煤炭使用量 $\ln(\text{coal})$ 的系数估计值在 1%的显著性水平下显著，煤炭使用量每增加 1%，将引起空气污染物 SO$_2$、PM$_{10}$年平均浓度增加 0.285%、0.137%，煤炭使用对 SO$_2$浓度的贡献相对于 PM$_{10}$更大。式(8.6)煤炭使用量作为被解释变量，与工业增加值占生产总值的比重和地区生产总值之间的回归结果则表明，由于中国能源结构以煤为主，在缺乏替代能源的背景之下，城市工业化水平和经济发展水平增长将通过增加煤炭使用量经空气质量带来负面影响。

表 8-3 中对式(8.5)的回归结果中生产总值的滞后一期项对空气污染的影响为负，滞后一期的城市地区生产总值每增加 1%，相应引起 SO$_2$ 的浓度降低 0.167%，PM$_{10}$ 的浓度降低 0.031%，验证了本节提出的前一期的经济规模有利于促进当期的环保产业和清洁技术的研发和投资，从而对空气污染产生抑制作用的假设。目前，可以看到中国环保产业的投资热度较高。以青海省海东市为例，据新华社报道，2019 年海东市拟申请实施生态环境保护项目共 34 个，其中大气污染防治类占 6 个，总投资达 10 亿元。2018 年，中国美国商会发布的《2018 中国商务环境调查报告》显示，在华美企对中国经济信心有所增强，半数以上企业对在华投资前景持乐观态度，尤其是环境保护、电子商务等行业。近年来，我国也将先进技术广泛应用于大气污染防治行动，位于华北的河北沧州利用卫星遥感技术对污染源进行实时监测，位于中部的湖南长沙通过超级计算机对空气情况进行精细化分析，而位于南方的深圳也搭建了雷达监测网络。新华社文章称，2016～2019 年，国家电网湖南电力公司在 16 个领域推广 42 种电能替代技术，累计实施电能替代项目 5200 余个，增加全社会用电量 159.7 亿 kW·h，相当于在能源消费终端减少燃煤 722 万 t、减排二氧化碳等污染物 1430 万 t。中国大气治理取得如此迅速良好的成果，与采取了先进的污染控制技术有密不可分的联系。

通过式(8.5)结合式(8.6)估计结果中生产总值当期值对煤炭使用量具有显著正影响的实证结果，可以发现经济增长一方面通过增加能源消费量会加剧空气污染程度，另一方面可以带动环保产业和清洁技术的研发和投资，会在一定程度上缓解空气污染问题。与前人研究发现经济增长与环境污染的关系在不同地区、不同时间存在复杂多变的情况一致，本节的研究认为经济增长对空气污染的综合影响需要借助于联立方程组模型这类系统分析工具才能准确描述。

表 8-3 中以人口总死亡率作为被解释变量的式(8.4)估计结果表明解释变量城市空气污染指标 $\ln(\text{SO}_2)$ 和 $\ln(\text{PM}_{10})$ 的系数估计值在 1%的显著性水平下显著，城市级别的空气污染物 SO$_2$、PM$_{10}$年平均浓度与人口总死亡率之间存在显著的正相关关系，SO$_2$、PM$_{10}$

年平均浓度每增加 1%，将引起人口死亡率相应增加 0.127%、0.222%，证实了空气污染带来的公共健康风险。

式(8.4)的估计结果还表明以人均拥有医生数代表的公共卫生投入水平的提高有助于降低人口死亡率：使用 SO_2 年平均浓度的回归结果表明，人均拥有医生数每增加 1%，将使得人口死亡率降低 0.242%；使用 PM_{10} 年平均浓度的回归结果则表明人均拥有医生数每增加 1%，人口死亡率相应降低 0.215%。表 8-3 的估计结果还显示人均生产总值与人口死亡率正相关，表明我国的经济发展模式存在以健康换取发展的现象，某些地区还处于公共健康与经济发展呈倒 U 形关系的前半阶段。继续推进经济结构调整和转型升级还任重而道远。

为了进一步验证从煤炭使用到空气污染再到公共健康因果链在时间维度上的稳健性，本节将上述 28 个城市的面板数据划分成 2003～2007 年、2007～2012 年、2012～2016 年三个时间段分别进行估计，使用 SO_2 年平均浓度衡量空气污染的估计结果如表 8-4 所示。表 8-4 的估计结果与表 8-3 所示 2003～2016 年联立方程组模型估计结果在系数的正负符号和显著性上基本一致，且随着时间的推移，基于公式(8.4)的模型说明，SO_2 年平均浓度的系数逐渐变小，显示 SO_2 对公共健康的损害已经出现了下降的趋势。PM_{10} 年平均浓度衡量空气污染的估计结果与 SO_2 类似。

表 8-4　SO_2 年平均浓度衡量空气污染的分时段数据联立方程组模型估计结果

解释变量	2003～2007 年			2007～2012 年			2012～2016 年		
	$\ln(mor)$	$\ln(SO_2)$	$\ln(coal)$	$\ln(mor)$	$\ln(SO_2)$	$\ln(coal)$	$\ln(mor)$	$\ln(SO_2)$	$\ln(coal)$
$\ln(SO_2)$	0.199*** (0.000)			0.161*** (0.002)			0.073* (0.094)		
$\ln(gdppc)$	0.303*** (0.000)			0.338*** (0.000)			0.398*** (0.000)		
$\ln(doctor)$	-0.229** (0.028)			-0.285*** (0.008)			-0.246** (0.016)		
$\ln(coal)$		0.269*** (0.000)			0.284*** (0.000)			0.294*** (0.000)	
$\ln(gdp_{i,t-1})$		-0.073 (0.175)			-0.146*** (0.000)			-0.258*** (0.000)	
$\ln(industry)$		2.289*** (0.000)			2.630*** (0.000)			2.564*** (0.000)	
$\ln(gdp_{i,t})$		0.638*** (0.000)			0.603*** (0.000)			0.484*** (0.000)	
截距项	-2.094*** (0.005)	2.598*** (0.000)	4.580*** (0.000)	-2.254*** (0.004)	3.033*** (0.000)	5.197*** (0.000)	-2.430** (0.012)	3.396*** (0.000)	6.052*** (0.000)
R^2	0.234	0.392	0.372	0.190	0.511	0.388	0.203	0.524	0.367
观测数	112	112	112	168	168	168	129	129	129

注：括号内数为相应的 P 值，*、**、***分别表示在 10%、5%、1%的显著性水平下显著。

五、60 个城市 2014～2016 年面板数据的实证结果

针对 SO_2、PM_{10} 和 $PM_{2.5}$ 年平均浓度三项空气污染指标 60 个城市 2014～2016 年面板数据，使用式(8.4)、式(8.5)和式(8.6)所示的联立方程组模型进行 3SLS 估计，估计结果如表 8-5 所示。表 8-5 的估计结果显示 60 个城市 2014～2016 年面板数据与 28 个城市 2003～2016 年面板数据的估计结果基本保持一致，从煤炭使用到空气污染再到公共健康的因果逻辑链在不同的时间段和样本城市估计结果稳健。

具体而言，60 个城市 2014～2016 年面板数据的 3SLS 估计结果显示空气污染物 SO_2 和 $PM_{2.5}$ 年平均浓度每增加 1%，将会引起人口死亡率增加 0.089% 和 0.201%，PM_{10} 年平均浓度变化与人口死亡率无关。相比于 28 个城市 2003～2016 年面板数据的估计结果，60 个城市 2014～2016 年 SO_2 和 PM_{10} 两项空气污染物对公共健康风险的负面影响有所降低，与 28 个城市分时段数据估计结果所显示的 SO_2 和 PM_{10} 污染对公共健康的损害出现下降的趋势相一致。

相较于 PM_{10}，$PM_{2.5}$ 直径更小且活性更强，更易附带有毒有害物质，在空气中停留的时间也更长，所以对公共健康带来的风险也更大。表 8-5 的估计结果显示了本节的样本期间内 $PM_{2.5}$ 比 SO_2、PM_{10} 对公共健康的危害更大，是现阶段应当重点防范的空气污染问题。大气污染防治的工作重点与本节研究结果较为相符。

表 8-5 60 个城市 2014～2016 年面板数据联立方程组模型估计结果

解释变量	SO_2 年平均浓度			PM_{10} 年平均浓度			$PM_{2.5}$ 年平均浓度		
	$\ln(mor)$	$\ln(SO_2)$	$\ln(coal)$	$\ln(mor)$	$\ln(PM_{10})$	$\ln(coal)$	$\ln(mor)$	$\ln(PM_{2.5})$	$\ln(coal)$
$\ln(SO_2)$	0.089* (0.088)								
$\ln(PM_{10})$				0.066 (0.465)					
$\ln(PM_{2.5})$							0.201** (0.034)		
$\ln(gdppc)$	0.188** (0.016)			0.157** (0.043)			0.155** (0.038)		
$\ln(doctor)$	−0.150 (0.157)			−0.153 (0.159)			−0.140 (0.190)		
$\ln(coal)$		0.285*** (0.000)			0.129*** (0.000)			0.126*** (0.000)	
$\ln(gdp_{i,t-1})$		−0.295*** (0.000)			−0.058* (0.071)			0.006 (0.833)	
$\ln(industry)$		1.846*** (0.000)			1.845*** (0.000)			1.845*** (0.000)	
$\ln(gdp_{i,t})$		0.209 (0.158)			0.199 (0.176)			0.207 (0.160)	
截距项	−0.482 (0.581)	3.323*** (0.000)	7.582*** (0.000)	−0.123 (0.898)	4.036*** (0.000)	7.620*** (0.000)	−0.623 (0.479)	3.044*** (0.000)	7.560*** (0.000)
R^2	0.084	0.576	0.218	0.047	0.341	0.218	0.084	0.344	0.218
观测数	95	95	95	95	95	95	95	95	95

注：括号内数为相应的 P 值，*、**、*** 分别表示在 10%、5%、1% 的显著性水平下显著。

表 8-5 中对式(8.5)空气污染与煤炭使用关系的估计结果显示，煤炭使用量对 SO_2、PM_{10} 和 $PM_{2.5}$ 年平均浓度三项空气污染指标均存在显著的影响。煤炭使用每增加 1%，将引起空气污染物 SO_2、PM_{10} 和 $PM_{2.5}$ 平均浓度相应增加 0.285%、0.129% 和 0.126%，相对 PM_{10} 和 $PM_{2.5}$ 空气污染，煤炭使用量增加与 SO_2 浓度增加的关系最为密切。

表 8-5 中对式(8.5)的估计结果显示，生产总值的滞后一期项对空气污染物 SO_2 浓度的影响最大，前一年的城市地区生产总值每增加 1%，将导致本年度 SO_2 年平均浓度降低 0.295%。目前中国对 SO_2 污染的治理成效显著。据新华社报道，$2007\sim2016$ 年，中国的 SO_2 排放量减少 75%，2016 年降至约 8 兆吨，低于同一年印度的 11 兆吨，该减排成效主要来自重点工业行业(电力、钢铁)提标改造。但式(8.5)的估计结果还显示，前一年的城市地区生产总值对本年度空气中 PM_{10} 和 $PM_{2.5}$ 的影响不大。现阶段针对 SO_2 空气污染的治理可以通过环保产业和清洁技术的研发和投资来实现，但 PM_{10} 和 $PM_{2.5}$ 空气污染的治理通过加大环保经济投入的方法难以奏效。由于本节的联立方程组模型估计结果显示 $PM_{2.5}$ 比 SO_2、PM_{10} 对公共健康的危害更大，且无法自动随经济增长带来的环保经济投入的增加而消除，当前对 $PM_{2.5}$ 空气污染的治理需要引起高度重视。表 8-6 展示了 PM_{10} 年平均浓度衡量空气污染的分时段数据联立方程组模型估计结果。

表 8-6　PM_{10} 年平均浓度衡量空气污染的分时段数据联立方程组模型估计结果

解释变量	$2003\sim2007$ 年			$2007\sim2012$ 年			$2012\sim2016$ 年		
	$\ln(\text{mor})$	$\ln(PM_{10})$	$\ln(\text{coal})$	$\ln(\text{mor})$	$\ln(PM_{10})$	$\ln(\text{coal})$	$\ln(\text{mor})$	$\ln(PM_{10})$	$\ln(\text{coal})$
$\ln(PM_{10})$	0.336*** (0.000)			0.326*** (0.000)			0.057 (0.493)		
$\ln(\text{gdppc})$	0.260*** (0.000)			0.304*** (0.000)			0.443*** (0.000)		
$\ln(\text{doctor})$	-0.175* (0.088)			-0.240** (0.023)			-0.258** (0.016)		
$\ln(\text{coal})$		0.151*** (0.000)			0.124*** (0.000)			0.143*** (0.000)	
$\ln(\text{gdp}_{i,t-1})$		-0.011 (0.691)			-0.010 (0.657)			-0.071** (0.013)	
$\ln(\text{industry})$			2.305*** (0.000)			2.626*** (0.000)			2.616*** (0.000)
$\ln(\text{gdp}_{i,t})$			0.637*** (0.000)			0.594*** (0.000)			0.441*** (0.000)
截距项	-2.318*** (0.003)	3.758*** (0.000)	4.578*** (0.000)	-2.810*** (0.001)	3.800*** (0.000)	5.258*** (0.000)	-2.901*** (0.006)	4.032*** (0.000)	6.454*** (0.000)
R^2	0.201	0.489	0.372	0.186	0.341	0.388	0.181	0.433	0.369
观测数	112	112	112	168	168	168	129	129	129

注：括号内数为相应的 P 值，*、**、***分别表示在 10%、5%、1% 的显著性水平下显著。

<h1 style="text-align:center">第二节　环境规制与猪肉价格</h1>

一、背景介绍

　　2018 年，全球非洲猪瘟疫情形势严峻，同年 8 月我国辽宁省沈阳市确诊首例猪瘟疫情。随后，全国 31 个省份先后发生猪瘟疫情。至 2019 年，世界猪肉产能整体较 2018 年下降了 6.03%。其中，中国猪肉产量为 4255.31 万吨，同比下降达 21.25%[①]，中国猪肉平均价格[②]水平由 2019 年 1 月份的 16.79 元/kg 迅速上涨至 2019 年 9 月份的 50.39 元/kg，对居民日常生活产生严重影响。作为全球最大的猪肉生产与消费市场，本轮猪肉价格水平的异常波动，不仅影响了中国居民生活水平与市场稳定，更暴露出目前我国猪肉行业存在较为严重的弊端。

　　与欧美发达国家相比，中国生猪养殖行业规模化、集约化程度较低，生产市场混乱，存在大量小规模、无证无环保措施的小型养殖场与散户。其结果是，不仅猪肉供给市场缺乏应对外部冲击的有效机制，更使得生猪养殖行业无法满足国家生态环境保护要求，一度为社会诟病。为应对这些问题，国家相继出台了一系列政策措施，例如禁止农村地区散户养殖生猪、鼓励建立规模化养殖场以及划定生态水源地、自然保护区等禁止养殖区域等，旨在降低生猪养殖行业对生态环境的污染，提高行业标准与规模化。对于造成猪肉价格波动的原因，学者们在猪肉供给、生猪养殖周期方面达成了一致，认为猪肉价格主要受供给变化的影响(Mahenc，2007；魏晓博和彭珏，2017)；同时由于猪肉在目前跨区域流通过程中存在着市场分割、区域垄断等问题，因此本地猪肉价格变化并不会过多受到外来猪肉供给的影响，这一特性给本节研究环境规制政策对猪肉价格的影响提供了良好契机。

　　严格的政府环境规制政策会对污染产业发展产生显著影响，这并不难理解。目前，我国畜牧业正处于传统企业到现代企业转型升级的关键阶段，讨论环境规制政策对我国畜牧业转型升级以及由此带来的大宗农产品价格波动问题显得尤为重要。图 8-1 展示了中央生

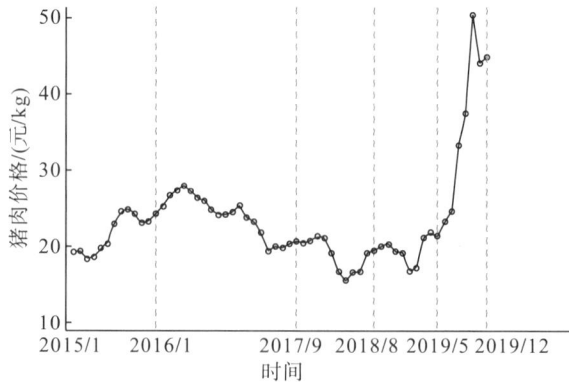

图 8-1　2015 年 1 月到 2019 年 12 月我国猪肉价格变化趋势图

---

① 数据来源：国家统计局。
② 本章选用"猪白条肉平均批发价格"表示猪肉价格，后文简称"猪肉价格"。

态环境保护督察制度实行前后，我国猪肉价格变化情况。图 8-1 表明，在 2016 年 1 月《环境保护督察方案(试行)》实施前期，我国猪肉价格呈波动上升趋势，2016 年 1 月到 2017 年 9 月各省进驻环保督察组之后，猪肉价格出现明显下降。2019 年 5 月，猪肉价格持续上涨。而在中央督察组进驻期间，我国猪肉总体价格水平上升趋势得到有效遏制，并呈下降的趋势。

中央生态环境保护督察这一严格环境制度，在解决生猪养殖过程中出现的生态环境污染问题时，一方面通过抑制农村地区养殖散户数量，直接减少生产污染源；另一方面则通过促进生猪养殖行业规模化发展，以提高污染处理效率，在无形中改变了生猪养殖户的数量结构与生产方式，最终导致猪肉供给发生变化，因而可能成为影响我国猪肉市场价格波动的重要因素。

从环境规制的角度出发，研究中央生态环保督察组进驻对猪肉价格的影响对于稳定经济发展、量化环境政策研究具有重要现实意义。一方面，猪肉价格变化直接关乎国计民生，影响居民消费水平与我国经济发展的稳定性。另一方面，高强度、持续性的环境保护政策已成为我国经济发展的常态，全面评估政策的经济效应，将为我国未来环境保护与经济发展提供良好的经验支撑。

表 8-7 展示了中央生态环保督察组进驻我国 31 个省(区、市)(未包括港澳台)的详细情况。从表 8-7 来看，首轮环保督察活动在各省份持续时间均为 1 个月。2016 年 1 月在河北省进行试点工作之后，较短时间内迅速覆盖所有省份。此次中央生态环保督察活动从启动到全覆盖，整个过程十分迅速，打破了以往常规政策程序时间久的惯性。同时，为保证督察工作结束之后仍然具有治理环境污染的效果，此次中央生态环保督察广泛发起群众监督，保证了政策的长期有效性。

表 8-7 中央生态环保督察组对各省份进行环保督察起止时间

省(区、市)	开始时间	结束时间	省(区、市)	开始时间	结束时间
北京	2016.11.29	2016.12.29	河南	2016.07.16	2016.08.16
天津	2017.04.28	2017.05.28	湖北	2016.11.26	2016.12.26
河北	2016.01.04	2016.02.04	湖南	2017.04.24	2017.05.24
山西	2017.04.28	2017.05.28	广东	2016.11.28	2016.1.28
内蒙古	2016.07.14	2016.08.14	广西	2016.07.14	2016.08.14
黑龙江	2016.07.19	2016.08.19	海南	2017.08.10	2017.09.10
吉林	2017.08.11	2017.09.11	重庆	2016.11.24	2016.12.24
辽宁	2017.04.25	2017.05.25	四川	2017.08.07	2017.09.07
上海	2016.11.28	2016.12.28	贵州	2017.04.26	2017.05.26
山东	2017.08.10	2017.09.10	云南	2016.07.15	2016.08.15
江苏	2016.07.15	2016.08.15	西藏	2017.08.15	2017.09.15
安徽	2017.04.27	2017.05.27	陕西	2016.11.28	2016.12.28
浙江	2017.08.11	2017.09.11	甘肃	2016.11.30	2016.12.30

省(区、市)	开始时间	结束时间	省(区、市)	开始时间	结束时间
江西	2016.07.14	2016.08.14	宁夏	2016.07.12	2016.08.12
福建	2017.04.24	2017.05.24	青海	2017.08.08	2017.09.08
新疆	2017.08.11	2017.09.11			

注：数据未包括港澳台地区。

二、研究设计与实证模型设定

在中央生态环保督察中，各企业不能自主选择是否接受督察，故可将中央生态环保督察政策视作对企业的一次外生冲击，符合随机性假设，考虑到中央生态环保督察活动在 31 个省份中并没有同时展开，不满足传统双重差分法政策冲击个体时间一致性的要求，因此，为精准识别中央生态环保督察活动对猪肉价格的影响，结合不同省份政策实施的不同时间，本节采用多期双重差分法。

图 8-2 展示了生态环保督察政策实施当期和政策滞后 3 期对 27 个省份(其中西藏、贵州、海南和青海因为大量数据缺失，未纳入实证部分)猪肉价格的影响系数，以此分别对中央生态环保督察前后的政策冲击做平行趋势检验。

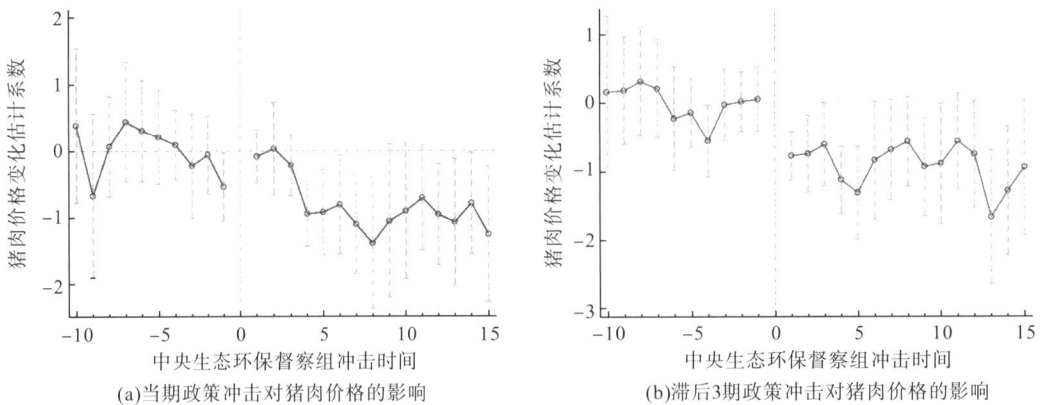

(a)当期政策冲击对猪肉价格的影响   (b)滞后3期政策冲击对猪肉价格的影响

注：考虑到各省份实施中央生态环保督察政策的时间不同，图中重新构建一个事件时间变量，将政策实施当期设为 0，实施前一个月设为-1，前两个月设为-2，以此类推；同样，实施后一个月设为 1，后两个月设为 2，以此类推；环境规制对猪肉价格影响系数为负值，说明环境规制使猪肉价格下降。

图 8-2 政策冲击前后猪肉价格影响系数变化趋势图

由图 8-2 可以看出，无论是当期政策实施后，还是将政策滞后 3 期后，猪肉价格在政策实施后，均出现下降情况。图 8-2(a)中，当期生态环保督察实施前，猪肉价格变化波动系数大部分时间为正，政策实施后，影响系数为负，督察前后猪肉价格变化明显；图 8-2(b)显示督察滞后 3 期后，督察前价格影响系数有波动上升趋势，督察后系数显著为负；图 8-2 均显示督察政策实施前后，猪肉价格发生明显变化，故采用多期双重差分法可以有效估计中央生态环保督察对猪肉价格的影响。

通过当期、滞后 3 期生态环保督察对猪肉价格的平行趋势检验，可以发现生态环保督察政策实施前后对猪肉价格产生了不同的影响，因而采用多期双重差分法可以更好地识别政策的时间效应。根据不同省份接受督察时间点不同，构建基准回归模型如下：

$$y_{it} = \alpha_0 + \alpha_1 l(\text{CEPI}) + \beta \sum X_{it} + \delta_i + \varepsilon_i + \mu_{it} \tag{8.7}$$

式中，α_0 为截距项；α_1 为核心参数，衡量了中央生态环保督查对猪肉价格的影响；下标 i 表示不同的省份；t 表示月度；μ_{it} 是随机扰动项。被解释变量 y 表示猪肉价格，用猪肉月度平均价（pork_price）表示。核心解释变量 $l(\text{CEPI})$ 表示该省份是否接受中央生态环保督察与时间点虚拟变量的交互项，当中央生态环保督察组在该月对该省份进行督察时，取值为 1，否则为 0；但由于督察时间在每个省份仅持续 1 个月，极大降低了公众参与环保的制度障碍，督察结束后公众的监督仍然会对当地的环境污染治理起作用，因此在督察时间结束后，仍可将受过督察的省（区、市）视为处理组，故保留 $l(\text{CEPI})$ 为 1 的取值。同时，为尽可能剔除其他因素干扰识别中央生态环保督察对猪肉价格的影响，本节还引入了微观层面的控制变量 $\sum X_{it}$，具体包括各省月度居民消费价格指数、季度人均可支配收入、月度公路货运量、月度公路货物周转量（累计同比）。此外，δ_i 用来控制省份固定效应，ε_i 用来控制时间固定效应。

三、数据来源及描述性统计

本节采用 2015 年 1 月至 2019 年 9 月全国 27 个省份的月度猪肉价格面板数据[①]，27 个省份涵盖东、中、西部地区，对考察全国经济发展以及经济波动现象具有一定的代表性。本节使用数据指标来源于 Wind 数据库、国家统计局以及《中国统计年鉴》[②]。考虑到中央生态环保督察在各省份的实施时间为一个月，因此本节使用各指标的月度数据以及季度数据，方便更好地用多期倍差法进行政策识别。

从表 8-8 变量的描述性统计分析来看，全部样本考察期内猪肉月度平均价格为 23.45 元/kg，最小值为 10 元/kg，最大值为 64 元/kg，这说明各省猪肉价格在观察期间存在着较大的差异，也为本节考察政策冲击提供便利。

表 8-8　变量的描述性统计分析

变量	含义	单位	观察数	平均值	标准差	最小值	最大值
pork_price	猪白条肉月末平均批发价	元/千克	1597	23.45	7.064	10	64
CPI	居民消费价格指数（上年同月=100）	—	1620	101.8	0.985	99.10	105.6
DI_season	季度各省人均可支配收入	元	1620	170680	10839	3511	69442
road_freight	公路货运量：当月值	万吨	1592	11159	6974	793	33878
RFT_yoy	公路货物周转量：累计同比	—	1592%	5.717%	6.474%	−27.30%	41.20%

[①] 考虑到数据可得性，西藏、贵州、青海、海南由于缺失数据太多被剔除。
[②] 其中猪肉价格由作者通过 https://www.zhuwang.cc/ 手动整理得到。

四、中央生态环保督察对猪肉价格的整体分析

为剥离出非洲猪瘟疫情这一突发事件对猪肉价格的影响，在基准回归中，本节将数据分为 2015 年 1 月至 2018 年 7 月(我国非洲猪瘟疫情首次出现时间为 2018 年 8 月)和 2015 年 1 月至 2019 年 9 月两个时期，对比分析疫情暴发前后，环保督察对猪肉价格的整体影响。整体效应如表 8-9 所示。

表 8-9 的基准回归结果表明：剥离猪瘟疫情的影响因素后，中央生态环保督察对我国猪肉价格具有显著抑制作用。由(1)、(2)列结果可知，未加入控制变量之前，中央生态环保督察对各省份猪肉价格具有抑制作用；加入个人可支配收入等一系列控制变量之后，系数绝对值增加 0.688，这表明生态环保督察对猪肉价格的抑制作用显著。(3)、(4)列结果表明，从考虑猪瘟疫情的全样本时期来看，生态环保督察对猪肉价格仍然具有较强的抑制作用。对比(2)、(4)列生态环保督察对猪肉价格的影响系数可以发现，猪瘟疫情暴发后，系数绝对值减小 0.255，这表明在猪瘟疫情影响下，生态环保督察对猪肉价格的抑制作用有所减弱。控制变量结果表明，居民消费价格指数、地区个人可支配收入对猪肉平均价格具有促进作用，公路货物量、公路货物周转量(累计同比)会抑制猪肉价格的上升。

表 8-9　基准回归结果

变量	pork_price			
	(1)	(2)	(3)	(4)
l(CEPI)	-3.153^{***}	-3.834^{***}	-2.166^{***}	-3.579^{***}
	(0.000)	(0.000)	(0.000)	(0.000)
Ln(CPI)		0.528^{***}		1.230^{***}
		(0.006)		(0.000)
ln(DI_season)		2.646^{***}		2.214^{***}
		(0.000)		(0.000)
ln(road_freight)		-2.642^{***}		-0.017
		(0.000)		(0.970)
RFT_yoy		-0.155^{***}		-0.167^{***}
		(0.000)		(0.001)
控制变量效应	No	Yes	No	Yes
猪瘟暴发效应	No	No	Yes	Yes
省份固定效应	Yes	Yes	Yes	Yes
年份固定效应	Yes	Yes	Yes	Yes
N	1140	1009	1519	1358
R^2	0.174	0.329	0.053	0.180

注：***表示在 1%的显著性水平下显著，(1)~(4)列结果均采用面板固定效应模型。Yes 代表加入了相应的效应，No 代表没有加入相应的效应。

五、猪肉价格的滞后效应分析

尽管中央生态环保督察作为一项强有力的政策，但从制定、实施到最后发挥作用无可避免地存在时滞效应，即中央生态环保督察对猪肉价格的影响可能不仅体现为当期价格，更有可能对猪肉的滞后期价格产生影响。因此，为进一步精确识别生态环保督察对猪肉价格的影响情况，本节将猪瘟疫情暴发之前和全样本时期的猪肉价格分别滞后 1、3 期，以此研究猪肉价格的具体滞后效应（表 8-10）。同时，为区分中央生态环保督察期间以及督察结束后对猪肉价格的影响作用，本节将式(8.7)中虚拟交互项 l(CEPI) 分解为 l(CEPI)_during 和 l(CEPI)_post，前者表示该省份处于环保督察时期，后者表示该省份处于环保督察结束后的时期。

表 8-10 中央生态环保督察对猪肉价格的滞后效应

变量	ln(pork _ price)(1 期)		ln(pork_price)(3 期)	
	(1)	(2)	(3)	(4)
l(CEPI)	-3.579^{***}	-3.630^{***}	-1.635^{***}	-2.282^{***}
	(0.000)	(0.000)	(0.003)	(0.000)
ln(CPI)	0.628^{***}	0.992^{***}	0.498^{*}	0.158
	(0.004)	(0.000)	(0.096)	(0.531)
ln(DI _ season)	2.193^{***}	2.093^{***}	1.881^{***}	1.690^{***}
	(0.000)	(0.000)	(0.000)	(0.000)
ln(road _ freight)	-3.095^{***}	-1.273^{***}	-6.274^{***}	-6.975^{***}
	(0.000)	(0.005)	(0.000)	(0.000)
RFT_yoy	-0.150^{***}	-0.136^{***}	-0.168^{***}	-0.112^{**}
	(0.000)	(0.001)	(0.005)	(0.021)
控制变量效应	Yes	Yes	Yes	Yes
猪瘟暴发效应	No	Yes	No	Yes
省份固定效应	Yes	Yes	Yes	Yes
年份固定效应	Yes	Yes	Yes	Yes
N	1011	1360	799	1093
R^2	0.269	0.197	0.169	0.170

注：括号内数为相应的 P 值，*、**、***分别表示在 10%、5%、1%的显著性水平下显著。Yes 代表加入了相应的效应，No 代表没有加入相应的效应。

从表 8-10 可以发现，在控制了居民消费价格指数、人均可支配收入等变量后，中央生态环保督察与滞后 1、3 期猪肉价格显著负相关。同时，分析表 8-10 环保督察对滞后 1、3 期猪肉价格的影响可以发现，包含疫情暴发后的全样本时期的影响系数绝对值都大于疫情暴发之前，这表明在考虑猪肉价格波动的滞后效应后，如果剔除生态环保督察对猪肉价格的抑制作用，那么猪瘟疫情暴发将会使猪肉价格上涨更加明显。为考察中央生态环保督察期间和结束后的影响效应，本节对督察当期和督察结束后时期分别进行回归，结果如表 8-11 所示。

表 8-11　中央生态环保督察实施时期对猪肉价格的影响

变量	pork_price			
	(1)	(2)	(3)	(4)
l(CEPI)_during	-0.999**		-1.291***	
	(0.035)		(0.010)	
l(CEPI)_post	-4.204***	-4.075***	-3.708***	-3.608***
	(0.000)	(0.000)	(0.000)	(0.000)
ln(CPI)	0.553***	0.525***	1.281***	1.258***
	(0.003)	(0.003)	(0.000)	(0.000)
ln(DI_season)	2.507***	2.415***	2.144***	2.055***
	(0.000)	(0.000)	(0.000)	(0.000)
ln(road_freight)	-2.535***	-2.518***	0.090	0.117
	(0.000)	(0.000)	(0.844)	(0.795)
RFT_yoy	-0.150***	-0.152***	-0.168***	-0.170***
	(0.000)	(0.000)	(0.001)	(0.001)
控制变量效应	Yes	Yes	Yes	Yes
猪瘟暴发效应	No	No	Yes	Yes
省份固定效应	Yes	Yes	Yes	Yes
年份固定效应	Yes	Yes	Yes	Yes
N	1009	1009	1358	1358
R^2	0.363	0.360	0.190	0.188

注：括号内数为相应的 P 值，*、**、***分别表示在 10%、5%、1%的显著性水平下显著。Yes 代表加入了相应的效应，No 代表没有加入相应的效应。

从表 8-11(1)、(2)列可知，疫情暴发之前，各省份猪肉价格在生态环保督察政策实施期间和实施之后均显著下降，但在督察后出现了更明显的抑制效果，这为督察结束后建立完善的一系列监督机制，从而保证政策的长期有效性提供了经验性证据。考察数据全样本时期，(3)、(4)列结果进一步补充了这个结论。对比(1)、(3)列 l(CEPI)_during 的系数可以发现，全样本时期，系数绝对值更大，这说明从长期来看，生态环保督察实施期间对猪肉价格的抑制作用更加明显。可以肯定的是，中央生态环保督察的实施，改善了我国猪肉整体价格水平。

六、中央生态环保督察对不同污染程度地区猪肉价格影响异质性分析

中央生态环保督察组进驻各省份后，着重解决地方突出环境问题。因此，一般而言污染严重地区将会比污染较轻地区受到更强冲击。本节根据各省份 2015~2018 年 $PM_{2.5}$ 年均浓度数据，进行了不同污染程度划分，如表 8-12 所示。

表 8-12　污染程度划分情况表

污染程度	$PM_{2.5}$ 浓度
低污染(low-pollulion)	≤50μg/m³
高污染(high-pollution)	>50μg/m³

注：上表根据空气质量等级进行污染程度划分得到，$PM_{2.5}$ 年均浓度数据来源于各省份环境统计公报。

根据表 8-12 污染等级划分情况,分别对低污染地区和高污染地区进行生态环保督察的异质性分析,回归结果如表 8-13 所示。

表 8-13 不同污染程度地区异质性回归结果

变量	pork_price			
	(1)	(2)	(3)	(4)
low_pollution	-3.593***		-3.307***	
	(0.000)		(0.000)	
high_pollution		-4.606***		-4.188***
		(0.000)		(0.000)
ln(CPI)	0.387	0.870***	1.357***	1.307***
	(0.190)	(0.009)	(0.000)	(0.001)
ln(DI_season)	2.678***	2.571***	2.292***	2.049***
	(0.000)	(0.000)	(0.000)	(0.000)
ln(road_freight)	-2.822***	-2.277***	-0.130	0.046
	(0.001)	(0.002)	(0.835)	(0.952)
RFT_yoy	-0.152***	-0.159***	0.121**	-0.222***
	(0.001)	(0.002)	(0.036)	(0.003)
控制变量效应	Yes	Yes	Yes	Yes
猪瘟暴发效应	No	No	Yes	Yes
省份固定效应	Yes	Yes	Yes	Yes
年份固定效应	Yes	Yes	Yes	Yes
N	667	342	899	459
R^2	0.302	0.382	0.168	0.207

注:括号内数为相应的 P 值,*、**、***分别表示在10%、5%、1%的显著性水平下显著。Yes 代表加入了相应的效应,No 代表没有加入相应的效应。

表 8-13 回归结果显示,疫情暴发前与全样本时期,不同污染程度下,中央生态环保督察对猪肉价格的抑制作用均在 1%水平下显著。比较(1)、(2)列,在高污染地区,影响系数的绝对值更大,中央生态环保督察在污染严重地区对猪肉价格的抑制作用高出低污染地区 0.013 个百分点。同样地,从全样本时期来看,中央生态环保督察在高污染地区对猪肉价格的抑制作用更大。以上结果清晰表明,严格的环境保护政策可能影响了污染行业的发展,进而影响了产品价格。

七、猪肉价格同比稳健性检验

考虑到各省份之间存在着饮食偏好,以及养殖大省和一般省份之间猪肉的绝对价格本身存在一定差异,故本节接下来将利用猪肉价格同比(以 2015 年 1 月猪肉价格为基期),进一步验证中央生态环保督察对猪肉价格的影响。回归结果如表 8-14 所示。

表 8-14　猪肉同比价格回归结果

变量	porkprice_yoy			
	(1)	(2)	(3)	(4)
l(CEPI)	-0.161***	-0.198***	-0.111***	-0.184***
	(0.000)	(0.000)	(0.000)	(0.000)
ln(CPI)		0.027***		0.063***
		(0.006)		(0.000)
ln(DI_season)		0.139***		0.117***
		(0.000)		(0.000)
ln(road_freight)		-0.136***		-0.005
		(0.000)		(0.847)
RFT_yoy		-0.008***		-0.009***
		(0.000)		(0.001)
控制变量效应	No	Yes	No	Yes
猪瘟暴发效应	No	No	Yes	No
省份固定效应	Yes	Yes	Yes	Yes
年份固定效应	Yes	Yes	Yes	Yes
N	1143	1009	1519	1358
R^2	0.169	0.329	0.052	0.179

注：括号内数为相应的 P 值，*、**、***分别表示在 10%、5%、1%的显著性水平下显著。Yes 代表加入了相应的效应，No 代表没有加入相应的效应。

对比表 8-14 和表 8-9 中央生态环保督察的影响系数，可以发现疫情暴发前和全样本时期，系数符号没有发生变化，均为负值，且均通过 1%显著性检验；在控制居民消费价格指数和人均可支配收入后，系数绝对值变大，对猪肉价格的抑制作用更加明显。对各省猪肉价格同比进行滞后效应分析，可得到与表 8-10 相似的结果（表 8-15），即将猪肉价格同比滞后 1、3 期，中央生态环保督察仍具有显著抑制效果。

表 8-15　中央生态环保督察对猪肉价格（同比）的滞后效应

变量	ln(porkprice_yoy)（1 期）		ln(porkprice_yoy)（3 期）	
	(1)	(2)	(3)	(4)
l(CEPI)	-0.169***	-0.186***	-0.084***	-0.118***
	(0.000)	(0.000)	(0.003)	(0.000)
ln(CPI)	0.033***	0.050***	0.028*	0.010
	(0.004)	(0.000)	(0.079)	(0.475)
ln(DI_season)	0.116***	0.110***	0.102***	0.091***
	(0.000)	(0.000)	(0.000)	(0.000)
ln(road-freight)	-0.158***	-0.067***	-0.317***	-0.360***
	(0.000)	(0.005)	(0.000)	(0.000)
RFT_yoy	-0.008***	-0.007***	-0.009***	-0.006**
	(0.000)	(0.001)	(0.005)	(0.026)

续表

变量	ln（porkprice_yoy）（1 期）		ln（porkprice_yoy）（3 期）	
	(1)	(2)	(3)	(4)
控制变量效应	Yes	Yes	Yes	Yes
猪瘟暴发效应	No	Yes	No	Yes
省份固定效应	Yes	Yes	Yes	Yes
年份固定效应	Yes	Yes	Yes	Yes
N	1011	1360	799	1093
R^2	0.267	0.195	0.168	0.166

注：括号内数为相应的 P 值，*、**、***分别表示在 10%、5%、1%的显著性水平下显著。Yes 代表加入了相应的效应，No 代表没有加入相应的效应。

以上，本节采用猪肉同比价格作为稳健性检验，与绝对价格的影响系数相比，结果并没有发生很大变化，这表明本节的回归结果是稳健的，中央生态环保督察导致猪肉价格显著下降。

严格的环境规制政策旨在减少，甚至杜绝养殖户生产过程中出现的污染问题，例如要求规模养殖户应配备相应污染处理设备，这就导致相当数量散户由于不具备污染处理能力被迫退出市场；同时，各省相继划定禁养区，强制关停相关养殖户。例如，2017 年畜牧养殖大省四川省年底生猪出栏 6579 万头，在有效保证市场供给的同时由于养殖污染没有得到及时治理，给生态环境造成较大压力。因此，2017 年 8 月中央生态环保督察进驻四川省解决突出环境问题后，四川省对外公开中央生态环保督察整改情况，宣布调整完善全省关于畜禽养殖禁养区划定，对禁养区内养殖户进行关停、搬迁处理，并督促各市(州)根据环境承载能力发展畜禽养殖业，要求规模养殖场配备相关污染治理设备，具备污染处理能力。故 2017 年底，四川省年出栏数为 1～499 头的散户养殖户数量较 2016 年底减少529382 户，而年出栏数为 500～4999 头的规模养殖户数量较 2016 年底增加 1863 户[①]，严格的环境规制政策影响了生猪行业养殖散户数量。2016 年、2017 年散户数量超过百万户省(区、市)的数量变化情况如图 8-3 所示。

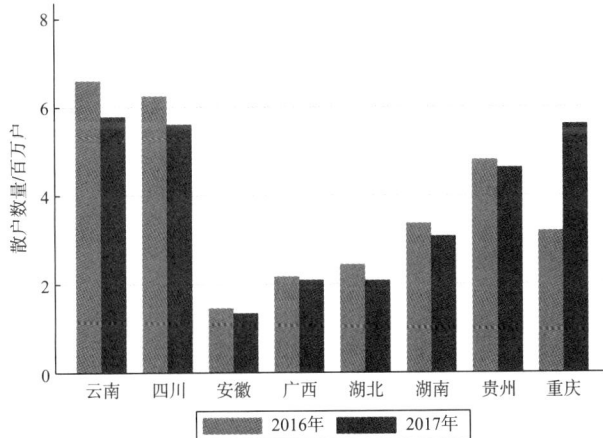

图 8-3　2016～2017 年部分省(区、市)散户数量变化情况

---

① 相关数据来源于 Wind 数据库。

由图 8-3 可以清楚地看出，散户数量超过百万户的省份中，2017 年散户数量除重庆外均有不同程度下降，在严格的环境保护政策下，散户选择退出市场。但环境规制导致散户数量减少的同时，政府一直强调生猪养殖的规模化，并对生猪养殖进行一定程度上的规模补贴（具体补贴情况见表 8-16 所示），以促使生猪养殖业朝着规模化养殖进一步发展。

表 8-16　中央对规模化生猪养殖补贴情况

年份	规模养殖补贴标准
2015 年	因政策资金调整优化等原因， 暂停支持生猪标准化规模养殖场(小区)建设一年
2016～2018 年	3000 头以上：80 万元 2000～2999 头：60 万元 1000～1999 头：40 万元 500～999 头：20 万元

注：上表信息由作者根据每年生猪养殖补贴政策整理得到。

同时，有些地区会对生猪规模养殖场户猪舍标准化改造、粪污处理以及水、电、路、防疫等配套设施的建设实施进行补贴，每个改建、扩建项目单位补助资金规模在 50 万～100 万元，激励养殖户进行规模养殖转型升级。在养殖散户数量减少和规模化补贴的双重刺激下，2016 年、2017 年猪肉产量变化情况如图 8-4 所示。

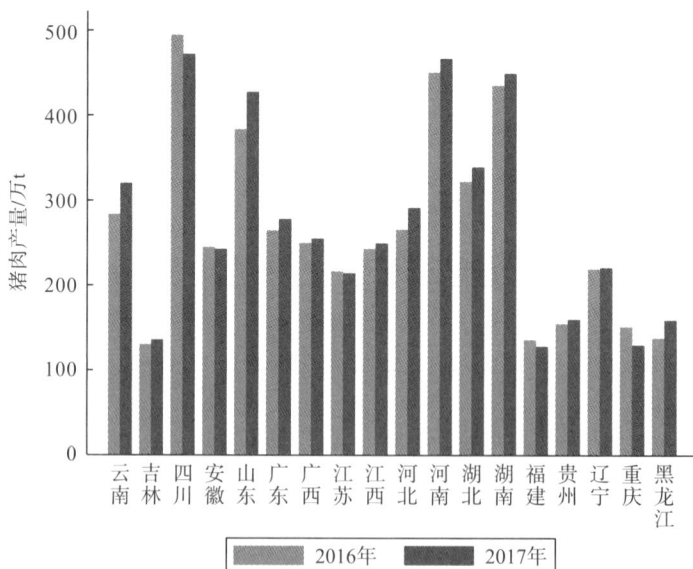

图 8-4　2016～2017 年部分省(区、市)猪肉产量变化情况

对比图 8-3、图 8-4 可以发现，散户大省(区、市)的散户数量大幅度下降，但猪肉产量却整体上升 101 万 t，这说明了在中央生态环保督察的严格环境规制下，猪肉供给量并未受显著影响，可能是生猪养殖行业规模化程度加深，保证了猪肉供给。因此，可以认为在环境保护的政策背景下，政府一方面强力抑制散户数量降低污染，另一方面对规

模养殖户进行补贴，从两方面共同促进了生猪养殖规模化程度，最终在保证猪肉产量的前提下使得猪肉价格下降。

世界上生猪养殖与猪肉生产主要集中在中国、美国和欧盟等国家和地区，但与美国和欧盟相比，中国生猪养殖存在规模化、集约化程度低、散户数量巨大等问题。据统计，美国猪肉市场超过 60%的猪肉供给来自年存栏量 5 万头以上的规模养殖场[①]。养殖产业规模化使得欧美发达国家和地区形成了完善的猪肉生产市场，进一步带动了一系列生产、消费环节的产业链发展，同时也稳定了猪肉供给与消费价格。因此，目前我国仍需加快提高猪肉生产的规模化程度，完善养殖行业的市场调节机制与信息体系，提高行业的标准化程度，从而稳定猪肉供给与市场价格。

第三节　环境规制强度对异质性行业就业规模影响的实证分析

一、引入污染要素的环境生产函数

在本节中，我们首先从产品供给的角度分析环境规制强度对就业规模的影响，借鉴 Stokey（1998）在分析污染与经济持续增长时采用的方法，通过将环境污染作为生产要素之一，引入柯布-道格拉斯效用函数，从产品供给的角度分析环境规制强度对就业规模的影响。

设 Y 代表企业的总产出；L 代表企业的劳动投入要素；EP 代表企业的环境污染投入要素；K 代表企业的国内外资本投入要素之和；α、β、γ 分别代表劳动、环境污染、国内外总资本对企业生产的弹性系数。因此某一行业某一年份代表性企业的生产函数可由式（8.8）表示：

$$Y = Af\left(L, \mathrm{EP}, K\right) = A(L)^{\alpha}(\mathrm{EP})^{\beta}(K)^{\gamma} \tag{8.8}$$

而企业的利润函数为

$$\pi = Y - C = A(L)^{\alpha}\left(\mathrm{EP}\right)^{\beta}(K)^{\gamma} - wL - rK - e\mathrm{EP} \tag{8.9}$$

其中，C 代表企业的生产成本，包括各种生产要素的投入成本；w、r、e 分别代表劳动、国内外总资本、环境污染要素的投入价格（其中，因为随着环境规制强度的提高，环境污染治理成本加大，故环境规制强度可以代表环境污染要素的投入价格，即 w、r、e 分别代表劳动力工资、资本利息和环境规制强度）。

根据企业利润最大化原则，满足：

$$\frac{\partial \pi}{\partial L} = A\alpha(L)^{\alpha-1}\left(\mathrm{EP}\right)^{\beta}(K)^{\gamma} - w = 0$$

$$\frac{\partial \pi}{\partial \mathrm{EP}} = A\beta\left(\mathrm{EP}\right)^{\beta-1}\left(L\right)^{\alpha}(K)^{\gamma} - e = 0 \tag{8.10}$$

即

$$w = A\alpha(L)^{\alpha-1}\left(\mathrm{EP}\right)^{\beta}(K)^{\gamma} \tag{8.11}$$

对式（8.11）等号两边分别取对数可得到

[①] 数据来源：中国产业信息网。

$$\ln(L) = \frac{1}{1-\alpha}\left[\ln(\beta) + \ln(A) - \ln(w)\right] + \frac{\beta}{1-\alpha}\ln(\text{EP}) + \frac{\gamma}{1-\alpha}\ln(K) \tag{8.12}$$

从式(8.12)的结果可知：技术进步、劳动力工资水平、环境污染程度、国内资本存量、外商直接投资都会对我国市场的就业规模产生影响。而其中环境污染程度又会随环境规制强度的变化而变化，所以环境规制强度对劳动力就业规模会产生影响。

为了进一步考察环境规制强度对劳动力就业的影响，综合式(8.11)、式(8.12)，可得到

$$L = \frac{\alpha e}{\beta w}\text{EP} \tag{8.13}$$

为了考察环境规制强度对劳动力就业规模的影响，对式(8.13)求偏导，得

$$\frac{\partial L}{\partial e} = \frac{\alpha}{\beta w}\text{EP} + \frac{\alpha e}{\beta w}\frac{\partial \text{EP}}{\partial e} = \frac{\alpha \text{EP}}{\beta w}(1-\eta) \tag{8.14}$$

其中，$\eta = -(\partial \text{EP}/\partial e)(e/\text{EP})$，代表环境污染要素供给价格弹性的绝对值，即代表环境污染要素价格(环境规制强度)变化引起的环境污染的变化程度。在同一行业代表性企业中，这种变化程度保持一致，然而在不同行业之间，同样的环境规制强度的变化引起的环境污染变化程度存在差异。

其次，从产品需求侧角度进行考虑，环境规制增强导致企业生产成本加大，假设市场中该企业产品的需求价格弹性较小，则企业可以很容易通过提高产品价格抵减一部分的污染治理成本。如果该产品需求价格弹性较大，则企业可能偏向于缩小生产规模以减少环境污染治理成本，缩小生产规模意味着一定程度上就业规模的削减。具体的模型设定及推导过程如下：

假设行业中代表性企业的产品供需均衡，则结合式(8.11)、式(8.12)、式(8.13)得到需求量满足：

$$Q = \frac{e}{\beta}\text{EP} = \frac{w}{\alpha}L \tag{8.15}$$

设代表性企业产品价格为 P。则消费者的需求价格弹性绝对值 ζ 满足：

$$\zeta = -(\partial Q/\partial P)(P/Q) \tag{8.16}$$

假设行业中代表性企业短期内生产技术水平保持不变，意味着单位资本和单位劳动的产出不变，即 $Q/K=a$，$Q/L=b$(a，b 为常数)。得到环境规制强度对就业规模的影响满足：

$$\frac{\partial L}{\partial e} = \frac{\partial L}{\partial Q} \times \frac{\partial Q}{\partial P} \times \frac{\partial P}{\partial e} = -\frac{\zeta Q}{bP} \times \frac{\partial P}{\partial e} \tag{8.17}$$

将式(8.15)代入式(8.17)，得到环境规制强度的就业效应关于工资水平、环境污染等变量的函数，如下：

$$\frac{\partial L}{\partial e} = -\frac{\alpha \zeta}{\beta w}\text{EP}\left(\frac{\partial P}{\partial e} \times \frac{e}{P}\right) \tag{8.18}$$

结合式(8.14)和式(8.17)，得到环境规制强度对就业的总效应满足：

$$\frac{\partial L}{\partial e} = \frac{\alpha \text{EP}}{\beta w}\left[1-\eta-\zeta\left(\frac{\partial P}{\partial e} \times \frac{e}{P}\right)\right] \tag{8.19}$$

由式(8.18)可见环境规制强度对就业规模的影响与环境规制强度对企业产品价格影

响程度有关，而该影响程度随着行业产品的不一致也存在差异。如环境规制强度对污染要素投入大的产品价格影响程度较大，而对环保产品的价格几乎无影响。

二、工业行业异质性的划分

参考之前的研究文献，本节选取污染程度、技术水平和要素依赖水平来对工业行业进行划分。其中，污染程度以各行业废水、废气排放量及固体废物产生量为指标，运用均值法对数据进行无量纲化处理，然后运用改进的熵值法确定各指标权重后对 35 个工业行业进行划分，按照污染强度的高低将工业行业划分为污染密集型行业和清洁生产型行业；而技术水平参考王浩(2015)，采用研究与开发(research and development，R&D)经费占主营业务收入比重这一指标来衡量各行业的技术创新能力；而要素依赖水平参考赵书华和张弓(2009)提出的生产要素密集度分类方法，选取各行业资本劳动比率(人均固定资产占用率)作为资本密集程度的衡量指标。其数据均来源于国家统计局，且对每年间存在差异的统计量进行了拆分或合并。具体划分结果如表 8-17～表 8-19 所示。

表 8-17　基于污染程度的行业异质性划分结果

污染密集型行业(18) 平均污染强度≥0.04	清洁生产型行业(17) 平均污染强度<0.04
煤炭开采与选洗业	石油和天然气开采业
黑色金属矿采选业	非金属矿采选业
有色金属矿采选业	烟草制品业
农副食品加工业	纺织服装、鞋、帽制造业
食品制造业	皮革、毛皮、羽毛(绒)及其制品业
酒、饮料制造业	木材加工及木、竹、藤、棕、草制品业
纺织业	印刷业和记录媒介的复制
家具制造业	文教体育用品制造业
造纸及纸制品业	橡胶和塑料制品业
石油加工、炼焦及核燃料加工业	金属制品业
化学原料及化学制品制造业	通用设备制造业
医药制造业	专用设备制造业
化学纤维制造业	交通运输设备制造业
非金属矿物制品业	电气机械及器材制造业
黑色金属冶炼及压延加工业	通信设备、计算机及其他电子设备制造业
有色金属冶炼及压延加工业	仪器仪表及文化、办公用机械制造业
电力、热力的生产与供应业	工艺品及其他制造业
燃气生产与供应业	

表 8-18　基于技术水平的行业异质性划分结果

高技术行业(10) R&D 经费占比≥0.7%	中低技术行业(24) R&D 经费占比＜0.7%
黑色金属冶炼及压延加工业	燃气生产与供应业
石油和天然气开采业	电力热力生产与供应业
化学原料及化学制品制造业	黑色金属矿采选业
化学纤维制造业	石油加工炼焦及核燃料加工业
通用设备制造业	皮革、毛皮、羽毛(绒)及其制品业
电气机械及器材制造业	农副食品加工业
仪器仪表及文化、办公用机械制造业	非金属矿采选业
通信设备、计算机及电子设备制造业专用设备制造业	家具制造业
医药制造业	有色金属矿采选业
交通运输设备制造业	纺织服装、鞋、帽制造业
	烟草制品业
	木材加工及木、竹、藤、棕、草制品业
	文教体育用品制造业
	非金属矿物制品业
	纺织业
	印刷业和记录媒体的复制
	食品制造业
	工艺品及其他制造业
	造纸及纸制品业
	金属制品业
	煤炭开采和选洗业
	酒、饮料制造业
	有色金属冶炼及压延加工业
	橡胶和塑料制品业

表 8-19　基于要素依赖水平的行业划分结果

资本密集型(15)	劳动密集型(20)
	煤炭开采和选洗业
	非金属矿采选业
	农副食品加工业
石油和天然气开采业	食品制造业
黑色金属矿采选业	饮料制造业
有色金属矿采选业	纺织业
烟草制品业	纺织服装、鞋、帽制造业
造纸及纸制品业	皮革、皮毛、羽毛及其制品业
石油加工、炼焦及核燃料加工业	木材加工及木、竹、藤、棕、草制品业
化学原料及化学制品制造业	家具制造业
医药制造业	印刷业和记录媒体的复制
化学纤维制造业	文教体育用品制造业
黑色金属冶炼及压延加工业	橡胶和塑料制品业
有色金属冶炼及压延加工业	金属制品业
电力、热力的生产与供应业	通用设备制造业
燃气生产和供应业	专用设备制造业
交通运输设备制造业	电气机械及器材制造业
非金属矿物制品业	仪器仪表及文化、办公用机械制造业
	通信设备、计算机及其他电子设备制造业
	工艺品及其他制造业

1. 变量说明及指标选取

(1)被解释变量：本节将就业规模作为被解释变量，并采用规模以上企业从业人员年均人数进行衡量，考虑到本期就业规模会受到上期就业规模的影响，故本节在模型构建中设置被解释变量滞后项作为解释变量之一。

(2)核心解释变量：目前，用于测度行业环境规制强度的指标主要包括污染治理投入、环境污染排放、综合指标、代理变量这四种衡量方法。本节将采取综合指标这一角度，选取工业废水治理设施运行费用与工业废水排放量的比值、工业废气治理设施运行费用与工业废气排放总量的比值、工业固体废弃物综合利用率作为三个测量指标(三个指标皆为正向指标，即指标数值越大，代表环境规制强度越大)，参考秦楠等(2018)的方法，运用改进的熵值法，对三个指标客观地赋予权重，从而构建我国工业行业环境规制强度测算的代理指标。

(3)控制变量：本节控制变量主要有行业平均规模、行业企业经营状况、技术创新、资本存量、外商投资、工资水平及全员劳动生产率。

以上各个变量的具体测度、符号说明等见表 8-20 所示。

表 8-20　变量指标选取与数据来源

	变量	符号	指标测度量	数据来源
被解释变量	就业规模	em	规模以上企业从业人员年均人数	《中国工业统计年鉴》
核心解释变量	环境规制强度	er	综合指标	《中国环境统计年鉴》
	行业平均规模	scale	行业不变价资产总计/行业企业数量	《中国统计年鉴》
	行业企业经营状况	cr	规模以上企业成本费用利用率	《中国工业统计年鉴》
	技术创新	tec	规模以上企业专利申请数	《中国科技统计年鉴》
控制变量	资本存量	k	固定资产净值	《中国工业统计年鉴》
	港澳台地区及外商投资	fdi	港澳台地区及外商直接投资占比	《中国统计年鉴》
	全员劳动生产率	tlp	工业总产值/全部从业人员年均人数	《中国工业统计年鉴》
	工资水平	wage	城镇单位从业人员年均工资	《中国工业统计年鉴》

2. 模型选择及构建

本节从工业行业层面考察环境规制强度对工业行业就业的影响，从前人学者相关研究结果可推测，环境规制强度对就业规模可能存在先抑制后促进的 U 形关系，故而本节将环境规制强度指标的二次项也作为解释变量之一。另一方面，行业本期就业规模可能与上期就业规模存在一定相关性，故而模型中选取被解释变量的滞后项作为解释变量之一。将所有变量考虑在内，本节的实证计量模型构建如下：

$$\ln(\mathrm{em}_{it}) = \alpha_0 + \alpha_1\ln(\mathrm{em}_{i,t-1}) + \alpha_2\ln(\mathrm{er}_{it}) + \alpha_3\left[\ln(\mathrm{er}_{it})\right]^2 + \alpha_4\ln(X_{it}) + \delta_i + \varepsilon_{it} \quad (8.20)$$

其中，i 表示各行业；t 表示年份；α_0 为截距项；δ_i 代表未观测到的不随时间变化的因素；ε_{it} 代表随机误差项。X_{it} 为控制变量，即

$$\ln(X_{it}) = \beta_1\ln(\mathrm{scale}_{it}) + \beta_2\ln(\mathrm{cr}_{it}) + \beta_3\ln(\mathrm{tec}_{it}) + \beta_4\ln(k_{it}) + \beta_5\ln(\mathrm{tlp}_{it}) + \beta_6\ln(\mathrm{wage}_{it}) \quad (8.21)$$

由于本节将被解释变量滞后项作为解释变量之一,将导致严重的内生性问题。这使得运用 OLS 估计法得到的估计量有偏差。为了解决内生性问题,需要引入工具变量,工具变量满足与内生解释变量高度相关,而与随机干扰项不相关。本节选取内生解释变量的滞后项作为工具变量,且考虑到 2SLS 在数据存在异方差时估计量有偏差,本节最终选用系统 GMM 方法进行估计。

三、实证结果

本节选用了 2003～2015 年 35 个工业行业面板数据进行分析,对于部分年份缺失的数据,采用线性插值法进行处理。对所有变量都进行对数化处理后得到的数据描述性统计情况如表 8-21 所示。

表 8-21 数据描述性统计分析结果

变量	观测值	均值	标准差	最大值	最小值	峰度	偏度
$\ln(em)$	455	5.094935	0.960969	6.877976	2.673459	−0.52747	−0.46488
$\ln(er)$	455	−0.06123	0.349169	1.714882	−0.99836	3.766882	1.176976
$[\ln(er)]^2$	455	−0.12246	0.698339	3.429764	−1.99672	3.766882	1.176976
$\ln(tec)$	455	7.512729	1.996833	11.54737	0.693147	0.181851	−0.48887
$\ln(scale)$	455	0.352141	1.270836	4.982851	−1.57174	1.687065	1.243926
$\ln(k)$	455	7.659629	1.16414	10.93326	5.087102	−0.47045	0.17078
$\ln(fdi)$	455	2.016863	1.152927	4.286267	−2.84757	0.897593	−0.81691
$\ln(wage)$	455	9.803302	0.370797	10.99261	8.971956	0.470493	0.449547
$\ln(tlp)$	455	13.29469	0.777259	15.34085	11.08677	−0.24103	0.040133
$\ln(cr)$	455	1.976747	0.687168	4.632396	−1.60944	4.143227	0.431971

为了保证回归结果的可靠性,本节选用 Stata 15 软件对本节研究数据进行检验,看其是否为平稳序列。通过使用相同单位根的 LLC(Levin-Lin-Clu)检验和不同单位根的 IPS(Im-Pesaran-Shin)检验两种检验方法,表明所有序列均为平稳序列,即变量不存在时间趋势。

1. 污染程度异质性实证结果

表 8-22 行业污染程度异质性实证结果

解释变量	全行业		污染密集型行业		清洁生产型行业	
	模型一 n=420	模型二 n=420	模型一 n=216	模型二 n=216	模型一 n=204	模型二 n=204
$\ln(em)$	0.4434[*] (0.2469)	0.4588[*] (0.2486)	0.8829[***] (0.2071)	0.8788[***] (0.2079)	0.4308[**] (0.1907)	0.4459[**] (0.1790)
$\ln(er)$	−0.4684[**] (0.2148)	−0.4176[**] (0.2048)	−0.4889[***] (0.1630)	−0.4588[***] (0.1571)	0.3887[*] (0.2100)	0.3037[*] (0.2017)
$[\ln(er)]^2$	0.4925[*]	0.4375[*]	0.7181[**]	0.6999[**]	−0.7648[**]	−0.6779[**]

解释变量	全行业		污染密集型行业		清洁生产型行业	
	模型一 n=420	模型二 n=420	模型一 n=216	模型二 n=216	模型一 n=204	模型二 n=204
	(0.2918)	(0.2934)	(0.3671)	(0.3556)	(0.3641)	(0.3066)
ln(tec)	0.0364	0.0366	0.0023	0.0042	0.0506	0.0449
	(0.0260)	(0.0259)	(0.0472)	(0.0480)	(0.0886)	(0.0849)
ln(scale)	−0.4407***	−0.4325***	−0.3846***	−0.3900***	−0.1275	−0.1294
	(0.1256)	(0.1330)	(0.1014)	(0.1058)	(0.1142)	(0.1143)
ln(k)	0.2484**	0.2452**	0.1832**	0.1873**	0.2813	0.2803*
	(0.1191)	(0.1172)	(0.0815)	(0.0782)	(0.2293)	(0.1206)
ln(fdi)	0.2912***	0.2881**	0.2719***	0.2790**	0.1362**	0.1396**
	(0.1225)	(0.1218)	(0.1123)	(0.1200)	(0.0533)	(0.0547)
ln(wage)	1.102***	1.0920***	0.7812***	0.7959***	0.6108***	−0.9210***
	(0.3730)	(0.3869)	(0.2533)	(0.2558)	(0.2533)	(0.2702)
ln(tlp)	0.3200*	0.3053	0.2620	0.2670	0.3610	0.2109
	(0.3092)	(0.3108)	(0.2659)	(0.2731)	(0.2888)	(0.1978)
ln(cr)	0.0728	0.0753	0.0192	0.0258	0.0204	−0.0130
	(0.0677)	(0.0693)	(0.1074)	(0.1065)	(0.1579)	(0.1584)
cons	−14.4837***	−14.2428***	−12.4973***	−12.7660***	−1.2743	1.2543
	(5.086)	(5.3382)	(3.5886)	(3.7955)	(5.6420)	(6.6630)
AR(1)	0.056	0.065	0.090	0.081	0.100	0.096
AR(2)	0.277	0.250	0.665	0.687	0.975	0.992
Sargan检检	0.467	0.422	0.277	0.287	0.259	0.218
Hansen检检	0.698	0.668	0.250	0.246	0.277	0.253

注：*、**、***分别代表变量在 10%、5%、1%显著性水平下显著；括号内描述了变量回归系数的稳健标准差；AR(1)、AR(2)、Sargan 检验、Hansen 检验描述的都是 P 值；模型一、二的区别在于核心解释变量指标选取的不同，在模型二中选用单位废水排放量治理投资对模型进行稳健性检验(下文同)。

上述回归结果表明，拐点处环境规制强度的对数值为 0.4755，而我国工业全行业 2015 年的平均环境规制强度对数值为 0.152，环境规制强度达到拐点值的行业只有 5 个行业。可见我国目前处于 U 形曲线的下降阶段，即进一步加大环境规制强度首先会对工业行业就业规模起抑制作用。

而污染密集型行业和清洁生产型行业的回归结果显示：环境规制强度与重污染行业就业规模之间也呈 U 形关系，拐点处环境规制强度的对数值为 0.3404，而重污染行业 2015 年平均环境规制强度的对数值为 0.2100，其中石油加工、炼焦及核燃料加工业、化学原料及化学制品制造业、黑色金属冶炼及压延加工业及燃气生产与供应业的环境规制强度已经越过重污染行业 U 形曲线的拐点值；相反，环境规制强度与清洁生产型行业就业规模呈倒 U 形关系，拐点值为 0.2541，2015 年清洁生产型行业平均环境规制强度的对数值为 0.1092，其中石油和天然气开采业已越过拐点，如果进一步加大环境规制强度，则会进一步恶化该行业的就业容量。所以，应当适当放松环境规制。

2. 技术水平异质性实证结果

表 8-23　技术水平行业异质性实证结果

解释变量	高技术行业		中低技术行业	
	模型一 $n=132$	模型二 $n=132$	模型一 $n=288$	模型二 $n=288$
$\ln(em)$	15.6255* (8.3677)	4.5066** (1.8946)	0.7582*** (0.2148)	0.7684*** (0.2168)
$\ln(er)$	−4.7703* (2.9284)	0.2963 (0.7778)	−0.3680*** (0.1219)	−0.3590*** (0.1071)
$[\ln(er)]^2$	11.634* (6.7435)	2.41221* (1.3546)	0.6461** (0.2556)	0.5218** (0.2283)
$\ln(tec)$	−1.1686* (0.6271)	−0.5453** (0.2668)	−0.0307 (0.0239)	−0.0343* (0.0180)
$\ln(scale)$	−0.4172 (0.3186)	−0.7416* (0.4409)	−0.3541*** (0.1304)	−0.3490*** (0.1254)
$\ln(k)$	−1.6812* (0.7796)	−0.3099 (0.5255)	0.3133*** (0.1194)	0.3073*** (0.1089)
$\ln(fdi)$	−3.5106** (1.8699)	−0.2269 (0.5163)	0.0693* (0.0331)	0.0672 (0.0461)
$\ln(wage)$	8.6162* (5.0249)	4.5195* (2.7372)	0.8888** (0.4293)	0.8800** (0.2903)
$\ln(tlp)$	−11.5848* (6.8499)	−2.8699* (1.7406)	−0.0974 (0.1665)	−0.0870 (0.1628)
$\ln(cr)$	3.6722* (1.9996)	1.2145** (0.5497)	0.3950 (0.5500)	0.0326 (0.0494)
cons	15.4974** (5.5354)	19.4718** (8.8679)	8.4447** (4.2000)	8.5473** (3.7560)
AR(1)	0.005	0.002	0.017	0.014
AR(2)	0.731	0.655	0.190	0.233
Sargan 检验	0.190	0.121	0.267	0.233
Hansen 检验	0.939	0.999	0.455	0.464

注：括号内数为相应的 P 值，*、**、***分别表示在 10%、5%、1%的显著性水平下显著。

　　从上述模型回归结果,可以看到环境规制强度对高技术行业和中低技术行业的影响都是 U 形曲线。为了更清楚地观察环境规制强度对这两类行业就业规模的影响情况,本节根据回归结果绘制了环境规制强度与就业规模间的"U"形曲线图,如图 8-5 所示。

　　可以看到,在同一环境规制强度下,高技术行业的就业规模要远大于中低技术行业,两者 U 形曲线达到拐点时对应的环境规制强度对数值分别为 0.205 和 0.2848。而 2015 年的数据显示,高技术行业的平均环境规制强度对数值为 0.3133,达到拐点值的高技术行业占比约为 36%。可见部分高技术行业已经位于 U 形曲线拐点的右侧。相比之下,中低技术行业的平均环境规制强度对数值为 0.0781,如果进一步加大环境规制强度,会使得环境质量提升,但是首先会对就业会造成不利的影响。

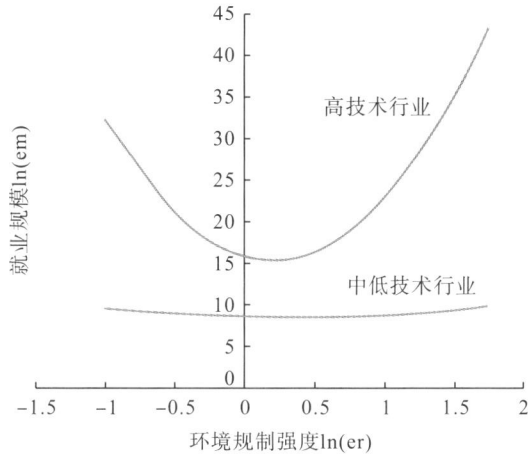

图 8-5 环境规制强度对不同技术水平行业就业规模的影响

3. 要素依赖水平异质性实证结果

表 8-24 要素依赖水平行业异质性实证结果

解释变量	资本密集型行业		劳动密集型行业	
	模型一 $n=180$	模型二 $n=180$	模型一 $n=240$	模型二 $n=240$
$\ln(em)$	0.4349* (0.2592)	0.4689* (0.2585)	0.5818*** (0.1957)	0.5687*** (0.2052)
$\ln(er)$	-0.4138*** (0.1452)	-0.3968*** (0.1439)	0.1807 (0.3623)	0.0885 (0.2954)
$[\ln(er)]^2$	0.5265* (0.2243)	0.5180* (0.2390)	-0.9582* (0.5904)	-0.8419* (0.5058)
$\ln(tec)$	-0.0249 (0.0353)	-0.0300 (0.0351)	0.0169 (0.0284)	0.0149 (0.0295)
$\ln(scale)$	-0.3106*** (0.0895)	-0.2990*** (0.0880)	-0.1441*** (0.0521)	-0.1426*** (0.0527)
$\ln(k)$	0.2764** (0.1460)	0.2700* (0.1470)	0.2201** (0.0958)	0.2185** (0.0929)
$\ln(fdi)$	0.1110** (0.0573)	0.1191** (0.0606)	0.1746** (0.0872)	0.1791** (0.0926)
$\ln(wage)$	0.2635* (0.1117)	0.2631 (0.2136)	0.8353** (0.3958)	0.8676** (0.4223)
$\ln(tlp)$	0.3821*** (0.0725)	0.3870*** (0.0740)	-0.2983** (0.1058)	-0.2870** (0.1142)
$\ln(cr)$	0.1331** (0.0626)	0.1409** (0.0665)	0.1358 (0.1097)	0.1394 (0.1113)
Cons	-7.4039*** (2.5303)	-7.5680*** (2.6392)	-4.2881* (2.9521)	-4.6786* (2.9440)
AR(1)	0.030	0.022	0.028	0.024
AR(2)	0.161	0.173	0.602	0.502
Sargan 检验	0.489	0.212	0.342	0.274
Hansen 检验	0.371	0.330	0.996	0.996

注：括号内数为相应的 P 值，*、**、***分别表示在 10%、5%、1%的显著性水平下显著。

从上述回归结果来看，要素依赖水平的差异对环境规制强度的就业效应是存在影响的。对于资本密集型行业，环境规制强度的就业效应呈 U 形曲线，拐点时环境规制强度的对数值为 0.3930，2015 年资本密集型行业的平均环境规制强度对数值为 0.3012，说明我国工业行业中，资本密集型行业环境规制还未实现就业扩增与污染治理的双重红利。而劳动密集型行业的就业效应呈倒 U 形曲线，拐点值为 0.0943，2015 年我国工业行业劳动密集型行业平均环境规制强度对数值为 0.0401，表明随着环境规制强度的进一步加大，劳动密集型行业的就业规模还会进一步扩大。

第四节　中国最低工资、企业资本密集度与经济演化效率

一、理论模型分析

Melitz(2003)的异质性生产率模型表明，市场均衡条件下，存在一个决定市场中在位企业的最低生产率的门槛。最低工资引发的成本冲击可能通过提高均衡市场的生产率门槛，在位企业中部分低生产率企业将被淘汰，进入企业的生产率门槛将被迫提高，同时高效企业可以获得更高的市场收益占有率。在这一过程中，存活企业的加权平均生产率将得到提升。

1. 市场均衡

假设垄断竞争市场中，消费者效用函数为常数替代弹性(constamt elasticity of substitution，CES)形式的企业所生产商品 α 的函数：

$$U = \left[\int_{\alpha \in \Omega} q(\alpha)^{\rho} \, d\alpha \right]^{1/\rho} \tag{8.22}$$

其中，Ω 为商品总量，$0 < \rho < 1$，不同商品间的替代弹性 $\sigma = 1/(1-\rho) > 1$。根据 Dixit 和 Stiglitz(1977)的理论，消费者行为可由市场总价格 P 与商品总量 Q 关系进行刻画，即 $U \equiv Q$：

$$P = \left[\int_{\alpha \in \Omega} p(\alpha)^{1-\sigma} \, d\alpha \right]^{1/(1-a)} \tag{8.23}$$

则均衡条件下消费与支出分别为

$$q(\alpha) = Q\left[p(\alpha)/p \right]^{-\sigma} \qquad r(\alpha) = R\left[p(\alpha)/p \right]^{-\sigma} \tag{8.24}$$

市场中的大量企业以不同的生产率 φ 生产商品。假设企业生产只需要投入劳动，总劳动数量 L 外生给定。所有企业具有相同固定成本 $f > 0$，企业均衡产量为：$q = \varphi(1-f)$。不同生产率的企业都面临着固定替代弹性为 σ 的需求曲线，因此选择使得利润最大化的价格加成 $\sigma/(1-\sigma) = 1/\rho$。因此，价格水平为

$$p(\varphi) = \omega/(\rho\varphi) \tag{8.25}$$

其中，ω 为均衡市场工资率，在下文分析中本节将 ω 设定为 1。企业收入与利润分别为

$$r(\varphi) = R(P\rho\varphi)^{\sigma-1} \qquad \pi(\varphi) = R/\sigma(P\rho\varphi)^{\sigma-1} \tag{8.26}$$

可以看出，企业的产量以及收益取决于生产率：

$$\frac{q(\varphi_1)}{q(\varphi_2)} = \left(\frac{\varphi_1}{\varphi_2}\right)^{\sigma} \quad \frac{r(\varphi_1)}{r(\varphi_2)} = \left(\frac{\varphi_1}{\varphi_2}\right)^{\sigma-1} \tag{8.27}$$

假定市场在位企业数量为 M，生产率 φ 分布函数为 $\mu(\varphi)$，$\varphi \in (0, +\infty)$。根据式(8.23)，总价格水平 P 为

$$P = \left[\int_0^{+\infty} p(\varphi)^{1-\sigma} M\mu(\varphi)\mathrm{d}\varphi\right]^{1/(1-\sigma)} \tag{8.28}$$

根据式(8.25)及式(8.28)，P 进一步可以表述为 $P = M^{\frac{1}{1-\sigma}} p(\tilde{\varphi})$，其中：

$$\tilde{\varphi} = \left[\int_0^{+\infty} \varphi^{\sigma-1}\mu(\varphi)\mathrm{d}\varphi\right]^{1/(\sigma-1)} \tag{8.29}$$

其中，$\tilde{\varphi}$ 为市场的加权平均生产率，权重为各个生产率水平下的企业产出份额，而与市场规模 M 无关。此外，$\tilde{\varphi}$ 衡量了市场中企业的平均生产率水平，意味着在规模为 M 的市场中，如果在位企业生产率分布服从 $\mu(\varphi)$，那么市场中企业的平均收益 $\bar{r}$ 等于以 $\tilde{\varphi}$ 为生产率的单个企业收益 $r(\tilde{\varphi})$。

假设企业进入市场需要投入固定成本 f_e 作为先期投资，且企业生产率服从函数 $g(\varphi)$[①]。在位企业每期面临负向冲击，退出市场概率为 ∂，如果企业从 $g(\varphi)$ 中任意选取生产率 φ，使得企业利润 $\pi(\varphi) \leqslant 0$，那么企业将选择不进入市场。那么，潜在进入企业的预期价值为

$$v = \mathrm{MAX}\left\{0, \sum_{t=0}^{+\infty}(1-\partial)^t \pi(\varphi)\right\} = \mathrm{MAX}\left\{0, \frac{1}{\delta}\pi(\varphi)\right\} \tag{8.30}$$

定义生产率门槛 $\varphi^* = \inf\{\varphi : v(\varphi) > 0\}$，表示企业进入所需最低生产率水平，则有 $\pi(\varphi^*) = 0$。显然，生产率 $\varphi < \varphi^*$ 的潜在进入企业将选择不进入市场[②]。那么，在位企业生产率分布 $\mu(\varphi)$ 为潜在生产率分布 $g(\varphi)$ 的条件分布函数：

$$\mu(\varphi) = \begin{cases} \dfrac{g(\varphi)}{1-G(\varphi^*)} & \text{if} \quad \varphi \geqslant \varphi^* \\ 0 & \text{其他} \end{cases} \tag{8.31}$$

其中，$G(\varphi^*)$ 为 $g(\varphi)$ 的累积分布函数，$P_{\mathrm{in}} = 1 - G(\varphi^*)$ 为企业成功进入市场的事先概率。那么，总体加权生产率水平为生产率门槛 φ^* 的函数：

$$\tilde{\varphi}(\varphi^*) = \left[\frac{1}{1-G(\varphi^*)}\int_{\varphi^*}^{+\infty} \varphi^{\sigma-1}g(\varphi)\mathrm{d}\varphi\right]^{1/(\sigma-1)} \tag{8.32}$$

显然，$\tilde{\varphi}(\varphi^*)$ 为单调递增函数，即 φ^* 越高，在位企业加权生产率水平越高。此时，市场平均收益与平均利润函数为

[①] 企业进入前并不知道自己需要的生产率水平，仅从潜在生产率分布函数 $g(\varphi)$ 中随机选取。更一般地，行业生产率分布函数 $\mu(\varphi)$ 取决于 $g(\varphi)$。

[②] 为了简化分析，本节首先假设最低工资冲击不会影响企业潜在生产率分布 $g(\varphi)$，在其后分析中再严格这一假设。

$$\bar{r}=r\left(\tilde{\varphi}\right)=\left[\frac{\tilde{\varphi}\left(\varphi^*\right)}{\varphi^*}\right]^{\sigma-1}r\left(\varphi^*\right)\qquad \bar{\pi}=\pi\left(\tilde{\varphi}\right)=\left[\frac{\tilde{\varphi}\left(\varphi^*\right)}{\varphi^*}\right]^{\sigma-1}\frac{r\left(\varphi^*\right)}{\sigma}-f \qquad (8.33)$$

根据式(8.33)，市场实际平均利润与生产率门槛的关系为

$$\bar{\pi}=fk(\varphi^*) \qquad (8.34)$$

其中，$k\left(\varphi^*\right)=\left[\tilde{\varphi}(\varphi^*)/\varphi^*\right]^{\sigma-1}-1$，为生产率门槛 φ^* 的单调递减函数。

$\bar{\pi}=fk(\varphi^*)$ 刻画了市场中的平均利润与生产率门槛的关系，二者呈负向关系，生产率门槛值越高，市场实际平均利润水平越低，本节将之称为 ZCP 曲线。

$\bar{\pi}=\dfrac{\partial f_e}{1-G(\varphi^*)}$ 刻画了潜在进入企业所需必要的市场平均利润与生产率门槛之间的关系，二者呈正向关系，市场进入门槛越高，潜在进入企业进入市场的概率越小，那么，进入成本所要求的市场平均利润就会越高，本节将之称为 FE 曲线。

可证明 ZCP 与 FE 曲线在 $\varphi\in(0,+\infty)$ 的取值范围内仅有一个交点[①]，且 ZCP 曲线在交点前位于 FE 曲线的上方(图 8-6)。该交点意味着，在市场生产率门槛为 φ^* 时，企业选择进入市场所必需的市场平均利润等于市场中在位企业的平均利润，企业选择进入与否不改变在位企业的平均利润。同样地，$\bar{\pi}(\varphi^*)$ 意味着企业进入与否不影响市场中在位企业的平均加权生产率。

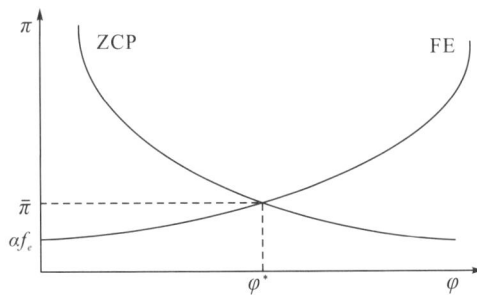

图 8-6   市场中均衡的生产率门槛 φ^* 与平均利润 $\bar{\pi}$ 的决定条件

图 8-6 中，ZCP 曲线表示市场生产率门槛 φ^* 与平均利润 $\bar{\pi}$ 的关系，而 FE 曲线则表示企业在自由进入条件下生产率门槛 φ^* 与企业平均利润 $\bar{\pi}$ 必须满足的关系。两者共同决定了市场中均衡的生产率门槛值 φ^* 与平均利润 $\bar{\pi}$。

2. 最低工资冲击的企业演化效应

Mayneris 等(2014)指出，企业生产有两条路径：第一，高技术生产路径，同时具有高资本密集度和低劳动边际需求。第二，低技术生产路径，同时具有较低资本密集度和高劳动边际需求。最低工资冲击扩大了两条生产路径的边际成本差距。在产量不变的前提下，最低工资制度的实施将会显著提高采用第二种生产路径企业的边际机会成本，促进这部分

---

① 构建函数 $j(\varphi)=\left[1-G(\varphi)\right]k(\varphi)$，可证明 $j(\varphi)$ 在 $\varphi\in(0,+\infty)$ 区间范围内单调递减。

企业加大研发投入与资本投入，并转变生产方式。

1) 生产率门槛变动

受最低工资制度影响，部分企业边际成本支出增加，假定幅度为 $\tau(\tau > 1)$，且企业潜在生产率分布形态不受影响，即 $g(\varphi)$ 不变。那么，这部分企业产品价格为：$p_x(\varphi) = \tau\omega / \rho\varphi$。与上文设定一样，本节将 ω 设定为 1，那么有 $p_x(\varphi) = \tau p(\varphi)$ [①]，企业利润为 $\pi_x = \dfrac{r_x}{\sigma} - f_x$。其中，$f_x$ 为接受最低工资冲击之后企业的固定成本支出，有 $f_x > f$。对于这部分企业，存在生产率门槛值 φ_x^*，使得：$\pi_x(\varphi_x^*) = 0$，$\bar{\pi}_x(\tilde{\varphi}_x) = f_k k(\varphi_x^*)$，其中 $k(\varphi_x^*) = \left[\tilde{\varphi}(\varphi_x^*) / \varphi_x^*\right]^{\sigma-1} - 1$。根据式(8.27)，两种情况下企业收入水平的关系为

$$\frac{r_x(\varphi_x^*)}{r(\varphi^*)} = \tau^{1-\sigma}\left(\frac{\varphi_x^*}{\varphi^*}\right)^{\sigma-1} = \frac{f_x}{f} \underset{r=pq}{\Longleftrightarrow} \varphi_x^* = \varphi^*\tau\left(\frac{f_x}{f}\right)^{\frac{1}{\sigma-1}} \tag{8.35}$$

显然，由于 $\tau\left(\dfrac{f_x}{f}\right)^{\frac{1}{\sigma-1}} > 1$，相比未受冲击的生产率门槛值 φ^*，受最低工资冲击，市场具有更高的生产率门槛 φ_x^*。$1 - G(\varphi_x^*)$ 为受最低工资冲击影响后的企业进入市场概率，$P_x = \left[1 - G(\varphi_x^*)\right] / \left[1 - G(\varphi^*)\right]$ 表示市场中企业受最低工资影响的概率。受到最低工资冲击后，市场平均利润为受最低工资影响的部分企业与未受最低工资影响的部分企业利润的加权平均值：

$$\bar{\pi}(\varphi_t^*) = \left[1 - P_x\right]f k(\varphi^*) + P_x f_x k(\varphi_x^*) = f_t k(\varphi_t^*) \tag{8.36}$$

其中，$\bar{\pi}(\varphi_t^*)$ 是由原市场平均利润与接受最低工资冲击后企业利润的加权平均值，权重为 P_x，φ_t^* 为受最低工资冲击影响后市场中均衡的市场预期平均利润，f_t 为冲击后市场企业固定成本支出。由于 $k(\varphi)$ 为单调递减函数，可证明 $\varphi^* < \varphi_t^* < \varphi_x^*$。同时新的企业进入均衡条件(FE 曲线)为：$\bar{\pi} = \dfrac{\partial f_e}{1 - G(\varphi_t^*)}$ [②]。受最低工资冲击，新进入企业需要更高的最低生产率才能顺利进入市场($\varphi^* < \varphi_t^*$)，受到冲击后的均衡条件下生产率门槛 φ_t^* 与市场平均利润 $\bar{\pi}$ 由新的 ZCP 曲线与 FE 曲线共同决定(图 8-7)。

图 8-7 表明，受最低工资影响，新均衡市场中生产率门槛值由 φ^* 上升至 φ_t^*，同时均衡利润由 $\bar{\pi}(\varphi^*)$ 上升至 $\bar{\pi}(\varphi_t^*)$，在位企业平均加权生产率由 $\tilde{\varphi}(\varphi^*)$ 上升至 $\tilde{\varphi}(\varphi_t^*)$。

其中，$\tilde{\varphi}(\varphi_t^*)$ 可表示为

$$\tilde{\varphi}(\varphi_t^*) = P_x\left[\frac{1}{1 - G(\varphi_x^*)}\int_{\varphi_x^*}^{+\infty}\varphi^{\sigma-1}g(\varphi)\mathrm{d}\varphi\right]^{1/(\sigma-1)} + (1 - P_x)\left[\frac{1}{1 - G(\varphi^*)}\int_{\varphi^*}^{+\infty}\varphi^{\sigma-1}g(\varphi)\mathrm{d}\varphi\right]^{1/(\sigma-1)} \tag{8.37}$$

---

① 角标 x 指代接受最低工资影响的企业，下同。

② 注意到，此时潜在生产率分布形态不受影响，即 $g(\varphi)$ 不变，其累积分布函数 $G(\varphi)$ 不变。因此，新的企业进入均衡条件(FE 曲线)保持不变。

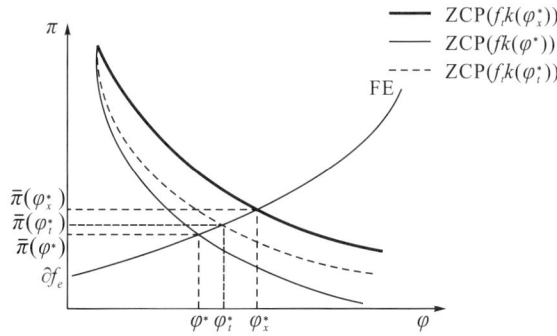

图 8-7　冲击后市场的生产率门槛 φ^* 与平均利润 $\bar{\pi}$ 的关系

均衡市场中生产率门槛由 φ^* 上升至 φ_t^*，意味着新进入企业的最低生产率由 φ^* 上升至 φ_t^*。图 8-8 表明，随着 φ^* 的提高，市场在位企业生产率 $\mu(\varphi)$ 分布随之变化，新进入企业的最低生产率同时提高。根据式 (8.32)，新进入企业的加权平均生产率将高于原市场在位企业的加权平均生产率 $\left[\tilde{\varphi}(\varphi_t^*) > \tilde{\varphi}(\varphi^*)\right]$。

市场生产率门槛的提高将直接影响新进企业的最低生产率。同时，均衡市场的平均利润由市场规模决定，更大的市场规模往往意味着更低的企业平均利润。那么，$\bar{\pi}(\varphi^*)$ 上升至 $\bar{\pi}(\varphi_t^*)$ 意味着部分市场均衡时的平均利润提高，部分低效企业将被迫退出市场。在两者的共同作用下，在位企业的平均生产率将显著提升。

综上，最低工资的设立，提升了均衡市场中的临界值生产率，进而淘汰了在位企业中的低效率企业，使得新进入企业生产率提高，进而影响市场中在位企业进入、退出过程。

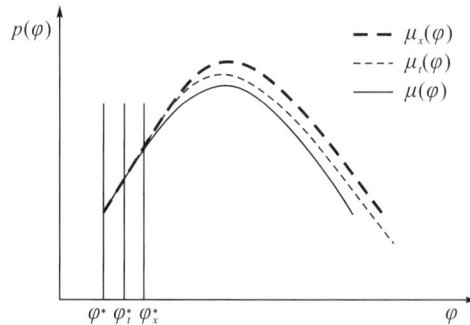

图 8-8　生产率分布与 φ^* 的移动

2) 进一步分析

上文已经证明了最低工资冲击可能改变了市场的生产率门槛，进而影响整个市场中企业的平均加权生产率，这也与林炜 (2013) 的研究结果保持一致。进一步进行分析，受最低工资冲击影响，市场中企业潜在生产率 $g(\varphi)$ 可能发生变化。本节定义新的潜在生产率函数 $g'(\varphi) = \left[g(\varphi) + \alpha\varphi k + \beta\right]/k$，其中，$\alpha$、$\beta$ 为外生参数。这一设定具有现实意义，首先，当企业资本密集度 k 不变时，企业需要更高的潜在生产率来应对最低工资带来的成本冲击，即最低工资使得市场中每一家企业潜在生产率随原生产率的提高而提高。其次，当企

业生产率 φ 不变时，高资本密集度企业需要较低的潜在生产率来应对最低工资带来的成本冲击，即最低工资冲击使得市场中企业潜在生产率随企业资本密集度的提高而降低。

那么，加权平均生产率水平为

$$\bar{\varphi}'\left(\varphi_t^{'*}\right)=\left[\frac{1}{1-G'\left(\varphi_t^{'*}\right)}\int_{\varphi_t^{'*}}^{+\infty}\varphi^{\sigma-1}g'(\varphi)\mathrm{d}\varphi\right]^{1/(\sigma-1)} \tag{8.38}$$

市场中企业接受最低工资影响的概率 P_x 改写为 $p_x'=\left[1-G'\left(\varphi_x^*\right)\right]/\left[1-G(\varphi^*)\right]$，这部分企业平均利润为 $\bar{\pi}'=fk'\left(\varphi_x^{'*}\right)$，其中 $k'\left(\varphi_x^{'*}\right)=\left[\tilde{\varphi}\left(\varphi_x^{'*}\right)/\varphi_x^{'*}\right]^{\partial-1}-1$，$\bar{\pi}'=\dfrac{\partial f_e}{1-G'(\varphi^*)}$ 为预期最低的均衡利润。受最低工资影响，企业生产率门槛由 φ_x^* 上升至 $\varphi_x^{'*}$。冲击后市场实际利润则为

$$\bar{\pi}'\left(\varphi_t^{'*}\right)=\left[1-p_x'\right]fk\left(\varphi^*\right)+p_x'f_xk'\left(\varphi_x^{'*}\right) \tag{8.39}$$

因此，考虑最低工资冲击使得市场潜在生产率分布 $g(\varphi)$ 变为 $g'(\varphi)$，最低工资同样提升了均衡市场中的生产率门槛，淘汰了在位企业中的低效率企业，使得新进入企业生产率提高，同时使在位企业获得更高的平均加权生产率。在考虑最低工资冲击改变市场潜在生产率分布之后，原市场生产率分布与冲击后市场生产率分布变化如图8-9所示。

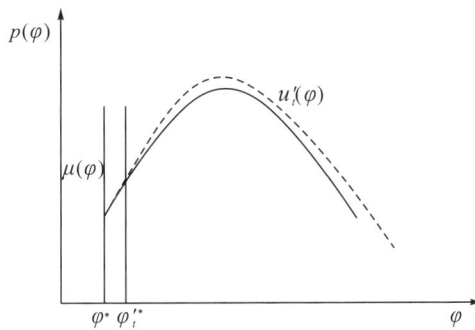

图8-9　最低工资冲击与生产率变化

最低工资冲击前后，平均加权生产率变化为

$$\tilde{\varphi}'\left(\varphi_t^{'*}\right)^{\sigma-1}-\tilde{\varphi}\left(\varphi^*\right)^{\sigma-1}=\int_{\varphi_t^{'*}}^{+\infty}\varphi^{\sigma-1}\mu_t'(\varphi)\mathrm{d}\varphi-\int_{\varphi^*}^{+\infty}\varphi^{\sigma-1}\mu(\varphi)\mathrm{d}\varphi$$

$$=\underbrace{\int_{\varphi_t^{'*}}^{+\infty}\varphi^{\sigma-1}\frac{\alpha\varphi k+\beta}{k\left[1-G'\left(\varphi_t^*\right)\right]}\mathrm{d}\varphi}_{\text{成长效应}}+\underbrace{\int_{\varphi_t^{'*}}^{+\infty}\varphi^{\sigma-1}\left(\left(\frac{\theta}{k}-1\right)\mu(\varphi)\right)\mathrm{d}\varphi-\int_{\varphi^*}^{\varphi_t^{'*}}\varphi^{\sigma-1}\mu(\varphi)\mathrm{d}\varphi}_{\text{净进入效应}}$$

$$\tag{8.40}$$

其中，$\theta=\dfrac{1-G(\varphi^*)}{1-G'\left(\varphi_t^*\right)}$。上式表明，最低工资冲击前后，市场在位企业平均加权生产率变化来源由两部分组成：①成长效应，受最低工资影响，企业选择提升自身管理水平、引入先进的生产技术与设备等方式提升企业全要素生产率。同时，随着资本密集度 k 的不断提高，最低工资冲击引发的成长效应在不断减弱。②净进入效应，表示由于新进入企业加权生产

率高于原在位企业平均加权生产率，退出企业加权生产率低于在位企业平均加权生产率，进而提升总体经济效率水平。同时，随着资本密集度 k 不断提高，最低工资冲击引发的净进入效应同样不断减弱甚至为负。

二、数据与实证模型构建

1. 数据说明

使用 1998～2007 年中国工业企业微观数据。1998～2007 年工业企业数据库共包含 1786913 个微观企业数据，本节所用指标主要包括最低工资、增加值、年末从业人员、利润、净资产、负债、股东代码等。本节利用 ArcGIS 软件生成各县级城市与省中心城市之间的地理距离，通过企业所在地变量与年份变量将企业微观数据与县级城市最低工资标准数据以及地理距离数据相匹配，筛选出符合本节使用的样本 1273478 个。同时，本节使用从业人员指标指代企业规模，用净资产与从业人员的比值指代企业资本密集度。考虑到数据可能存在极端值，本节将所有指标中低于 1% 与高于 99% 的样本值替换为样本均值，并对相关经济变量名义指标作价格平减处理，以获得更为准确、可靠的微观企业信息。最后，本节将最低工资、资本密集度以及两者交互项做去均值化处理，以保证交互项系数偏效应的解释意义。

2. 企业演化

熊彼特的企业理论认为，企业演化的动力来自创新这种"毁灭性的创造"，它既包括技术创新，也包括制度创新(Schumpeter et al.，1934)。越来越多研究表明，这种创新同样是企业应对劳动力成本上升的措施之一。作为强有力的劳动力管制政策，最低工资制度无疑给微观企业带来了成本冲击。这一外部冲击加快了企业的动态变化，并且表现为市场中企业的异质性。此外，这种异质企业的动态变化往往伴随着企业间资源重新配置、重新组合以及企业生产效率不断提升的过程。那么，最低工资制度影响微观企业动态演化可能表现为：①淘汰生产效率低下的企业；②促进越来越多的高效率企业进入市场；③使得高效率企业获得越来越多的市场份额与生产资料；④提升在位企业生产效率。区域宏观经济效率则在这一过程中不断改善。

本节考察的时间为 1998～2007 年，那么识别企业退出时至少需要考虑以下情况：①企业在位连续年份少于考察年份；②企业在位年份间断性连续；③企业只在某一年份出现；④企业只在 2007 年出现。综合考虑以上情况，本节将企业退出识别为：在 2007 年之前，企业出现年份的最后一年。特别地，如果企业最后一次出现年份为 2007 年，则无论其首次出现年份如何，均视为无法识别该企业是否退出。设企业首次出现年份为 t，企业最后一次出现年份为 $\tau(\tau \geq t)$，则有

$$\text{exit} = \begin{cases} \tau & \text{if} & t \neq 2007, \tau \neq 2007 \\ \text{未知} & \text{if} & \tau = 2007 \end{cases} \tag{8.41}$$

高效企业获得更大市场份额、低效企业市场份额下降、在位企业全要素生产率不断上升往往被视为企业健康有效地动态演化的重要表现。因此，市场份额与全要素生产率是本

节要刻画的另外两个重要指标。对于企业动态演化来说，市场份额变动不仅意味着在位企业间市场占有率的变化，更意味着企业间资本与劳动力生产要素的转移与再配置。全要素生产率则意味着企业投入资源，包括资本、劳动力生产要素的利用效率，两者在很大程度上反映了企业的竞争地位和盈利能力。市场份额指标不仅仅体现为企业市场占有率的变动，也同样体现出企业生产所需资源，例如劳动力、资本要素占有率的变动。而无论是前者还是后者，均可由微观企业的产值增值指标变化体现。因此，利用工业企业数据中企业的产值增值变量，本节构造以下市场份额指标：

$$\text{share\_d}_i = \left| (\text{value\_added}_i - l.\text{value\_added}_i) / \text{value\_added}_i \right| \tag{8.42}$$

其中，share_d_i 为企业当年市场份额变动；value_added_i 为企业当年产值增加值；$l.\text{value\_added}_i$ 为存活企业上一年度产值增加值。

最后，本节采用索洛（Solow）残差法测算企业全要素生产率，即利用产出增长率扣除资本、劳动等投入要素增长率后的残差来测算企业全要素增长。为保证企业生产函数估计的有效性与一致性，本节进一步使用较为常用的 Levisohn 和 Petrin（2003）提出的方法。该方法以企业使用的中间投入品作为可观测全要素生产率（total factor productivity，TFP）的代理变量，以半参估计方法解决 OLS 估计不一致的问题。本节假设企业生产函数为规模报酬不变的 C-D 函数形式，则 t 时期 i 企业的全要素生产率为

$$\ln(\text{TFP}_{it}) = \ln(Y_{it}) - \alpha_k \ln(k_{it}) - \alpha_l \ln(l_{it}) \tag{8.43}$$

其中，Y_{it} 代表企业产出总量；α_k、α_l 分别表示资本与劳动投入要素份额；k、l 分别表示企业固定资本存量以及从业人数。

本节较为准确地刻画了微观企业动态演化的各个环节。需要注意的是，现有研究已经表明（Mayneris et al.，2014），不同资本密集度企业对最低工资引发的劳动力成本反应可能不尽相同。因此，本节构造以下计量模型考察最低工资对企业动态演化的影响，同时将企业资本密集度与最低工资的交互项引入模型进行考察：

$$\text{Evo}_{ijt}^k = \alpha_k + \beta_{k1}\text{Min}_{ijt} + \beta_{k2}\text{Capin}_{ijt} + \beta_{k3}\text{DUCapin}_{ijt} + \beta_{k4}\sum_i \gamma + \beta_{k5}\sum_j \delta + \varphi_{kijt} \quad (k=1,2,3,4)$$

$$\tag{8.44}$$

其中，Evo_{ijt}^k 表示 t 年份 j 县 i 企业的第 k 个演化环节；角标 k 为 1，2，3，4，分别表示企业进入、退出、市场份额变动与全要素生产率演化环节；Min_{ijt} 为 t 年 j 地区第 i 个企业记录的最低工资；Capin_{ijt} 为 t 年 j 地区第 i 个企业的资本密集度；DUCapin_{ijt} 为最低工资与企业资本密集度的交互项；$\sum_i \gamma$ 与 $\sum_j \delta$ 分别表示企业个体层面与企业所在地区层面控制变量，包括企业资产负债率、盈利率、企业规模、企业所在县人口以及人均生产总值指标等；φ_{kijt} 则为模型残差项。需要注意的是，考虑到交互项系数的经济含义以及共线性等问题，回归前本节将最低工资与资本密集度指标进行去均值化处理。此外，对于企业进入与退出指标，本节使用 Probit 模型进行估计，而对于资源再配置与全要素生产率指标则使用面板线性回归模型进行估计。

通过研究企业动态演化的四个环节，可以从微观层面衡量最低工资对企业演化所产生

的影响。然而，最低工资对微观企业动态演化的影响可能无法直接表现为宏观地区经济效率的变动。例如，最低工资促进了企业进入、退出，但只有进入企业生产率高于在位企业平均生产率、退出企业生产率低于在位企业平均生产率时，宏观经济效率才能得到提高，反之则降低。因此，本节需要依据微观企业动态演化的各个环节，将宏观经济效率与微观企业个体全要素生产率相结合，解构并分析宏观经济效率增长来源，研究最低工资影响宏观经济效率的路径机制。

3. 宏观经济效率分解

宏观经济效率的提升，依赖于微观企业个体的动态演化。具体来说，在位企业全要素生产率不断上升、高效企业获得更高的市场占有率与更高的生产资料占有率、高效率企业不断进入市场以及低效率企业逐渐退出市场是宏观经济效率提升的重要来源。宏观经济效率的结构分解，就是利用加权的企业微观生产率生成加总生产率水平，并在此基础上分析其变化的来源，比如将行业生产率提高进一步分解为行业内各企业自身的生产率提高，不同生产率企业间的要素再分配，以及企业进入和退出的贡献。本节使用动态 OP（dynamic Olley-Pakes，DOP）分解方法，对 1997～2008 年中国制造业全要素生产率进行分解。具体步骤为

定义 t 时期地区内所有企业加总生产率为

$$\Phi_t = \sum \varpi_{it} \varphi_{it} \tag{8.45}$$

其中，ϖ_{it} 为权重，通常指某企业总产值、产值增值、就业量等占全部企业的比重，本节采用企业产值增值 value_added$_{it}$ 衡量企业比重。φ_{it} 表示 i 企业在 t 时期的全要素生产率。

将第 $t-k$ 期的企业加总生产率分解为存活企业和退出企业的加权生产率之和，即

$$\Phi_{t-k} = \Phi_{S(t-k)} \sum_{i \in S} w_{i(t-k)} + \Phi_{X(t-k)} \sum_{i \in X} w_{i(t-k)} = \Phi_{S(t-k)} + \sum_{i \in X} w_{i(t-k)} [\Phi_{X(t-k)} - \Phi_{S(t-k)}] \tag{8.46}$$

同时将第 t 期的企业加总生产率视为存活企业与进入企业的加权生产率之和，即

$$\Phi_t = \Phi_{St} \sum_{i \in S} w_{it} + \Phi_{Nt} \sum_{i \in N} w_{it} = \Phi_{St} + \sum_{i \in N} w_{it} [\Phi_{Nt} - \Phi_{St}] \tag{8.47}$$

且满足：

$$\sum_{i \in S} w_{i(t-k)} + \sum_{i \in X} w_{i(t-k)} \equiv \sum_{i \in \Omega} w_{i(t-k)} \equiv 1$$

$$\sum_{i \in S} w_{it} + \sum_{i \in X} w_{it} \equiv \sum_{i \in \Omega} w_{it} \equiv 1$$

上述式子中，Ω 代表第 t 期某地区全体企业；S 代表存活企业；X 代表退出企业；N 代表新进入的企业；Φ_{St} 与 $\Phi_{S(t-k)}$ 分别代表第 t 期和第 $t-k$ 期存活企业的加总生产率；Φ_{Nt} 与 $\Phi_{X(t-k)}$ 则分别代表第 t 期新进入企业的加总生产率与第 $t-k$ 期退出企业的加总生产率；w_i 表示第 i 个企业产出占第 t 期某地区全体企业总产出比率。

对上述公式变形，可得 DOP 分解结果：

$$\Delta \Phi_t = \underbrace{\Delta \overline{\varphi_t} + \Delta \mathrm{cov}_S (s_{it}, \varphi_{it})}_{\text{成长效应}} + \underbrace{S_{Nt} (\Phi_{Nt} - \Phi_{St}) + \left\{ -S_{X(t-k)} \left[\Phi_{X(t-k)} - \Phi_{S(t-k)} \right] \right\}}_{\text{净进入效应}} \underset{\mathrm{def}}{=} \sum_{k=1}^{2} \mathrm{Effect}_k \tag{8.48}$$

其中，$\Delta\Phi_t$ 表示区域内经济效率的总体变化；Effect_k 表示第 k 种效应。利用 DOP 分解方法，本节将区域内经济效率分解为：①成长效应：在位企业存活期内可能通过提升自身管理水平、引入先进的生产技术与设备等方式提升企业全要素生产率，以及在位企业间由于市场份额变化、生产要素流动等所引起的区域总体经济效率提升。②净进入效应：新进入企业加权生产率高于在位企业平均加权生产率，以及退出企业加权生产率低于在位企业平均加权生产率引起的区域经济效率的提高。

可以看出，组内效应衡量的是考察期内企业平均全要素生产率的提升对宏观经济效率的影响，反映了微观企业在位期间的自身成长程度。组间效应衡量了在位企业生产效率异质性所决定的企业生产资料占有率与市场份额占有率的变化，反映了市场中资源配置的改善程度。Olley 和 Pakes（1996）指出，基于企业生产率和企业权重的分布构建的企业生产率与市场份额协方差 $\left[\text{cov}_S\left(s_{it},\varphi_{it}\right)\right]$，表明了市场机制如何根据企业生产率来调整企业间的要素分布，例如生产率越高的企业可以获得更高的市场份额与生产要素占有率。从静态来看，$\text{cov}_S\left(s_{it},\varphi_{it}\right)$ 大于零，表明高于市场平均生产率的企业可以占有更多的市场与资源。那么，从动态来看，组间效应 $\Delta\text{cov}_S\left(s_{it},\varphi_{it}\right)$ 大于零，则表示因在位企业的资源配置改善而提升总体区域经济效率。进入效应与退出效应则衡量了在位企业变动所引发的平均加权生产率的变动，进而对宏观经济效率的影响。其中，进入效应由进入企业加权生产率与在位企业加权生产率（权重为市场份额）之差乘以 t 期进入企业数量构成，退出效应由在位企业加权生产率与退出企业加权生产率（权重为市场份额）之差乘以 $t-k$ 期企业退出数量构成。两者均反映了因在位企业生产率与市场份额联合变化所带来的宏观经济效率提升程度。

可以看出，宏观经济效率正是由微观层面企业生产率以市场份额为权重进行加权的结果，而宏观经济效率的分解，则与微观企业进入、退出、市场份额以及全要素生产率等动态演化环节紧密相关。那么，最低工资影响微观企业动态演化，进而影响宏观地区经济效率可能表现为以下几个方面：①最低工资促进企业自身成长，使得微观企业平均全要素生产率提升，进而促进区域经济效率提升；②最低工资可以使高效企业获得更多市场份额与生产要素占有率，改善在位企业资源配置效率，进而促进区域经济效率提升；③最低工资使得新进入企业的加权生产率高于在位企业的平均加权生产率，进而使区域经济效率提升；④最低工资使得退出企业的加权生产率低于在位企业的平均加权生产率，进而使区域经济效率提升。

同样，在考虑地区平均资本密集度与最低工资的交互效应之后，本节构建以下模型，在企业动态演化的基础上进一步考察最低工资对区域经济效率的影响路径。

$$\text{Effect}_{jt}^k = \alpha_k + \beta_{k1}\text{Min}_{jt} + \beta_{k2}\text{avCapin}_{jt} + \beta_{k3}\text{DUavCapin}_{jt} + \beta_{k4j}\sum_j\delta + \varphi_{kjt} \quad (k=1,2,3)$$

(8.49)

其中，Effect_{jt}^k 表示第 t 年 j 地区第 k 种效应，$k=1,2,3$ 分别表示成长效应、净进入效应和总效应（显然，第 t 年 j 地区宏观经济效率变化等于两种效率之和，即 $\Delta\Phi_{jt}\equiv\sum_{k=1}^2\text{Effect}_{jt}^k$）；$\text{Min}_{jt}$ 为 t 年 j 地区的最低工资；avCapin_{jt} 为 t 年 j 地区平均资本密集度；DUavCapin_{jt} 表

示最低工资与资本密集度的交互项；$\sum_{j}\delta$ 表示地区层面控制变量，包括地区总人口、人均产出、企业平均规模以及地区企业数量等。同样地，本节将相关指标进行去均值化处理。此外，需要指出的是，宏观经济效率是基于微观企业连续年份的全要素生产率加权计算而来，如果企业在位的连续年份过短，宏观经济效率则会出现较大波动而失真。因此，本节剔除在位年份少于四年的企业信息，保证宏观经济效率计算结果的稳健性。

三、最低工资与企业动态演化

1. 全样本估计结果

上文中，构建了企业进入、退出、市场份额以及全要素生产率等企业动态演化环节指标，并指出微观企业动态演化对宏观经济效率的决定性作用。因此，本节首先考察最低工资对微观企业四种演化环节的影响。为保证计量结果稳健性，本节剔除了各变量的极端值，并将关键变量的前 1% 与后 1% 观测值替换为样本均值，回归结果见表 8-26。

表 8-26　基本估计结果

变量	企业进入 (1)	企业退出 (2)	资源再配置 (3)	全要素生产率 (4)
最低工资	-0.028*** (0.003)	-0.329*** (0.006)	-0.019*** (0.001)	0.027*** (0.000)
最低工资×资本密集度	-0.007*** (0.000)	0.007*** (0.000)	0.000 (0.000)	0.000*** (0.000)
资本密集度	0.026*** (0.000)	-0.029*** (0.000)	0.000*** (0.000)	-0.000*** (0.000)
资产负债率	-0.004*** (0.000)	0.016*** (0.001)	0.009*** (0.000)	0.039*** (0.000)
利润率	-0.385*** (0.031)	-2.455*** (0.051)	-1.481*** (0.021)	2.578*** (0.009)
人口	0.002*** (0.000)	-0.003*** (0.000)	0.000*** (0.000)	-0.001*** (0.000)
人均生产总值	-0.017*** (0.008)	-0.023*** (0.001)	0.006*** (0.000)	0.078*** (0.000)
企业规模	-0.003*** (0.000)	-0.002*** (0.000)	-0.000*** (0.000)	0.000*** (0.000)
常数项	-0.681*** (0.008)	-2.251*** (0.015)	0.546*** (0.005)	3.704*** (0.003)
观测值数量	1273226	1037953	949379	1199863
企业数量	386108	339412	294194	362813

注：括号内为标准误；*、**、和***分别表示系数在 10%、5%和 1%显著性水平下显著。第(1)、(2)列采用面板二值选择模型，第(3)、(4)列采用面板线性回归模型。

表 8-26 中第(1)、(2)列结果显示，最低工资显著抑制了企业进入与企业退出。资本密集度与最低工资交互项结果表明，随着企业资本密集度的上升(高于在位企业平均资本

密集度），最低工资对企业进入的抑制作用进一步增强，表现出最低工资进一步加强了市场对高资本密集行业的准入壁垒，同时，对企业退出的抑制作用开始减弱，表现了最低工资作为企业外部成本冲击，逐渐淘汰高资本密集度企业中的低效率企业。第(3)、(4)列结果则表明，最低工资同样抑制了在位企业间资源流动。同时，随着企业资本密集度的提升，最低工资进一步促进了微观企业全要素生产率的增长。

从一般经济直觉来看，最低工资作为外部成本冲击会加强市场对进入企业形成的准入门槛，同时会加速低效企业退出过程，然而实证结果又为何表现为最低工资抑制了企业的退出？本节认为这与中国特殊的发展战略和背景有关。具体来说，"赶超战略"使得大型企业，特别是大型国有企业成为这一时期政府政策支持与补贴的对象，这种政府行为使得本应被成本冲击淘汰的企业在市场中存活下来或延期淘汰，从而在数据上表现为抑制了企业的退出。

考虑到模型结果可能存在内生性，本节进一步使用各县级城市距离省中心城市的地理距离倒数作为最低工资的工具变量，考察最低工资对微观企业动态演化环节的影响（表 8-27）。

表 8-27　工具变量估计结果

变量	企业进入 (1)	企业退出 (2)	资源再配置 (3)	全要素生产率 (4)
地理距离(IV)	-0.097*** (0.002)	-0.043*** (0.006)	-0.008*** (0.002)	0.006*** (0.000)
最低工资×资本密集度	-0.002*** (0.000)	0.003*** (0.000)	-0.000* (0.000)	0.000*** (0.000)
资本密集度	-0.001*** (0.000)	-0.005*** (0.000)	0.001*** (0.000)	0.000*** (0.000)
资产负债率	-0.011*** (0.000)	0.000 (0.001)	0.011*** (0.000)	0.041*** (0.000)
利润率	-0.368*** (0.031)	-2.527*** (0.048)	-1.475*** (0.021)	2.576*** (0.009)
人口	0.003*** (0.000)	-0.004*** (0.000)	0.000*** (0.000)	-0.001*** (0.000)
人均生产总值	-0.033*** (0.008)	-0.035*** (0.001)	0.002*** (0.000)	0.084*** (0.000)
企业规模	-0.003*** (0.000)	-0.002*** (0.000)	-0.000*** (0.000)	0.000*** (0.000)
常数项	-0.482*** (0.007)	-1.630*** (0.012)	0.517*** (0.005)	3.628*** (0.003)
观测值数量	1249586	1020082	934474	1178179
企业数量	386108	339412	286797	352611

注：括号内为标准误；*、***分别表示系数在10%和1%显著性水平下显著。第(1)、(2)列采用面板二值选择模型，第(3)、(4)列采用面板线性回归模型。

表 8-27 展示了工具变量的回归结果，从地理距离(IV)、资本密集度以及两者交互项数值上来看，表 8-27 第(1)、(2)列与表 8-26 估计结果基本保持一致。值得注意的是，表

8-26 结果显然高估了最低工资对微观企业退出的抑制作用。表 8-27 中第(3)列则表明，最低工资对企业间的资源配置具有显著的抑制作用，且企业资本密集度并没有影响这一过程。这与已有研究保持一致(Schmitt, 2013)，最低工资引发的成本冲击将迫使企业主动降低劳动力流转[①](labor turnover)，最大限度减少劳动力流失。表 8-27 第(4)列结果则说明，最低工资对企业全要素生产率的促进作用随企业资本密集度的提高而增强，这一过程可以总结为：最低工资作为成本冲击，迫使企业加大投入创新与新技术应用，不断提高自身管理水平，进而不断提高企业全要素生产率，且企业资本密集度越高，这种促进作用越强。

综合表 8-27 工具变量回归结果，本节认为最低工资显著影响了微观企业的动态演化。最低工资表现出对在位企业显著的固化效应，既没有促进企业进入也没有促进企业退出。在企业生产率方面，最低工资显著促进了微观企业的全要素生产率，并且随着资本密集度的提高，最低工资的促进作用在增强。显然，最低工资对资本密集度较高的企业促进作用越强，对资本密集度较低的企业促进作用较弱。

2. 异质性分析

上文中考察了最低工资对企业动态演化进入、退出、资源再配置以及全要素生产率等环节的影响，并指出这种影响随单个企业资本密集度的变化而变化。然而，全样本数据混合了微观企业的资本密集度特征，因此上述发现并不能很好地表明资本密集度在最低工资发挥经济效应中的作用。此外，不同地区的企业在政策执行力度、企业规模以及企业所处外部环境等方面不尽相同，这些因素与最低工资政策执行力度和实施效果密切相关，并最终影响最低工资的经济效应。

本节按照现有文献做法，将制造业企业按照地区代码划分为东部、中部以及西部地区[②]。考虑到中心城市是一个地区经济发展的增长极，往往聚集了大量成熟企业，这些企业拥有较高的资本密集度、完善的管理体系与先进的生产技术。因此，本节也将企业所在地划分为中心城市与非中心城市两个层级，对比不同地区最低工资经济效应的异质性(表 8-28)。

表 8-28 第(1)列结果显示，最低工资对企业进入的影响具有显著异质性。具体来说，最低工资抑制了东部地区、中心城市企业进入市场，随着企业资本密集度的提高，这种抑制作用在增强；促进了中部、西部地区以及非中心城市企业进入市场，随着地区企业资本密集度的提高，这种促进作用在减弱。可能原因在于，东部地区与中心城市市场化程度与企业平均资本密集度较高，市场本身存在对高资本密集行业的准入壁垒，最低工资则进一步强化了这一过程。而中西部地区与非中心城市经济发展尚处于起步阶段，尚未形成准入壁垒。需要注意的是，无论企业处于经济发达还是欠发达地区，最低工资对微观企业进入环节的影响随着企业资本密集度的提升均表现出了负向作用，即强化了抑制作用，弱化了促进作用。

表 8-28 第(2)列结果则与基本结果保持一致。随着企业资本密集度的提高，最低工资作

---

① 劳动力流转指企业内部员工流动，包括企业解雇员工、职位变动、招聘员工等。显然，劳动力流转会进一步增加企业成本支出。

② 东部地区包括北京、天津、河北、辽宁、上海、江苏、浙江、福建、山东、广东、广西 11 个省(区、市)；中部地区包括山西、内蒙古、吉林、黑龙江、安徽、江西、河南、湖北、湖南 9 个省(区、市)；西部地区包括重庆、四川、贵州、云南、陕西、甘肃、宁夏、青海、新疆 9 个省(区、市)。无西藏、海南及港澳台地区。

为成本冲击逐渐淘汰高资本密集企业中的低效率企业。表 8-28 第(3)列结果表明最低工资对不同地区企业的资源再配置影响不同。表 8-28 第(4)列结果同样与基本结果保持一致，即最低工资带来的成本冲击迫使大量企业增加资本要素投入，转变生产方式，进而加速了企业全要素生产率的提升，最终表现为随着企业资本密集度的提高，最低工资的促进作用在增强。值得注意的是，西部地区并没有发现最低工资与资本密集度交互效应，这意味着最低工资对西部地区企业全要素生产率的促进作用并不随企业资本密集度变化而变化，可能原因在于，西部地区更多地发展第一产业，因此企业资本密集度在考察期内并没有太大变化。

表 8-28　异质性分析

		变量	企业进入 (1)	企业退出 (2)	资源再配置 (3)	全要素生产率 (4)
地区分类	东部地区	最低工资	-0.045*** (0.004)	-0.346*** (0.02)	-0.025*** (0.002)	0.019*** (0.000)
		最低工资×资本密集度	-0.007*** (0.000)	0.008*** (0.000)	0.000*** (0.000)	0.000*** (0.000)
	中部地区	最低工资	0.244*** (0.011)	-0.409*** (0.017)	0.013** (0.006)	0.06*** (0.002)
		最低工资×资本密集度	-0.012*** (0.000)	0.012*** (0.000)	0.000*** (0.000)	0.000*** (0.000)
	西部地区	最低工资	0.048*** (0.004)	-0.522*** (0.019)	0.003 (0.003)	0.063*** (0.001)
		最低工资×资本密集度	-0.008*** (0.000)	0.009*** (0.000)	-0.000*** (0.000)	0.000 (0.000)
城市等级分类	中心城市	最低工资	-0.199*** (0.008)	-0.272*** (0.012)	-0.017*** (0.005)	0.014*** (0.001)
		最低工资×资本密集度	-0.006*** (0.000)	0.007*** (0.000)	0.000*** (0.000)	0.000*** (0.000)
	非中心城市	最低工资	0.017*** (0.004)	-0.359*** (0.02)	-0.015*** (0.002)	0.031*** (0.001)
		最低工资×资本密集度	-0.008*** (0.000)	0.008*** (0.000)	-0.000 (0.000)	0.000*** (0.000)

注：括号内为标准误；*、**、和***分别表示系数在 10%、5% 和 1% 显著性水平下显著。第(1)、(2)列采用面板二值选择模型，第(3)、(4)列采用面板线性回归模型。限于篇幅原因，表格省略控制变量结果。

四、最低工资、企业动态演化与区域经济效率

宏观经济效率的提升，源于低效率企业被淘汰出市场、高效企业进入市场、存活企业效率不断提高、高效企业市场份额上升。显然，最低工资通过影响微观企业进入、退出、资源再配置以及全要素生产率演化环节，将进一步影响宏观经济效率的变动。本节利用全要素生产率的 DOP 分解方法，将区域经济效率分解为成长效应、资源再配置效应、进入效应以及退出效应。以此为基础，本部分主要考察最低工资影响微观企业动态演化、进而影响区域宏观经济效率的作用机制。

表 8-29、表 8-30 分别报告了经济效率分解的基本结果与工具变量估计结果。可以发现，工具变量估计结果与基本结果保持一致。表 8-29 第(1)列识别结果表明，最低工资通

过成长效应显著促进了地区经济效率的提升。交互项的识别结果则表明，随着地区企业平均资本密集度的提高，最低工资的促进作用在减弱。本节认为，不同于微观企业，最低工资影响宏观层面的全要素生产率主要通过两种路径：①最低工资促进资本密集度较低企业投入更多的资本要素、转变生产方式，进而提升全要素生产率；②迫使企业引进新技术、加大企业创新投入等提升地区宏观经济效率。当区域内企业资本密集度较低时，最低工资不仅加速了企业技术与管理创新，更加速了企业资本投入，进而促进了区域经济效率的提升。当区域内企业资本密集度较高时，最低工资主要通过后者发挥作用。最终表现为，随着区域企业平均资本密集度的提高，最低工资对于区域经济效率的促进作用在减弱。因此，最低工资对于资本密集度较低的地区企业促进作用更大。

表 8-29 第(2)列识别结果表明，最低工资可能并没有通过净进入效应而提升宏观经济效率。本节理论模型分析表明，净进入效应可能受到进入企业与退出企业生产率变化的综合影响，而最低工资显著固化了在位企业，既抑制了企业进入又抑制了企业退出。因此，在宏观层面上区域经济效率并没有通过进入企业加权平均生产率高于在位企业、退出企业加权生产率低于在位企业渠道而显著提升，进而使得净进入效应较弱。表 8-29 第(3)列识别结果表明，最低工资通过影响微观企业动态演化而显著提升了区域经济效率，但随着地区企业平均资本密集度的上升，最低工资的促进作用在减弱。此外，可以看出最低工资提升宏观经济效率的主要路径为企业成长效应。

表 8-29　经济效率分解：基本估计结果

变量	成长效应 (1)	净进入效应 (2)	总效应 (3)
最低工资	0.104*** (0.012)	−0.001 (0.007)	0.094*** (0.013)
平均资本密集度	0.001 (0.000)	−0.000 (0.000)	0.002*** (0.000)
最低工资×平均资本密集度	−0.000*** (0.000)	0.000 (0.000)	−0.000*** (0.000)
企业数量	0.024 (0.022)	0.024 (0.021)	0.021 (0.023)
人口	−0.011*** (0.003)	0.000 (0.001)	−0.009*** (0.000)
人均生产总值	−0.039*** (0.004)	−0.006** (0.003)	−0.043*** (0.003)
平均企业规模	−0.107*** (0.029)	−0.024 (0.021)	−0.121*** (0.039)
常数项	0.909*** (0.206)	−0.202 (0.152)	1.001*** (0.281)
观测值数量	12699	12999	12999
地区数量	2217	2217	2217

注：括号内为标准误；**、***分别表示系数在 5% 和 1% 显著性水平下显著。第(1)～(3)列均采用面板线性回归模型。

表 8-31 报告了经济效率分解的城市异质性结果，最低工资通过促进不同地区企业全要素生产率增长而显著提升区域宏观经济效率。其中，中心城市的最低工资与企业平均资本密集度交互项并不显著，意味着中心城市地区企业成长效应并不随地区企业资本密集的变化而变化；非中心城市则表现为企业成长效应随地区企业资本密集度的提升而减弱的特征。这与基本结果保持一致，即中心城市企业平均资本密集度较高，最低工资促进地区宏观经济效率主要通过促进企业加大研发创新与新技术的应用；非中心城市企业平均资本密集度较低，最低工资促进该地区宏观经济效率提升不仅通过促进企业加大研发创新与新技术的应用，还通过促使企业加大资本投入、提升企业资本密集度。在净进入效应方面，无论中心城市还是非中心城市均不显著。总效应结果则表明区域经济效率提升来源主要为企业成长效应，这与基本结论保持一致。

表 8-30　经济效率分解：工具变量估计结果

变量	成长效应 (1)	净进入效应 (2)	总效应 (3)
最低工资	0.035*** (0.013)	−0.001 (0.001)	0.047*** (0.013)
平均资本密集度	0.000 (0.000)	−0.000 (0.000)	0.002*** (0.000)
最低工资×平均资本密集度	−0.000* (0.000)	0.000 (0.000)	−0.000*** (0.000)
企业数量	0.014*** (0.007)	0.002 (0.021)	0.023** (0.015)
人口	−0.005* (0.002)	0.000 (0.001)	−0.005*** (0.000)
人均生产总值	−0.013*** (0.003)	−0.006** (0.003)	−0.024*** (0.002)
平均企业规模	−0.062*** (0.015)	−0.024 (0.021)	−0.076*** (0.02)
常数项	0.507*** (0.089)	−0.202 (0.152)	0.598*** (0.125)
观测值数量	12699	12999	12999
地区数量	2217	2217	2217

注：括号内为标准误；*、**、和***分别表示系数在10%、5%和1%显著性水平下显著。第(1)～(3)列均采用面板线性回归模型。

表 8-31　经济效率分解：城市异质性

城市等级 变量	非中心城市			中心城市		
	成长效应 (1)	净进入效应 (2)	总效应 (3)	成长效应 (4)	净进入效应 (5)	总效应 (6)
最低工资	0.103*** (0.014)	0.000 (0.009)	0.098*** (0.016)	0.109*** (0.023)	−0.007 (0.01)	0.084*** (0.024)
平均资本密集度	0.001 (0.001)	−0.000 (0.000)	0.002** (0.001)	0.002 (0.002)	−0.000 (0.000)	0.001 (0.002)

城市等级 变量	非中心城市			中心城市		
	成长效应 (1)	净进入效应 (2)	总效应 (3)	成长效应 (4)	净进入效应 (5)	总效应 (6)
最低工资×平均资本 密集度	−0.000* (0.000)	−0.000 (0.000)	−0.000*** (0.000)	−0.000 (0.000)	0.000 (0.000)	0.000 (0.000)
企业数量	0.038 (0.024)	0.027 (0.018)	0.029 (0.031)	−0.054 (0.055)	0.013 (0.019)	−0.011 (0.048)
人口	−0.011 (0.003)	−0.006* (0.003)	−0.009*** (0.003)	−0.009 (0.01)	−0.000 (0.004)	-0.013 (0.009)
人均生产总值	−0.039*** (0.004)	−0.006** (0.003)	−0.043*** (0.005)	−0.043*** (0.011)	−0.008* (0.004)	−0.043*** (0.013)
平均企业规模	−0.112*** (0.032)	0.027 (0.023)	−0.126*** (0.044)	−0.042 (0.077)	0.013 (0.049)	−0.043 (0.103)
常数项	0.894*** (0.221)	−0.229 (0.176)	0.996*** (0.319)	0.911 (0.576)	−0.071 (0.327)	0.748 (0.677)
观测值数量	11414	11414	11414	1285	1285	1285
地区数量	1973	1973	1973	193	193	193

注：括号内为标准误；*、**、和***分别表示系数在10%、5%和1%显著性水平下显著。第(1)～(6)列均采用面板线性回归模型。

以上，本节通过将微观企业进入、退出、资源再配置与全要素生产率演化环节与地区宏观经济效率相结合，同时区分不同城市等级的企业，详细考察最低工资影响企业动态演化、进而影响地区宏观经济效率的路径机制。最终结果表明：首先，最低工资主要通过企业自身成长效应而显著提升宏观经济效率。当地区平均资本密集度较低时，最低工资一方面通过促进资本密集度较低企业投入更多的资本要素、转变生产方式，另一方面迫使企业引进新技术、加大企业创新投入等提升地区宏观经济效率。随着地区企业平均资本密集度的上升，最低工资对宏观经济效率的促进作用在逐渐减弱。显然，当微观企业个体资本密集度大幅上升时，资本投入带来生产效率提升的作用将大幅下降，此时最低工资冲击对区域经济效率的影响更多体现为促进微观企业个体采用更加先进的生产技术、管理水平以及研发创新投入。

第四部分
政 策 建 议

第九章　缩小收入差距，实现共同富裕和环境美好的共赢局面

　　本章是本书的政策建议部分。党的十九届五中全会指出，"同时我国发展不平衡不充分问题仍然突出""城乡区域发展和收入分配差距较大""扎实推动共同富裕"。2021年3月5日，李克强总理在政府工作报告中提出："加强污染防治和生态建设，持续改善环境质量。深入实施可持续发展战略，巩固蓝天、碧水、净土保卫战成果，促进生产生活方式绿色转型"。而本书前面八章基于大量调研和实证研究成果，对于中国的收入差距以及环境污染等问题得出了一系列稳健的结论，其中，最重要的成果就是：缩小收入差距，有利于改善环境污染问题。基于此，本章提出了一系列政策建议，以期对我国未来进一步缩小收入差距，实现共同富裕和建设环境美好的生活空间的共赢局面提供有价值的参考。其中，第一节主要关注缩小收入差距，促进共同富裕的建议；第二节侧重于采用科学手段，改善人居自然环境的措施；第三节主要强调有机地结合环境改善和共同富裕，使其相辅相成，互相促进。

第一节　多重手段缩小收入差距，促进共同富裕

一、弥合地区差距，促进区域间协调发展

　　在当前的百年未有之大变局下，在宏观经济进入新常态的背景下，促进区域协调发展是未来我国经济继续保持持续增长的有力抓手，对激发区域发展活力和效率、推动各个区域经济持续稳定和高质量发展起着十分显著的重要作用。针对中央对协调区域发展进行了统筹性的顶层设计以及全国各地实际的区域发展不均衡情况，为实现区域的综合协调发展，未来建议在以下几方面不断加大工作力度。

　　1. 消解浅度城市化，着力缩小城乡差距

　　由于中国突出的城乡双轨制，城乡发展的较大差距是区域发展不均衡中最严重的表现之一，因此要扭转区域发展不均衡、地区差距较大的现状，缩小城乡差距就是重要途径之一。具体来说，有以下一些建议。

　　第一，在基本层面建立覆盖城市和农村全体公民的社会保障机制，提供公平的福利、社保待遇，逐渐缩小由户籍制度割裂的两个群体间的差别，同时真正落实教育资源、医疗资源等的城乡一体化发展，从总体上提高民众生活幸福感。以教育资源为例，教育一直被视作改变命运、成就梦想的最佳路径。然而，不可否认，中国乡村基础教育和城市教育存在着相当大的差距，更不必说优质教育资源以及高等教育资源。近年来，中国广大的乡镇

级学校正面临生源问题，甚至有部分农村学校被撤并。一方面是部分农村儿童跟随外出打工的父母，成为城市"候鸟"，然而这些外来务工群体虽然对城市发展起着重要的作用，但这部分准城市人口却未能享受到与城镇户籍人口相同的"市民待遇"。由于农民工群体并未受到城市真正的身份认同，也难以享受到城市优质的教育等资源。另一方面，部分农村条件好一点的家庭，为了给孩子寻找更优质的教育资源，便把孩子送到县城去读书，接受到更好教育的孩子更有可能进入大学等高等学府，通过高校的落户政策而成为"新城市人"，从此在城市居住就业，这样的做法一定程度上也对城乡差距的拉大起到了助推作用。

第二，合理配置城乡资源，缩减城乡土地双轨制差距，建立标准的用地制度，城乡土地合理规划。历经 20 年的"城乡土地双轨制"，虽然曾推动过去中国经济高速发展，但如今已渐显与现实脱节的"疲态"，因此需要着力清除体制和机制的障碍，以促进城乡要素的顺畅流动和公共资源的合理配置，最终实现城乡协调发展，并以城乡协调发展促成区域的协调发展。

第三，密切关注和研究农村居民财产性收入和就业结构的发展变化，巩固拓展脱贫攻坚的重要成果，提升乡村振兴投入的利用效率，使其切身实地转化为农村居民收入的提升以及农村居民增收稳定性的提升。

综上所述，解决"三农"问题、缩小城乡差距将会是我国现代化建设的重要问题。"农业丰则基础强，农民富则国家盛，农村稳则社会安。"要实现农村地区的健康、持续发展就必须坚持农业农村优先发展，贯彻实施乡村振兴战略。进一步调整理顺工农城乡关系，在要素配置上优先满足，在资源条件上优先保障，在公共服务上优先安排。通过不断缩小城乡差距，促进城乡融合，提升城市化质量，最终缩小区域经济发展差距，实现区域协调发展。

2. 以城市群概念为主，实施增长极区域政策

我国各省市生产总值分布的一个鲜明特征为：云南的昆明、贵州的贵阳、四川的成都、湖北的武汉、湖南的长沙，此类中西部地区省会人均生产总值异常高于周边市区。基于这样的发展现状，为实现区域均衡、可持续发展，提出以下建议。

第一，要抓住城市省会集聚经济的特点，在特定地区重点发展特定产业，创造增长极的核心优势。国家发展和改革委员会发布《关于培育发展现代化都市圈的指导意见》明确提出建设现代化都市圈是推进新型城镇化的重要手段，既有利于优化人口和经济的空间结构，又有利于激活有效投资和潜在消费需求，增强内生发展动力。未来，城市发展将以中心城市牵头带动高端化发展，而中小城市将承接产业转移推动产业差异化发展，从而实现都市圈产业环节连接、互利共赢的新局面。

第二，国家政策干预，权衡增长极和周边欠发达地区的发展关系，合理制定发展规划，避免出现增长极的极化作用，过度抢夺周边地区经济的发展机会；要及时将资源集中化带来的发展优势的成果进行合理分配，从而实现城市群的"共同富裕"，及时将经济发展的收益转化为整个地区的增长后劲，通过多种转移支付手段实现城市群的整体发展。

第三，重视周边地区的基础设施建设，增加发展潜力，加强城市群的综合实力。比如，习近平总书记在湖南考察时，就曾提出希望湖南发挥作为东部沿海地区和中西部地区过渡带、长江开放经济带和沿海开放经济带结合部的区位优势，抓住产业梯度转移和国家支持中西部地区发展的重大机遇，提高经济整体素质和竞争力。因此，湖南省委、省政府先后出台了多份规划方案，致力于将湖南打造成"一带一路"的内陆开放新高地和"长江经济带"的区域核心增长极，将湖南从长江上下游连通、江河湖联动的重要节点变为中国中部崛起的重要战略支点。

第四，充分利用外部经济和后发优势，发挥增长极的扩散作用，引进技术、人才和资金等流向落后地区。总而言之，未来城市之间发展的重要前景在于城市群之间的竞合。而大力发展城市群应以产业协同为抓手，以资源共享为桥梁，以体制机制协同为保障，才能突破当今区域发展的瓶颈，从竞争走向竞合。

第五，区域经济集中可以降低雾霾污染，尤其是在中国西部地区和东北地区。区域内经济集中的扩大就要求做大做强中心城市，在中部、西部与东北等地区的省份，集中力量提高中心城市首位度将有助于解决大城市雾霾污染问题，对于小城市而言，构建区域中心城市与雾霾污染呈现负相关关系，这意味着区域内大城市经济相较于小城市越发达，区域经济资源越集中，中心化程度越强，小城市的污染就越低。这表明，经济资源的集中，加强中心城市建设，可以通过集中有限的资源，实现大城市的产业升级，而大城市的产业升级具有技术外溢性，将会带动区域内其他城市同步升级，更加高效高技术地生产，减少资源消耗和改善环境。

3. 以政策创新为突破口，根据区域特点制定地区比较优势发展战略

由于沿海和内陆、西部和东部的禀赋条件和早期政策倾斜度不同，形成了现阶段的东强西弱、沿海开放内陆闭塞的现象。先富带动后富的改革开放策略，让中国达成了史无前例的成就，也让东部沿海地区成为当时中国经济的名片。中国东南沿海地区包括上海和从江苏到海南的五个省份，该地区包括了内地四个最繁忙的港口所在地，是中国最富有的地区，如今人均生产总值近 10 万元（合 1.5 万美元）。与之形成鲜明对比的是东西部差距，逐渐显现。1979～1999 年，西部地区生产总值年均增长率比东部地区低 1.4 个百分点，20年间东部经济总量增长了 7.8 倍，而西部仅增长了 5.7 倍，1999 年，东部的人均生产总值是西部的 2.46 倍。就国内生产总值而言，在 1999 年，东西部差距 3 万亿元，而这个数值到了 2018 年拉大到了 29 万亿元。为了缓解这种地缘差异，第一，要集中力量强化中西部投资环境和引资政策，实施比较优势发展战略，充分发挥欠发达地区的潜在资源和能力；第二，要继续大力实施西部大开发，适时助推产业升级，形成东中西互动、优势互补、共同发展的新格局。比如，在京津冀协同发展、粤港澳大湾区和长三角一体化上升为国家战略的背景下，成渝城市群如果能在新一轮西部大开发规划中上升为国家战略，将会促进西部地区高质量一体化发展，形成中国西部经济增长新的动力源。第三，要提升从业人员的职业技能，以技能式扶持替代输血式扶持，形成长效机制，从根本上激活中西部发展生产力，形成后发优势，实现中东西部共同繁荣的局面。

二、推动乡村振兴，实现城乡收入均衡化

前面章节的理论和实证研究结论表明，较大的收入差距使得环保政策难以得到实施，进而使得环境难以得到改善，而合理的收入分配发展对环境的改善具有积极作用。我们认为，进一步巩固拓展脱贫攻坚成果，缩小收入差距，实现共同富裕，是治理环境污染的有效手段。

解决好城乡收入差距是解决我国收入分配问题的重中之重，也是改善生态环境的重要手段。只有当乡村居民收入水平提高到一定水平，环境保护与治理政策才会得到更多居民的支持，才能得以有效实施。而实施乡村振兴战略是发展乡村经济、缩小城乡差距的有效途径，这正是对我国过去几十年快速城镇化进程中忽视和默许城乡差距持续拉大的问题做出的积极回应。要逐渐消除城乡发展的"不平衡"问题就要构建城乡协调发展的体制，使得城市能反哺乡村，使得我国农村地区也能享受到发展的红利，而不只是为城市发展输出劳动力、资源。要坚持把解决好"三农"问题作为政府工作重中之重，持续加大强农惠农富农政策力度，扎实推进农业现代化和新农村建设，全面深化农村改革。

1. 提升农业发展质量，培育乡村发展新动能

乡村振兴，产业兴旺是基础和关键。任何经济发展离开了产业的支撑都是空谈。而当下中国乡村低效的传统小农生产模式已不再适合迈入工业化快速发展的中国国情。因此，提高农业发展质量效率，为乡村发展培育新动能是实现乡村振兴的重点。

第一，政府要坚持质量兴农、绿色兴农，推动农业供给侧结构性改革，促使农业经济高质量发展，加快现代化农业产业的生产和经营体系的构建，推动农业科技创新，提高农业竞争力和全要素生产率，加快我国由农业大国向农业强国的转变进程。优化农业从业者结构，加快建设知识型、技能型和创新型农业经营者队伍。同时，加强数字农业建设，实施智慧农业林业水利工程，推动物联网试验示范和遥感技术的落地和具体应用，利用信息科技促进农业发展，为农业赋能。

第二，持续推进农业绿色化、优质化、特色化、品牌化，对农业生产力布局进行调整优化，从而促进农业由增产导向转向提质导向。根据各农业地区特点，因地制宜建设特色农产品优势区，培育农产品品牌，打造一村一品发展新格局。

第三，农业的发展离不开其他行业的支持，因此，要实现农业高质量发展，就必须促进三大产业的融合发展。积极开发农业多样化功能，延长产业链、提升价值链、完善利益链，通过保底分红、股份合作、利润返还等多种形式让农民能够共享全产业链增值收益。重点关注并解决农产品销售中的突出问题，加强农产品在产后分级、包装、营销等环节的管理，建设现代化农产品冷链仓储物流体系，打造乡村特色产品的销售公共服务平台，支持供销、邮政等企业将服务网点延伸到乡村，促进产销稳定衔接，完善能够促进农村电子商务发展的基础设施建设，鼓励各类市场主体探索新型农业产业模式，形成电子商务进农村的综合示范，从而加快实现农村流通现代化。

第四，实施休闲农业和乡村旅游精品工程，建设一批设施完备、功能丰富的休闲观光

园区、森林人家、康养基地、乡村民宿、特色小镇。针对利用闲置农房发展民宿、养老等项目，发展乡村服务经济。构建农业对外开放新格局，积极扩展海外市场能有效地为乡村提供新的经济增长点。政府应当努力提高我国农产品在国际上的竞争力，扩大特色优势农产品、高附加值农产品出口，健全我国农业贸易政策体系。深化与"一带一路"共建国家的农产品贸易关系。采取积极措施鼓励农业走出去，加大对具有国际竞争力的大粮商和农业企业集团的扶持力度。

2. 深化改革，不断完善制度保障，塑造城乡协调发展新格局

习近平总书记指出，要加快建立健全城乡融合发展体制机制和政策体系，处理好农民和土地、农民和集体、农民和市民的关系，推动人才、土地、资本等要素在城乡间双向流动和平等交换，激活乡村振兴内生活力，开启城乡融合发展和现代化建设新局面。既是应对新时代社会主要矛盾的有力抓手，又是现代化的重要标志，也是拓展发展空间的强大动力。建立健全城乡融合发展体制机制和政策体系，有利于从制度的层面保障乡村振兴和农业农村现代化。与工业化进程相比，我国城镇化水平依然处于相对滞后的状态。目前，我国经济增长由高速向中高速转换，内需将逐步成为经济发展的主要动力，而扩大内需的最大潜力在于城镇化。人口向城镇迁徙，不仅为农业农村发展开辟空间，也让城镇成为经济社会发展动力源。推动实现农业劳动力向加工制造业部门转移。农村人口占社会总人口的比重不断下降，有利于增加农村的人均产出，促进农业农村发展，实现全社会人口素质的提升。随着更多社会经济活动向城镇聚集，生产要素在城镇汇聚，城镇逐渐成为区域经济社会发展的动力源。故而，城镇化是中国式现代化的重要动力源泉。为此，要加快城乡二元体制改革，积极推动城乡户籍制度、土地制度、劳动力和资金市场化制度等方面的改革。就此，提出以下几点建议：

第一，完善收入分配机制。完善分配机制的重点是要调整和优化国民收入分配，提高居民收入的分配比重以及职工工资在初次分配中的比重，特别是推动在乡村产业建立兼顾效率及公平的收入分配机制。推动城乡企业建立健全职工工资形成机制、增长机制和支付保障机制，从制度上保障居民收入的不断提高。完善再分配机制，要充分发挥税收的调节作用，根据收入贫富进行差异化征收，减少中低收入群体的税赋，加强对高收入群体的税收征管，有效通过收入再分配扶助低收入群体。

第二，完善社会保障机制。要解决失业、疾病、机会不均、资源分布不均等因素带来的收入不均问题，应当建立起全面有效的社会保障体系。当前，在我国的乡村地区，社会保障机制的覆盖深度和广度较城市都还有很大差距。加强公共卫生体系建设，提高居民最低生活标准，健全失业保障制度。保障性住房不但对城市居民是亟待解决的重要问题，也关系到我国广大农村群众的切身利益。社会保障方面的财政支出应向低收入群体倾斜，从城市向乡村倾斜。同时要健全相关法律法规，保证低水平劳动力报酬在合理的水平线之上。目前，我国发展的重要目标是兼顾青山绿水与共同富裕，两者相互依赖、相互影响、相互作用，共同富裕是实现青山绿水的前提，地区均衡发展、缩小贫富差距是实现环保治理的根本手段。因此，政府在从严环保治理的同时，应积极出台能够促进城乡收入分配均衡的相关政策。

第三，通过多种形式的转移支付，实现城乡资源和收入的优化配置。其一，梳理现有转移支付手段，在落实基本的乡村民生保障的基础上，让转移支付资金更多注入到特色乡村产业上来，对有利于局部形成合力的特色农业、特色生态观光产业应予以政策便利和财政倾斜。其二，结合市财政与乡村地方财力，更新优化乡村民用基础设施。现有乡村基础设施虽已实现改善民生的基本目标，但要充分支持乡村产业发展仍有一定差距，特别是乡村交通设施还不够发达，部分乡镇狭窄的道路和较差的路况已经严重制约了当地乡村产业对外部消费的吸引力。其三，鼓励推动都市区与周边乡村形成一对一帮扶，强化城乡间人才交流、资金交流和管理技术交流。

三、着力教育均等化，确保教育资源公平分配

教育资源的分配一定程度上也是收入分配的一个维度，教育的不均衡是收入差距的一种表现形式。本书第七章通过建立理论和实证的分析框架，验证了教育不平等对环境质量的影响。在理论分析部分，发现教育水平差距会对环境行为产生负面影响，从而导致更多的污染物排放，随后基于固定效应模型和空间自回归模型验证了此结论。同时，研究发现教育水平差距的加大会抑制地区技术创新水平，进而对环境质量产生影响。基于上述机理分析和实证研究，我们就教育不均衡问题提出以下一些建议：

第一，保持公共教育支出的稳定增加，在强有力的监管与引导的前提下，鼓励民营资本进入教育市场，提升教育商品供应的质和量。地方政府应当对辖区内公有和民营教育资源的配置进行有效梳理和规划，积极平衡不同地区的教育资源配置水平，保障教育公平，在确保公办学校关键性地位基础上，鼓励民办学校对地区教育资源形成一定程度的有效补充。

第二，放宽户籍制度等对居民教育资源获取的限制，落实流动人员子女入学保障。必须打破城乡教育不平衡，保障不同群体之间的教育均等，义务教育阶段要力争向所有公民提供均等化的教育服务，高等教育阶段也要防止教育投入向发达地区的过度倾斜。

第三，平衡不同阶段的教育投入水平。防止教育资源的过度集中或过多向某一特定教育阶段集中，应注意确保地区基础教育设施的基本投入，保持惠及大多数人口的较高水平的基础教育水平。

第二节　形成全社会环保共识，科学开展环境治理

一、弥合环境诉求差异，形成社会环保共识

未来中国能否在推动经济稳定高质量发展的同时，兼顾生态环境保护，关键在于经济结构和经济发展方式。合理的经济发展模式与产业结构，将会在提高人民生活水平的同时，降低环境压力。随着人民物质生活水平的提高，环境质量对于人民群众的幸福感愈发重要，绿色发展是新时代经济发展的必然要求，是对广大人民的积极响应。党的十八大以来，"绿水青山就是金山银山"理念日益深入人心，绿色发展成为时代潮流。生态环境保护和经济

发展并非割裂或者对立的，要坚持在发展中保护、在保护中发展。

基于第四章的收入不均与环境污染相互关系的博弈分析可以发现，收入不平等是造成环境污染的重要原因。收入不平等导致不同收入水平群体在环境诉求和决策上的差异扩大，并进一步地在环境问题上产生博弈甚至冲突，造成福利损失，降低社会整体效益，即表现为环境质量的下降。收入不平等也会使得政府在环境规制和提供环境产品时难以兼顾社会不同群体，从而加大管理和治理难度。基于此，提出以下几点政策建议：

第一，优化政府支出在环保补贴方面的使用效率，提升有限的资金使用的合理性。通过环保补贴的合理运用，降低相对低收入群体在权衡获得环境收益，放弃部分经济收益时的机会成本。防止将低收入群体的经济利益和社会整体的环境收益放在对立位置。

第二，鼓励和引导居民积极参与社会环境治理，提升居民对于环境治理和保护的参与感与认同感。从而，提升居民对环境公共品的效用水平，降低环境污染对于居民健康的负面影响以及健康问题对居民收入的潜在威胁。

第三，基层组织要广泛开展环境保护和治理的高质量宣传，减少不同收入群体对于政府环境政策、政府环境治理行动的意见分歧，最大化全体社会的环保共识。

二、科学开展环境治理，严防"一刀切"的懒政治理

基于实证研究部分的结果可以发现，从城市个体的微观角度来看，人均 GDP 的增加将有助于大城市和小城市的空气质量改善。从团队在项目执行期间的大量调研来看，我国的空气污染在近几年也有较显著的改善。在过去的十几年间，中国经济的发展已摒弃了改革开放初期的粗放式、高污染的发展老路。正如党的十九大报告指出，我国经济已由高速增长阶段转向高质量发展阶段。中国经济发展已经进入了工业化后期，发展不再"唯 GDP论英雄"，绿色发展与可持续发展在中国是可行的并已经实现。生态环境保护和经济发展不再是矛盾对立的关系，而是辩证统一的关系。

只有用科学的态度和方法处理环境问题，才能正确认识经济发展与生态环境保护的关系，走生产发展、生活富裕、生态良好的绿色发展道路，才能加大力度推进生态文明建设，推动高质量发展，实现中华民族永续发展，本节就科学开展环境治理，提出以下几点政策建议：

第一，科学看待环境治理的重要意义，守住生态环境保护底线。改革开放以来，我国经济发展取得历史性成就，但也积累了大量生态环境问题。走先污染后治理，以环境为代价的经济发展老路是行不通的。要正确认识到生态环境与人民生命健康、生活幸福度的密切联系。为此，要深入贯彻落实习近平生态文明思想和党的十九大精神，协同推动经济高质量发展和生态环境高水平保护，全面开展蓝天、碧水、净土保卫战，坚决打赢污染防治攻坚战。同时建立监管体系与监测网络系统，督促和引导各地推进绿色发展和生态文明建设，坚决杜绝以牺牲资源环境为代价换取一时经济增长。

第二，坚决防止在环境治理上搞"一刀切"的懒政行为。近年随着我国政府对于环境监管的力度不断加大，出现了部分地方政府为完成环境目标，搞"一刀切"环境治理的情况。这样的做法既做不好环境保护，还损害了经济发展和社会运行秩序。不能一味强调环

保效果而忽略了维持居民的基本生活条件。对于经济发展相对落后的地区，环境保护应与经济发展统筹兼顾；如遇迫不得已的情况，如环境指标必须要达到某一标准，那么就应给予该地区和居民相应的生活补助，避免因环保问题引发冲突。只有因地制宜，具体情况具体分析，针对不同的情况采用最优的处理方式，才能真正起到改善和保护环境的作用。

三、充分把握历史机遇，实现全社会绿色低碳转型

近年来，经过政府各部门与社会各界的共同努力，绿色发展已取得重大成果。能源结构持续优化，绿色发展转型成效显著。但也应看到，绿色发展落实不到位、转型不成功不全面，甚至还在走牺牲环境换取经济增长的老路等问题依然存在于我国局部地区，全面形成绿色发展仍然任重而道远。为了实现绿色转型，实现绿色发展，基于上述研究，提出以下政策建议：

第一，必须构建绿色技术创新体系，建立系统完备、科学规范的绿色质量标准体系，强力推进能源的绿色革命，同时要通过政策与制度使得绿色技术、绿色资本、绿色产业能有效对接，淘汰落后产能。对于部分现有优势产业，要抓住机遇，力争成为行业标准的制定者和行业发展方向的引领者。

第二，有效落实节能优先方针，把节能贯穿于经济社会发展全过程和各领域，坚定调整产业结构，高度重视城镇化节能，发展绿色低碳的基础设施和住宅，树立勤俭节约的消费观，加快形成能源节约型社会，使得社会的绿色低碳转型真正深入人心。

第三，合理制定节能减排的长短期政策目标，特别是在近年来复杂的国内外宏观经济形势下，既要稳步实现低碳减排的既定目标，又要维持经济的稳定增长，不能在经济发展与环境保护中顾此失彼，这就对我国未来经济发展转型路径提出了更高要求。但是，也要认识到将经济发展和环境保护有机结合，而非相互对立，才能实现社会整体效益的最大化。

第三节 兼顾经济发展与环境保护，实现共同富裕和环境美好的有机结合

一、以乡村振兴助力环境治理

乡村振兴是共同富裕的重要组成部分，通过乡村振兴发展农村经济，缩小城乡差距，实现城乡收入的均衡发展，有利于环境治理。因此，通过乡村振兴，带动环境的治理和改善很有必要，就此我们提出以下政策建议。

第一，综合利用政策工具，引导乡村人才聚集，优化乡村劳动人口结构。其一，对投入乡村产业振兴的人才和项目予以更大力度的资金帮扶和个人配套补助，从产业支撑的层面和乡村人才个人收入的层面均应予以鼓励和帮扶；其二，应当落实帮扶资助力度与乡村服务年限相绑定的长效机制，鼓励和促进人才长期扎根乡村，确保资助资金发放平稳且可持续；其三，对充分消化本地乡村人口就业的产业予以更大规模和力度的金融支持，通过产业来保有乡村基本的劳动人口，培育和留住乡村本土高素质人才。

第二，加大财政扶持，引导乡村产业环保改造转型，保障乡村产业和乡村风貌治理协调发展。其一，对生产技术过于落后的高排污乡村产业予以坚决整治，对于有技术改进优化潜力的产业尽量通过引导和帮扶予以改造转型升级；其二，对于环保治理产生的劳动力流动适当进行引导，加大投入资金对乡村劳动人口进行技能和创业培训，防止劳动人口流失，鼓励劳动人口就近再就业；其三，充分利用发达的网络自媒体对不断改善的乡容村貌进行宣传，一方面开展乡村产业营销，让乡村优质农产品资源和旅游资源走出山沟，另一方面也要开展乡村面貌营销，吸引外来消费扩大收入的同时反哺乡村人居环境的建设。

第三，提高乡村多方面吸引力，促进城乡协调发展。发挥中心城市增长极作用，主城要起到引领、辐射、带动周边区县、乡村发展的关键性作用。根据乡村特有资源，打造集生态旅游、人居环境、人文特色等于一体的业态，提高乡村吸引力，吸引资本、劳动力及人才等资源加入，加快乡村经济发展，缩小与城市的经济发展差异，进而改善居民收入不均现状。同时制定政策要考虑促进城镇与乡村协调发展，一些政策重点应合理地向乡村偏移，吸引产业、人才等资源走进乡村，帮助乡村发展，通过政府强而有力的领导和管理，强化收入的平等分配，缩小城乡收入及各方面差距。并且要注重提高城市的可持续发展能力，提高城市对乡村的承载力。

第四，因地制宜，借鉴国内外乡村振兴的成功经验。建设美丽乡村，实现乡村振兴。通过综合总结国内外乡村振兴的成功经验，要因地制宜从乡村的实际情况出发，探索挖掘出当地现有的资源禀赋及区位优势，打造适合各具特点的乡村发展路径，提高乡村居民收入，更好地建设美丽乡村。

二、以共同富裕促进环境治理

本书研究了收入分配与大气污染相互关系，其一大贡献就是论证了收入分配和社会资源的均衡化能有效地促进环境治理，提升环境质量。通过各种手段缩小收入差距，并通过各种形式为相对低收入群体提供优质的公共资源和人居环境，能够最大限度地团结具有不同诉求的社会群体，促进和提升社会的环境共识。因此，推动实现共同富裕也是促进环境治理的有效路径，基于此，提出以下一些政策建议。

第一，通过缩小收入差距，打造相对公平的生活、教育、就业环境。通过政府的积极引导和管理，强化收入的平等分配，营造公平适宜的生活、教育、就业环境。一是通过进一步落实社会保障机制，提升收入相对较低群体的消费能力和医疗保障水平；二是合理配置教育资源，防止收入差距扩大导致的教育资源过度集中；三是投入资金，帮扶低收入群体实现稳定就业，引导低技能群体实现灵活就业。通过缩小收入差距打造相对公平的良好生活和工作环境，再通过良好宜居的环境优化产业、培养人才，形成经济的良性循环。

第二，通过多种形式的转移支付，实现收入优化配置。一是以税收等多种形式加强收入再分配，通过且不限于房产税、资本利得税等形式平抑金融资产、房地产投资过高的收益水平，同时防止资本的去实体化；二是确保转移支付的收入再分配功能落到实处，合理将资金投入低收入群体的就业培训和基本生活补助；三是定向引导部分资金用于转产转业人口等的就业安置工作。

第三，加大公租房建设投入，持续抑制房价过快增长。一是保持政府对房价的调控力度，防范房价过快增长导致贫富差距扩大和人才流失，防止地区房价增长不均衡导致区域间收入和财富水平出现过大差异；二是合理规划老城区、棚户区改造更新及其配套商业产业布局，防止出现老城区衰落形成"贫民窟"效应；三是进一步加大公租房建设投入，加强公租房申请审核，使居者有其屋。

三、以环境治理带动产业发展，为实现共同富裕提供有力支撑

环境治理的过程，也是淘汰落后产能、重污染产能的过程，在这一过程中，必然伴随产业转型和升级。因此，要充分发掘在治理和打造优良的生态环境过程中产生的经济潜力，通过环境治理带动产业的发展。具体而言，有以下一些政策建议。

第一，发挥政府强而有力的领导和管理角色，引导和促进经济发展与低碳环保共赢。无论是缩小收入差距实现共同富裕，还是推动绿色低碳发展都离不开各级政府强而有力的领导和管理。环境治理过程中一方面需要社会各界的有效投入和充分监督，另一方面也需要政府的引导和严格执法。政府的坚强领导和强大公信力是协调经济发展和低碳环保的关键力量，也是实现经济与环境共赢的先决条件。

第二，以生态环境的恢复为契机，协同推动生态经济发展，实现生态优化与经济发展双赢。以构筑长江上游生态屏障为例，长江上游沿线省份应当抓住契机，在大力推动"生态优先、绿色发展"的背景下开展环境治理，适当将环境资源转化为经济资源，以环境治理带来的生态红利提高居民收入，促进共同富裕，实现环境和经济的可持续协同发展。在生态环境恢复和生态资源的有序开发过程中，要落实好转产转业居民的就业安置，以产业高质量发展为牵引，引导转出劳动力的合理流动，为转产群众规划稳定优越的后续职业发展。

第三，依托生态环境治理过程中伴随的环境优化和居民迁徙，发挥区位优势，落实配套基础设施，形成极具地方特色的观光农业、观光林业等经济业态。发展生态观光旅游，研究和有序推动开发日渐恢复的生态资源以及生物资源，利用好丰富的湿地、森林等自然资源，反哺生态环境治理。

参 考 文 献

包彤, 2022. 环境规制扩大还是缩小了城乡收入差距——基于经济效率和经济结构双重视角.云南主 财经大学学报, 38(3): 1-20.

常文涛, 罗良文, 2021. 城乡居民收入差距对空气污染治理的影响——基于链式多重中介模型视角.中南民族大学学报(人文社会科学版), 41(10): 139-147.

陈辉, 田生春, 李鸿洲, 等, 1999. 天气、气候变化与心、脑血管疾病死亡[J]. 气候与环境研究, 4(1): 19-24.

陈诗一, 陈登科, 2018. 雾霾污染、政府治理与经济高质量发展[J]. 经济研究, 53(2): 20-34.

陈硕, 陈婷, 2014. 空气质量与公共健康: 以火电厂二氧化硫排放为例[J]. 经济研究, 49(8): 158-169,183.

陈素梅, 何凌云, 2020. 相对贫困减缓、环境保护与健康保障的协同推进研究.中国工业经济, (10): 62-80.

陈媛媛, 2011. 行业环境管制对就业影响的经验研究: 基于 25 个工业行业的实证分析[J]. 当代经济科学, 33(3): 67-73, 126.

初钊鹏, 刘昌新, 朱婧, 2017. 基于集体行动逻辑的京津冀雾霾合作治理演化博弈分析[J]. 中国人口·资源与环境, 27(9): 56-65.

方恺, 毛梦圆, 刘潇, 等, 2023. 双碳政策工具的共同富裕效应——基于中国核证自愿减排项目的县域数据研究.浙江大学学报(人文社会科学版), 53(2): 101-115.

方文婷, 滕堂伟, 陈志强, 2017. 福建省县域经济差异的时空格局演化分析[J]. 人文地理, 32(2): 103-110, 136.

方晓, 2001. 空气污染的来源[J]. 国外医学(医学地理分册), (1): 41-42.

甘伩鑫, 杨柳, 2015. 环境规制强度、技术进步与就业——基于 2004~2012 年数据的实证分析[J]. 经济研究参考, (17): 84-87.

郭峰, 石庆玲, 2017. 官员更替、合谋震慑与空气质量的临时性改善[J]. 经济研究, 52(7): 155-168.

郝新东, 刘菲, 2013. 我国 $PM_{2.5}$ 污染与煤炭消费关系的面板数据分析[J]. 生产力研究, (2): 118-119, 127.

洪铮, 罗雄飞, 2020. 环境规制、产业结构对收入不平等的影响研究.生态经济, 36(12): 147-153.

侯志强, 2018. 交通基础设施对区域旅游经济增长效应的实证分析——基于中国省域面板数据的空间计量模型[J]. 宏观经济研究, (6): 118-132.

贾锐宁, 徐海成, 2018. 公路收费政策的大气污染防治效应——基于空间溢出视角下城市层面的证据[J]. 技术经济, 37(5): 103-114.

姜春海, 宋志永, 冯泽, 2017. 雾霾治理及其经济社会效应: 基于"禁煤区"政策的可计算一般均衡分析[J]. 中国工业经济, (9): 44-62.

井波, 倪子怡, 赵丽瑶, 等, 2021. 城乡收入差距加剧还是抑制了大气污染.中国人口·资源与环境, 31(10): 130-138.

冷艳丽, 杜思正, 2016. 能源价格扭曲与雾霾污染——中国的经验证据[J]. 产业经济研究, (1): 71-79.

李超, 李涵, 2017. 空气污染对企业库存的影响——基于我国制造业企业数据的实证研究[J]. 管理世界, (8): 95-105.

李粉, 孙祥栋, 张亮亮, 2017. 产业集聚、技术创新与环境污染——基于中国工业行业面板数据的实证分析[J]. 技术经济, 36(3): 1-7.

李俊姿, 杨志海, 2023. 非农就业对农民环保参与的影响: 私人与公共层面的异同.中国人口·资源与环境, 33(5): 181-192.

李梦洁, 2016. 环境规制、行业异质性与就业效应——基于工业行业面板数据的经验分析[J]. 人口与经济, (1): 66-77.

李梦洁, 杜威剑, 2014. 环境规制与就业的双重红利适用于中国现阶段吗?——基于省际面板数据的经验分析[J]. 经济科学, (4): 14-26.

李珊珊, 2015. 环境规制对异质性劳动力就业的影响——基于省级动态面板数据的分析[J]. 中国人口·资源与环境, 25(8): 135-143.

李珊珊, 2016. 环境规制对就业技能结构的影响——基于工业行业动态面板数据的分析[J]. 中国人口科学, (5): 90-100, 128.

李雪静, 乔明, 郑轶丹, 2010. 世界炼油工业二氧化碳减排进展[J]. 中外能源, 15(5): 64-70.

林伯强, 蒋竺均, 2009. 中国二氧化碳的环境库兹涅茨曲线预测及影响因素分析[J]. 管理世界, (4): 27-36.

林木西, 武海东, 耿蕊, 2023. 产业聚集、收入差距与环境污染.沈阳师范大学学报(自然科学版), 41(2): 138-145.

林炜, 2013. 企业创新激励: 来自中国劳动力成本上升的解释[J]. 管理世界, (10): 95-105.

刘聪, 李鑫, 2021. 空气污染与城乡收入差距——基于健康视角的检验.统计与决策, 37(4): 100-103.

刘和旺, 彭舒奕, 郑世林, 2017. 环境规制影响就业的机制研究[J]. 产业经济评论, (5): 5-20.

刘华军, 裴延峰, 2017. 我国雾霾污染的环境库兹涅茨曲线检验[J]. 统计研究, 34(3): 45-54.

刘一伟, 汪润泉, 2017. 收入差距、社会资本与居民贫困[J]. 数量经济技术经济研究, 34(9): 75-92.

鲁玮骏, 张超, 2023. 生态保护补偿有助于缩小城乡收入差距吗?——基于国家重点生态功能区转移支付的经验证据.财政研究, (7): 82-98.

陆铭, 陈钊, 2004. 城市化、城市倾向的经济政策与城乡收入差距[J]. 经济研究, 39(6): 50-58.

陆铭, 陈钊, 万广华, 2005.因患寡, 而患不均——中国的收入差距、投资、教育和增长的相互影响[J]. 经济研究, 40(12): 4-14, 101.

陆旸, 2011. 中国的绿色政策与就业: 存在双重红利吗?[J]. 经济研究, 46(7): 42-54.

马红梅, 赵旌睿, 2023. 城乡收入差距对碳排放的影响——基于城乡消费差异的中介效应分析.湖南财政经济学院学报, 39(4): 23-32.

马丽梅, 张晓, 2014. 中国雾霾污染的空间效应及经济、能源结构影响[J]. 中国工业经济, (4): 19-31.

毛小平, 吴冲龙, 辛广柱, 2017. 北京市冬季空气污染来源及成因分析[J]. 地学前缘, 24(5): 434-442.

孟庆国, 杜洪涛, 王君泽, 2017. 利益诉求视角下的地方政府雾霾治理行为分析[J]. 中国软科学, (11): 66-76.

聂辉华, 张雨潇, 2015. 分权、集权与政企合谋[J]. 世界经济, 38(6): 3-21.

祁毓, 卢洪友, 2013. 收入不平等、环境质量与国民健康[J]. 经济管理, 35(9): 157-169.

秦楠, 刘李华, 孙早, 2018. 环境规制对就业的影响研究——基于中国工业行业异质性的视角[J]. 经济评论, (1): 106-119.

邵帅, 李欣, 曹建华, 等, 2016. 中国雾霾污染治理的经济政策选择——基于空间溢出效应的视角[J]. 经济研究, 51(9): 73-88.

邵帅, 杨振兵, 2017. 环境规制与劳动需求: 双重红利效应存在吗?——来自中国工业部门的经验证据[J]. 环境经济研究, 2(2): 64-80.

施美程, 王勇, 2016. 环境规制差异、行业特征与就业动态[J]. 南方经济, (7): 48-62.

石敏俊, 李元杰, 张晓玲, 等, 2017. 基于环境承载力的京津冀雾霾治理政策效果评估[J]. 中国人口·资源与环境, 27(9): 66-75.

孙猛, 李晓巍, 2017. 空气污染与公共健康: 基于省际面板数据的实证研究[J]. 人口学刊, (5): 5-13.

孙文远, 杨琴, 2017. 环境规制对就业的影响——基于我国"两控区"政策的实证研究[J]. 审计与经济研究, 32(5): 96-107.

万广华, 2013. 城镇化与不均等: 分析方法和中国案例[J]. 经济研究, 48(5): 73-86.

王浩, 2015. 环境规制、行业异质性与技术创新绩效——基于中国工业企业的实证分析[D]. 呼和浩特: 内蒙古大学.

王凯风, 吴超林, 2018. 收入差距对中国城市环境全要素生产率的影响——来自285个地级及以上级别城市的证据[J]. 经济问题探索, (2): 49-57.

王勇, 施美程, 李建民, 2013. 环境规制对就业的影响——基于中国工业行业面板数据的分析[J]. 中国人口科学, (3): 54-64, 127.

参考文献 179

魏复盛, 胡伟, 滕恩江, 等, 2016. 空气污染对人体健康影响研究的进展[J]. 世界科技研究与发展, 22(3): 14-18.

魏下海, 林涛, 张宁, 等, 2017. 无法呼吸的痛: 雾霾对个体生产率的影响——来自中国职业足球运动员的微观证据[J]. 财经研究, 43(7): 4-19.

魏晓博, 彭珏, 2017. 环境规制、环境规制竞争与地区生猪养殖产值增长——基于空间杜宾面板模型的实证研究[J]. 农村经济, (11): 43-50.

温涛, 何茜, 2023. 全面推进乡村振兴与深化农村金融改革创新: 逻辑转换、难点突破与路径选择.中国农村经济, (1): 93-114.

翁智雄, 程翠云, 葛察忠, 等, 2017. 我国环境保护督查体系分析[J]. 环境保护, 45(10): 53-56

席鹏辉, 梁若冰, 2015. 城市空气质量与环境移民——基于模糊断点模型的经验研究[J]. 经济科学, (4): 30-43.

闫东升, 孙伟, 李平星, 2023. 中国城乡居民收入差距对碳排放强度的作用机制——基于面板数据的实证分析. 自然资源学报, 38(9): 2403-2417.

闫文娟, 郭树龙, 2016. 中国环境规制如何影响了就业——基于中介效应模型的实证研究[J]. 财经论丛, (10): 105-112.

闫文娟, 郭树龙, 史亚东, 2012. 环境规制、产业结构升级与就业效应: 线性还是非线性?[J]. 经济科学, (6): 23-32.

杨俊, 张宗益, 李晓羽, 2005. 收入分配、人力资本与经济增长: 来自中国的经验(1995—2003)[J]. 经济科学, (5): 5-15.

杨曼莉, 2020. 收入差距是否影响环境质量——国内外研究综述.中国人口·资源与环境, 30(4): 116-124.

杨仕辉, 翁蔚哲, 2013. 气候政策的微分博弈及其环境效应分析[J]. 国际经贸探索, 29(5): 39-51.

占华, 2018. 收入差距对环境污染的影响研究——兼对"EKC"假说的再检验[J]. 经济评论, (6): 100-112, 166.

张舰, 亚伯拉罕·艾宾斯坦, 玛格丽特·麦克米伦, 等, 2017.农村劳动力转移、化肥过度使用与环境污染[J]. 经济社会体制比较, (3): 149-160.

张娟, 惠宁, 2016. 资源型城市环境规制的就业效应及其门限特征分析[J]. 人文杂志, (11): 46-53.

张先锋, 王瑞, 张庆彩, 2015. 环境规制、产业变动的双重效应与就业[J]. 经济经纬, 32(4): 67-72.

张肖一, 2017. 北京市能源消费结构对空气质量影响研究[D]. 北京: 首都经济贸易大学.

张雪, 常玉苗, 2023. 经济集聚、收入差距对水污染影响的时空分析——基于中介效应和动态空间门槛效应检验.中国环境管理, 15(4): 108-120.

张云辉, 郝时雨, 2022. 收入差距与经济集聚对碳排放影响的时空分析. 软科学, 36(3): 62-67, 82.

赵君, 2018. 环境规制对中国就业结构的影响研究——基于技能、产业及行业视角的实证分析[D]. 蚌埠: 安徽财经大学.

赵书华, 张弓, 2009. 中国与美国、印度技术密集型服务贸易竞争力的比较分析[J]. 对外经贸实务, (4): 69-72.

赵昕, 曹森, 丁黎黎, 2021. 互联网依赖对家庭碳排放的影响——收入差距和消费升级的链式中介作用.北京理工大学学报(社会科学版), 23(4): 49-59.

赵玉民, 朱方明, 贺立龙, 2009. 环境规制的界定、分类与演进研究[J]. 中国人口·资源与环境, 19(6): 85-90.

邹秀清, 葛天越, 孙学成, 等, 2023. 城乡收入差距、消费差异与碳排放效率——以京津冀地区为例.软科学, 37(7): 104-110.

Acemoglu D , Robinson J A, 2002．The political economy of the Kuznets curve[J]. Review of Development Economics, 6(2): 183-203.

Acemoglu D, Pischke J S, 1999. The structure of wages and investment in general training[J]. Journal of Political Economy, 107(3): 539-572.

Acemoglu D, Pischke J S, 2003. Minimum wages and on-the-job training[M].//Polachek SW, Worker Well-Being and Public Policy Amsterdam: Elsevier, 22(3): 159-202.

Agrawal T, 2014. Educational inequality in rural and urban India[J]. International Journal of Educational Development, 34(1): 11-19.

Anselin L, 1988. Spatial Econometrics: Methods and Models[M]. Dordrecht: Kluwer Academic Publishers.

Anselin L, 2005. Exploring Spacial Data with CeoDa: A Workbook[EB/OL].https://geodacenter.asu.edu/system/files/ geodaworkbook.pdf

Arrow K, Bolin B, Costanza R, et al., 1995. Economic growth, carrying capacity, and the environment[J]. Ecological Economics, 15(2): 91-95.

Attanasi G, Garcia-Gallego A, Georgantzs N, et al., 2010. Non-cooperative games with chained confirmed proposals[J]. LERNA Working Papers.

Autor D H , Manning A , Smith C L, 2016. The contribution of the minimum wage to US wage inequality over three decades: A reassessment[J]. American Economic Journal: Applied Economics, 8(1): 58-99.

Baer P, Harte J, Haya B, et al., 2000. Climate Change: Equity and Greenhouse Gas Responsibility[J]. Science, 289(5488): 2287.

Bai N, Khazaei M, Eeden S F V, et al., 2007. The pharmacology of particulate matter air pollution-induced cardiovascular dysfunction[J]. Pharmacology & Therapeutics, 113(1): 16-29.

Barro R J, 2000. Inequality and growth in a panel of countries[J]. Journal of Economic Growth, 5(1): 5-32.

Barwick P J, Li S, Rao D, et al. 2018. The morbidity cost of air pollution: Evidence from consumer spending in China[J]. Working Papers, DOI:10. 2139/SSRN. 2999068.

Baumol W, Oates W, 1998. The Theory of environmental policy[M]. Cambridge: Cambridge University Press.

Beatty T K M, Shimshack J P, 2014. Air pollution and children's respiratory health: A cohort analysis[J]. Journal of Environmental Economics and Management, 67(1): 39-57.

Belman D, Wolfson P, 1997. A time-series analysis of employment, wages and the minimum wage[D]. Minneapolis: University of Minnesota.

Bengt-Åke L, Rasmus L, 2014. Growth and structural change in Africa: development strategies for the learning economy[J]. African Journal of Science, Technology, Innovation and Development, 6(5): 455-466.

Boadway R, Song Z, Tremblay J F, 2011. The efficiency of voluntary pollution abatement when countries can commit[J]. European Journal of Political Economy, 27(2): 352-368.

Bourguignon F, Verdier T, 2000. Oligarchy, democracy, inequality and growth[J].Journal of Development Economics, 62(2): 285-313.

Boyce J K, 1994. Inequality as a cause of environmental degradation[J]. Ecological Economics, 11(3): 169-178.

Brecher R A, 1974. Minimum wage rates and the pure theory of international trade[J]. The Quarterly Journal of Economics, 88(1): 98-116.

Breen R, Luijkx R, Müller W, et al., 2010. Long-term trends in educational inequality in Europe: Class inequalities and gender differences[J]. European Sociological Review, 26(1): 31-48.

Brown C, 1999. Minimum wages, employment, and the distribution of income[J]. Handbook of Labor Economics, 3:2101-2163.

Brown C, Gilroy C, Kohen A , 1982.The Effect of the Minimum Wage on Employment and Unemployment[J]. Journal of Economic Literature, 20(2): 487-528.

Card D, 1992. Do minimum wages reduceemployment? A case study of california, 1987–89[J]. ILR Review, 46(1): 38-54.

Card D, Krueger A B, 1994. Minimum wages and employment: A case study of the fast-food industry in New Jersey and Pennsylvania[J]. American Economic Review, 84(4): 772-793.

Castello-Climent A, Doménech R, 2002. Human capital inequality and economic growth: Some new evidence[J]. Economic Journal, 112(478):187-187.

Chen J, Chen S, Landry P F, 2013. Migration, environmental hazards, and health outcomes in China[J]. Social Science & Medicine, 80: 85-95.

Clay D, Price M, 1980. Structural disturbances in rural communities: Some repercussions of the migration turnaround in Michigan[J]. Rural Sociology, 45 (4):35.

Coburn D, 2000. Income inequality, social cohesion and the health status of populations: The role of neo-liberalism[J]. Social Science & Medicine, 51 (1): 135-146.

Cole M A , Elliott R J, 2007 . Do Environmental Regulations Cost Jobs? An Industry-Level Analysis of the UK[J].The B. E. Journal of Economic Analysis&Policy, (7): 1635-1682.

Dasgupta P, Mäler K G, 1990. The Environment and Emerging Development Issues[J]. The World Bank Economic Review, 4(1): 101-132.

Dissou Y, Sun Q, 2013. GHG mitigation policies and employment: A CGE analysis with wage rigidity and application to Canada[J]. Canadian Public Policy, 39 (S2): 53-66.

Dixit A K, Stiglitz J E, 1977. Monopolistic competition and optimum product diversity[J]. The American Economic Review, 67 (3): 297-308.

Drabo A, 2011. Impact of Income Inequality on Health: Does Environment Quality Matter?[J]. Environment and Planning A, 43(1): 146-165.

Draca M, Machin S, Van Reenen J, 2011. Minimum wages and firm profitability[J]. American Economic Journal: Applied Economics, 3 (1): 129-151.

Dube A, Lester T W, Reich M, 2016. Minimum wage shocks, employment flows, and labor market frictions[J]. Journal of Labor Economics, 34 (3): 663-704.

Ebenstein A, Fan M, Greenstone M, He G,et al., 2017. New evidence on the Impact of sustained exposure to air pollution on life expectancy from China's Huai River policy. Proceedings of the National Academy of Science[J], 114 (39):10384-10389.

Egger H, Kreickemeier U, 2009. Firm heterogeneity and the labor market effects of trade liberalization[J]. International Economic Review, 50 (1): 187-216.

Elhorst J P, 2003. Specification and estimation of spatial panel data models[J]. International Regional Science Review, 26 (3): 244-268.

Elhorst J P, 2012. Dynamic spatial panels: Models, methods and inferences[J]. Journal of Geographical Systems, 14 (1): 5-28.

Field GS, Ok E A, 1996. The meaning and measurement of income mobility[J]. Journal of Economic Theory, 71 (2): 349-377.

Fielding D, 2001. Why is Africa so poor? A structural model of economic development and income inequality[R]. Centre for the Study of African Economies, University of Oxford.

Finus M, 2001. Game theory and international environmental cooperation[M]. Cheltenham, UK: Edward Elgar Publishing.

Finus M, 2003. New developments in coalition theory - An application to the case of global pollution[J]. Economy & Environment, 26: 19-49.

Finus M, Rundshagen B, 2003. Endogenous coalition formation in global pollution control: A partition function approach[R]. Edward Elgar Publishing.

Frankema E , Bolt J, 2006. Measuring and analysing educational inequality: The distribution of grade enrolment rates in latin america and sub-saharan Africa[R]. Groningen Grouth and Development Centre, University of Groningen.

Franzen A, Meyer R, 2010. Environmental attitudes in cross-national perspective: A multilevel analysis of the ISSP 1993 and 2000. European Sociological Review, 26 (2): 219-234.

Gaetano A M, Jacka T, 2004. On the Move: Women and Rural-to-Urban Migration in Contemporary China[M]. New York: Columbia University Press.

Galindo R F, Pereira S, 2004. The Impact of the National Minimum Wage on British Firms: Report for the Low Pay Commission[M].

London: London School of Economics and University College London.

Gardiner K, Hills J, 1999. Policy implications of new data on income mobility[J]. The Economic Journal, 109(453): 91-111.

Garnaut R, 2008. The Garnaut Climate Change Review: Final Report[M]. Melbourne: Cambridge University Press.

Golombek R, Raknerud A, 1997. Do environmental standards harm manufacturing employment[J]. Scandinavian Journal of Economics, 99(1): 29-44.

Grossman G M, Krueger A B, 1991. Environmental impacts of a North American free trade agreement[R]. NBER Working Papers, No. 3914.

Grossman G M, Krueger A B, 1995. Economic growth and the environment[J]. The Quarterly Journal of Economics, 110(2): 353-377.

Iredale R, Bilik N, Su W, et al., 2001. Contemporary Minority Migration, Education and Ethnicity in China[M]. London: Edward Elgar Publishing, .

János K, Eric M, Gérard R, 2003. Understanding the soft budget constraint[J]. Journal of Economic Literature, 41(4): 1095-1136.

Kaashoek J F, Paelinck J H P, 1994. On potentialized partial differential equations in theoretical spatial economics[J]. Chaos, Solitons & Fractals, 4(4): 585-594.

Kahn M E, Mansur E T, 2013. Do local energy prices and regulation affect the geographic concentration of employment?[J]. Journal of Public Economics, 101: 105-114.

Katz L F, Krueger A B, 1992. The effect of the minimum wage on the fast-food industry[J]. ILR Review, 46(1): 6-21.

Kimko D, Hanushek E A, 2000. Schooling, Labor-force quality, and the growth of nations[J]. American Economic Review, 90(5): 1184-1208.

King M A, 1983. An index of inequality: with applications to horizontal equity and social mobility[J]. Econometrica, 51: 99-115.

Lei X, Shen Y, 2015. Inequality in educational attainment and expectation: evidence from the China family panel studies[J]. China Economic Journal, 8(3): 252-263.

Levinsohn J, Petrin A, 2003. Estimating production functions using inputs to control for unobservable[J]. The Review of Economic Studies, 70(2): 317-341.

Liu F, Zheng M, Wang M, 2020. Does air pollution aggravate income inequality in China? An empirical analysis based on the view of health[J]. J. Clean. Prod, 271: 122469.

Magee S P, 1975. Prices, Incomes, and foreign trade[J]. International Trade and Finance: Frontiers for Research, 175-252.

Mahenc P, 2007. Are green products over-priced?[J]. Environmental & Resource Economics, 38(4):461-473.

Mayneris F, Poncet S, Zhang T, 2014.The cleansing effect of minimum wage minimum wage rules, firm dynamics and aggregate productivity in China[R]. FERDI Working Raper.

McMillan M, Rodrik D, Verduzco G Í, 2014. Globalization, Structural change, and productivity growth, with an update on Africa[J]. World Development, 63: 11-32.

Melitz M J, 2003.The impact of trade on intra - industry reallocations and aggregate industry productivity[J]. Econometrica, 71(6): 1695-1725.

Meyer A, 2000. Contraction and Convergence: The Global Solution to Climate Change[M].Totnes: Green Books for the Schumacher Society.

Michael F, Sigve T, 2003. The oslo protocol on sulfur reduction: the great leap forward?[J]. Journal of Public Economics, 87(9): 2031-2048.

Morgenstern R D, Pizer W A, Shih J S, 2002. Jobs versus the environment: An industry-level perspective[J]. Journal of Environmental Economics & Management, 43(3): 412-436.

Munir K, Kanwal A, 2020. Impact of educational and gender inequality on income and income inequality in South Asian countries[J]. International Journal of Social Economics, 47(8): 1043-1062.

Murillo M, Schrank A, 2014. Latin American political economy: Making sense of a new reality[J]. Latin American Politics and Society, 56(1): 3-10.

Nagase Y, Silva E C D, 2007. Acid rain in China and Japan: A game-theoretic analysis[J]. Regional Science and Urban Economics, 37(1): 100-120.

Neumark D, Wascher W, 2006. Minimum wages and employment: A review of evidence from the new minimum wage research[J]. NBER Workingpaper, 9(4): 467-482.

Olley S, Pakes A, 1996. Dynamic behavioral responses in longitudinal data sets: Productivity in telecommunications equipment industry[D]. Philadelphia: University of Pennsylvania.

Osborne M, Rubinstein A, 1994. A Course in Game Theory[M]. Boston: MIT Press.

Ostrom E, 2009. A polycentric approach for coping with climate change[R].Washington: Policy Research Working Paper.

Panayotou T, 1993. Empirical tests and policy analysis of environmental degradation at different stages of economic development[R]. Working Paper for Technology and Employment Programme, International Labor Office, Geneva.

Partha D, Karl-Göran M, 1990. The environment and emerging development issues[J]. The World Bank Economic Review, 4(1): 101-132.

Pearce D. 1991. The role of carbon taxes in adjusting to Global Warming [J], The Economic Journal, 101(407): 938-948.

Ravallion M, Heil M, Jalan J, 2000. Carbon emissions and income inequality[J]. Oxford Economic Papers, 52(4): 651-669.

Santacreu A M, Zhu H, 2017. How does US income inequality compare worldwide[R]. Federal Reserve Bank of St. Louis.

Schmitt J, 2013. Why does the minimum wage have no discernible effect on employment?[M]. Washington: Center for Economic and Policy Research.

Schumpeter J A, Schumpeter J, Schumpeter J, et al., 1934. The theory of economics development[J]. Journal of Political Economy, 1(2): 170-172.

Scruggs L A, 1998. Political and economic inequality and the environment[J]. Ecological Economics, 26(3): 259-275.

Shafik N, Bandyopadhyay S, 1992.Economic growth and environmental quality: Time series and gross-country evidence[R].Washington: World Bank Policy Research Working Paper.

Shorrocks A, 1978. Income inequality and income mobility[J]. Journal of Economic Theory, 19(2): 376-393.

Shukla V, Misghra U S, 2019. Educational expansion and schooling inequality: testing educational kuznets curve for India[J]. Social Indicators Research, 141(3): 1265-1283.

Stern N, 2006. The Economics of Climate Change: The Stern Review[M]. New York: Cambridge University Press.

Stern N, 2006. What is the economics of climate change?[J]. World Economics: the Journal of Current Economic Analysis and Policy, 7(2): 1-10.

Stigler G J, 1946. The economics of minimum wage legislation[J]. The American Economic Review, 36(3): 358-365.

Stokey N L, 1998. Are there limits to growth?[J]. International Economic Review, 39(1): 1-31.

Sun C, Kahn M E, Zheng S Q, 2017. Self-protection investment exacerbates air pollution exposure inequality in urban China[J]. Ecological Economics, 131: 468-474.

Thomas V, Wang Y, Fan X, 2003. Measuring education inequality: Gini coefficients of education for 140 countries 1960—2000[J]. Journal of Education Planning and Administration, 17（1）: 5-33.

Turkens H, Chandler P, 2007. Cooperation, Stability, and Self-enforcement in International Environmental Agreements: A Conceptual Discussion[J]. CESifo Seminar Series, 47（188）: 165-186.

Valensisi G, Davis J, 2011. Least developed countries and the green transition: Towards a renewed political economy agenda[J]. Working Papers, 2011. DOI:doi:http://dx. doi. org/.

van Donkelaar A, Martin R V, Brauer M, et al., 2015. Use of satellite observations for long-term exposure assessment of global concentrations of fine particulate matter[J]. Environmental Health Perspectives, 123（2）: 135-143.

Wan G, Lu M, Chen Z, 2006. The inequality-growth nexus in the short and long run: Empirical evidence from China[J].Journal of Comparative Economics, 34: 654-667.

Wang F, Yang J, Shackman J, et al, 2021. Impact of income inequality on urban air quality: a game theoretical and empirical study in China. Int J Environ Res Public Health, 18（16）: 8546.

Wei S J, Wu Y, 2001. Globalization and Inequality: Evidence from within China[D].Cambridge: NBER Working Paper.

Weitzman M L, 2009. On modeling and interpreting the economics of catastrophic climate change[J]. Review of Economics and Statistics , 91（1）: 1-19.

Welch F, 1974. Minimum wage legislation in the United States[J]. Economic Inquiry, 12（3）: 285-318.

Yanase A, 2009. Global environment and dynamic games of environmental policy in an international duopoly[J]. Journal of Economics, 97（2）: 121-140.

Yang J, Yang Z K, Sheng P F, 2011. Income distribution, human capital and environmental quality: Empirical study in China[J]. Energy Procedia, 5（22）: 1689-96.

Yao S J, Zhang Z Y, Feng G F, 2005. Rural-urban and regional inequality in output, income and consumption in China under economic reforms[J]. Journal of Economic Studies, 32（1）: 4-24.

Zhang K H, Song S F, 2003. Rural-urban migration and urbanization in China: Evidence from time-series and cross-section analyses[J]. China Economic Review, 14（4）: 386-400.

Zhang X, Chen X, Zhang X, 2018. The impact of exposure to air pollution on cognitive performance[J]. Proceedings of the National Academy of Science, 115(37): 9193- 9197.

Zivin J G, Neidell M, 2012. The impact of pollution on worker productivity[J]. The American Economic Review, 102（7）: 3652-3673.